香樟书库系列　数学卷

教育部高等学校特色专业建设教材

数学史讲义概要

主　编　徐传胜　周厚春
副主编　刁科凤　张晓敏
　　　　刘　伟　刘德华

电子工业出版社·

Publishing House of Electronics Industry

北京·BEIJING

内 容 简 介

本书以重大数学思想的演进为主线,全面、翔实地概述了数学科学的发展史。从早期发展到现今方法论综合性科学,勾勒出数学科学兴起、发展和壮大的清晰脉络。主要介绍了中国数学的发展及其在世界数学史中的地位,古希腊数学的精髓,印度和阿拉伯数学的特点,近代数学的兴起,微积分的创立及发展,并简要介绍了当前数学科学的主要研究方向及其发展趋势。

本书注重培养学生辩证唯物主义观点,使学生了解数学思想的形成过程,培养其学习兴趣,旨在提升其数学素养和培养其实践能力和创新能力,进而促进学生的个性和才能的全面发展。

本书是高等学校数学及相关专业的教材,也适于数学史研究者、数学专业的大学生和教师、科技工作者和文史工作者研究所用。

图书在版编目(CIP)数据

数学史讲义概要/徐传胜,周厚春主编 . —北京:电子工业出版社,2010.11
教育部高等学校特色专业建设教材
ISBN 978 – 7 – 121 – 12099 – 2

Ⅰ. ①数…　Ⅱ. ①徐…　②周…　Ⅲ. ①数学史 – 世界 – 高等学校 – 教材　Ⅳ. ①O11

中国版本图书馆 CIP 数据核字(2010)第 207870 号

策划编辑:张贵芹
责任编辑:张贵芹　何　况　　特约编辑:李云霞
印　　刷:北京盛通商印快线网络科技有限公司
装　　订:北京盛通商印快线网络科技有限公司
出版发行:电子工业出版社
　　　　　北京市海淀区万寿路 173 信箱　邮编 100036
开　　本:787×1092　1/16　印张:16.5　字数:422.4 千字
版　　次:2010 年 11 月第 1 版
印　　次:2022 年 1 月第 10 次印刷
定　　价:29.00 元

凡所购买电子工业出版社图书有缺损问题,请向购买书店调换。若书店售缺,请与本社发行部联系,联系及邮购电话:(010)88254888,88258888。

质量投诉请发邮件至 zlts@ phei. com. cn,盗版侵权举报请发邮件至 dbqq@ phei. com. cn。

本书咨询联系方式:(010)88254511,zlf@ phei. com. cn。

《香樟书库》总序

临沂师范学院院长　韩延明

2006 年 8 月，由我校教师主编的首批立项资助教材《香樟书库》系列校本教材由山东大学出版社正式出版。在此基础上，根据教学计划和课程建设的实际需要，我们又很快启动了第二批立项教材的编撰工作。在学校教材建设指导委员会的组织、指导与协调下，教材编著者们夜以继日地辛勤劳作，如今已顺利完成了第二批教材的编撰工作，即将付梓面世。这批教材的编撰出版，既是我校校本教材建设工作步入规范化、系统化和科学化轨道的重要标志，也是我校认真贯彻落实国家教育部、山东省教育厅高等院校质量建设工程和促进学校内涵发展的一项重大举措。

笔者认为，对今日之高校而言，思路决定出路，就业决定专业，能量决定质量，质量决定力量。办学质量始终是一所学校的声誉之源、立校之本、发展之基，是高等院校的一条生命线。提高教学质量，理应是高校矢志不渝所追寻的永恒主题和永远高奏的主旋律，这就是我们常讲的"教学为本，质量立校"。而万众瞩目的高校办学质量又始终贯穿于实现"人才培养、知识创新和服务社会"三大职能的各个具体环节之中，其中既有人才培养的质量问题，也有科技成果和社会服务的质量问题，但人才培养，质量是核心和旨归。孔子曰："君子务本，本立而道生"。培养高质量人才是高等院校责无旁贷的神圣使命，而人才培养的主渠道又相对集中于课堂教学。课堂教学的基本要素则是教师、学生和教材。

教材即教学材料的简称。细言之，它是指依据教学大纲和教学实际需要为教师、学生选编的教科书、讲义、讲授提纲、参考书目、网络课程、图片、教学影片、唱片、录音、录像及计算机软件等。古人云："书山有路勤为径，学海无涯苦作舟"。在漫漫求学路途上，千辛苦、万劳累、呕心沥血、夜以继日，"书"总会一直忠诚地陪伴着学习者，承前启后、继往开来，输送知识、启迪智慧，成为学习者解疑释难的知心朋友和指点迷津的人生导师，而学生之"书"的主体是教材。教材是教学内容和教学方法的知识载体，是教师实施课堂教学的依据和工具，是学生最基本的学习参考材料，是师生互动、教学相长、顺利完成教学任务的必要基础。"教本教本，教学之本"。教材建设水平，是衡量一所高校教学质量与学术水平的重要标志之一。临沂师范学院历来重视教材建设工作，曾多次对教材建设工作进行专题研究。几年前，为了督导教师选用优质教材，提高教学质量，强化教学管理，优化教学环境，学校曾严格规定：全部本科教材均使用教育部、教育厅统编教材或获奖教材，禁止使用教师自编教材，从而保证了教材质量，为规范、完善本科教学工作奠定了良好的基础。

近年来，伴随着我国高等教育大众化的迅速推进和高校本科教学工作水平评估的深入进行，临沂师范学院实现了超常规、跨越式发展，其中之一便是卓有成效地开展了"四大建设"，即"深化课程建设，优化专业建设，亮化学科建设，强化师资队伍建设"，使专业学科建设水平与教师教学水平不断提高，课程体系建设与课程开出能力不断增强，课堂教学改革与课外活动革新不断深入，相继涌现出一批质量上乘、优势明显、特色突出的优质课程和爱岗敬业、授课解惑、教书育人的优秀教师，因而启动自编教材工作的条件日臻成熟。古人云："临渊羡鱼，不如退而织网"。2006 年，临沂师范学院正式启动了首批立项教材建设工作，紧紧围绕人才培养目标，密切联系教学改革及课程建设实际，配合学校课程体系构建、教学内容改革及系列选修课程建设，在确保质量的基础上，正式出版了第一批校本教材，并于当年投入使用，得到了师生的普遍认可和同行专家的高度评价。在认真总结第一批立项教材建设经验的基础上，2007 年，学校又启动了第二批立项教材的编撰与出版工作。

我校的教材建设是有计划、有组织、有步骤地进行的，经过教材建设指导委员会专家们的精心论证和严格审核，确定了校本教材建设的重点和选题范围：一是解决教学急需的，填补学科、专业、课程空白的新教材；二是体现我校教师在某一学科、专业领域独具优势或特色的专业基础课和选修课教材；三是针对我校作为区域性院校特点，结合地方社会政治、经济、科技、文化需求所开设的地方课程教材。

常言道：意识决定形态，细节决定成败。在教材编撰原则上，我们强调：一是注重知识性与思想性相辅相成；二是注重学术性与可读性融为一体；三是注重科学性与学科性彼此糅合；四是注重理论性与实践性相得益彰；五是注重统一性与多样性有机结合；六是注重现实性与前瞻性有效拓展。我国著名教育家张楚廷教授曾提出了教材编写的"五最"准则，即最佳容量准则、最广泛效用准则、最持久效应准则、最适于发展准则、最宜于传授准则，笔者深表赞同。

在教材编写内容上，要求：既重视对国内外该领域经典的基本理论问题进行透彻的解析，又对当前教育现实中所面临的新现象、新理论、新方法给予必要的回应；既考虑到如何有利于教师的课堂讲授与辅导，又顾及如何有助于学生的课后复习和思考；既能反映我校教学内容和课程体系改革的基本方向，又能展示我校教材建设及学术研究的最新成果，适应我校创建精品课程、优质课程和品牌课程的实际需要。在教材教法改革上，倡导：秉持素质教育理念，坚持课堂讲授与课堂讨论相结合、教师讲授与学生自学相结合、理论学习与案例分析相结合、文本学习与网络学习相结合，"优化课内，强化课外"，重视教师启发式、研讨式、合作式等教学方式方法的科学运用，重视学生思维能力、创新能力、实践能力与创业能力的培养和训练，力图为学生知识、能力、素质的协调发展创设条件。可喜的是，这些方面都在教材编写中得到了充分体现。同时，所有教材均是在试用多年的成熟讲义的基础上经编著者精心修改和委员会严格审核后出版的，保证了教材的思想性、科学性、系统性、适用性、启发性和相对稳定性。作者所撰章节，都是自己多年来多次授教与潜心研究的内容，在阐述上颇具真知灼见，能够引领和推动学生对有关基本理论和基本技能问题产生独特的理解和感悟，最终进入学与习、学与辑、学与思、学与行、学与创相结合的学人境界。临沂师范学院对所有立项出版教材均给予经费资助。

临沂师范学院《香樟书库》系列立项校本教材的编撰出版，饱含了编著者们的辛勤劳动和指导委员会成员的热情支持。"香樟"为常绿乔木，树冠广展，枝叶茂密，香气浓郁，长势雄伟，乃优质行道树及庭荫树。我们之所以命名为《香樟书库》，乃在于香樟树根系发达，材质上乘，耐贫瘠，能抗风，适应性广，生命力强。它茁壮、清新、芳香，代表健康、温馨、希望，寓意我们的校本教材建设一定也会像 2001 年首批由南方移植于我校校园，如今已是根深叶茂、枝繁冠阔的香樟树一样，生机勃勃，充满希望和力量。然而，由于此项工作尚处于尝试、探索阶段，疏漏、偏颇甚或错误之处在所难免，正所谓"始生之物，其形必丑"，敬请各位同仁和同学批评指正，以期再版时予以修订。

最后，摘录俄国著名文学家托尔斯泰的一句名言与同学们共勉："选择你爱的，爱你选择的！"

2010 年 8 月 26 日
草于羲之故里

目　　录

第四单元　现代数学讲座　·· 185

第 13 讲　破产理论　·· 187

第 14 讲　分形理论　·· 195

绪 论　数学史课程描述

一、课程简介

1. 课程的地位和作用

数学史是数学与应用数学专业必修的重要基础课程之一。

人类文明史表明，为较全面地认识今天和非幻想地预测未来就必须了解过去。同样，为对现代数学科学的全貌有较充分的认识，为更扎实地掌握某数学分支的概念和理论，为对数学科学的发展有所估计和准备就必须对数学发展史有所回顾和了解。数学科学的历史是数学家谱写的，而数学家的灵魂则是数学思想。数学家所创造的数学理论和其对数学本质、意义与方法的认识都是宝贵的科学财富。数学科学的创造性具有科学与艺术的双重性质。作为科学其发展具有继承性，即每个数学家都是在前人的研究基础上展开研究；作为艺术则要求每个研究者从先贤的思维中汲取创造灵感。数学的每一阶段性成果都有其产生背景：为何提出，如何解决，如何改进。其中所体现的思想方法或思维过程对数学专业的学生，甚至对教师，无论是对知识的丰富，还是其创造能力的发挥和培养都是大有裨益的。

同样的数学概念，具有不同的诠释；同样的数学题目，有着不同的计算方法；同样的数学公式，代表着不同的含义。"读读欧拉，读读欧拉，他是我们大家的老师。"国内外许多著名的数学大师都具有深厚的数学史修养或兼及数学史研究，并善于从历史素材中汲取养分。数学史研究的主要目标是从历史素材中汲取养分，进而古为今用，推陈出新。我国以现代科学知识为背景的数学史研究经李俨、钱宝琮、吴文俊、李文林和胡作玄等前辈的努力已取得了一系列成果。研究表明：今日数学研究在某种程度上是传统数学的深化与发展，或对历史上数学问题的解决与拓展，故根本无法割裂现代数学科学与数学史之间的密切联系。犹如 20 世纪初的领袖数学家庞加莱（Jules Henri Poincaré，1854—1912 年）所云，"如果我们希望预知数学的将来，适当途径是研究这门学科的历史和现状。"

事实已证实，若把中国学生的数学成绩放到国际数学竞赛中绝对是拔尖的，然而他们在数学学习上却存在着明显的软肋，即虽可解决某些数学难题，但在数学创造性上相当薄弱。要改变中国学生在数学学习中的尴尬窘境，其有效途径之一就是让数学学习更加人文化，让学生学习数学史和数学文化，使其了解知识发现的历史原因，能够找到数学的源头，进而在感受数学美、欣赏数学美的同时，产生创造数学美的冲动和欲望。

2. 内容简介

数学史主要研究数学概念、数学方法和数学思想的起源与发展及其与社会、经济和一般文化的联系。该课程对于深刻认识作为科学的数学本身及全面了解整个人类文明的发展都具有重要的意义。数学史研究的主要任务是厘清数学发展过程中的基本史实，再现其本来面貌，同时透过这些历史现象对数学成就、理论体系与发展模式做出科学合理的解释、说明和评价，进而探究数学科学发展的规律和文化本质。

（1）数学史主要研究的内容

①数学史研究方法论问题；②数学史通史；③数学分科史；④不同国家、民族和地区的数学史及其比较；⑤不同时期的断代数学史；⑥数学家传记；⑦数学思想、概念和数学方法发展的历史；⑧数学发展与其他科学、社会现象间的关系；⑨数学教育史；⑩数学史文献学。

（2）按数学史研究的范围可分为内史和外史

① 内史。从数学科学自身内在的原因研究数学发展的历史；

② 外史。从外在社会背景来研究数学发展与其他社会因素间的关系。

（3）数学史研究的基本方法

数学史研究的基本方法有历史考证、数理分析和比较研究，等等。

3. 教学目标及要求

通过对数学的知识产生、发展过程与学习认知过程的比较，加深对数学科学本质的进一步理解、认识和应用。了解古希腊数学对世界数学发展产生的积极影响；基本掌握中国数学史的分期及各时期的主要数学家和研究成果，特别是西方数学传入我国后，中西数学合流产生的影响，较为详细地了解中国现代数学发展概要；基本掌握西方数学史的分期及各时期的主要成果；理解数学的三次危机产生的原因及解决思路，掌握代数学、分析学和几何学的主要发展历程，以及在其发展过程中近代数学思想的演化和数学家所起的决定性作用；了解数学科学与社会发展、经济发展、文化发展的关系。

本课程旨在提升学生的数学素养，培养其健全的人格（社会责任感、价值判断力、批判思考力和科学规划人生）；充分发挥数学文化的育人功能，张扬学生的独特个性，使其长思想（多元、包容、上进、大气）、长知识（虚心、积累、交流、心得）、长情趣（多才、多艺、多姿、多彩）、长技能（学习、生活、工作、社会）；让更多的学生能够认识数学、理解数学、感悟数学和享受数学。

本课程侧重于数学思想方法论的探讨，具体做法如下：

（1）主题导向。通过归纳不同时期数学史特点的演化，把握数学史发展的趋势。

（2）方法示例。概括数学史研究中的典型方法，如"文献认证"、"古算复原"、"算理分析"、"交流与比较"等，以探索数学研究的内在规律。

（3）案例分析。选择有代表性的经典著作开展探究性阅读（Inquiring Reading）和批判性思考（Critical Thinking），从经典案例中重温数学的研究方法、领悟数学研究的思想灵魂，进而培养"原创性研究"（Original Research）的能力。

二、教学方法

1. 课程教学的基本方法

（1）采取"启发式"和"场景式"教学方法，其形式主要是课堂讲授和讨论。讨论知识背景、数学思想与方法、问题的思路、关键点及相关数学分支之间的逻辑关系等。

（2）采取"案例式"教学方法，其形式表现为案例教学。教师通过典型案例给学生以示范，让学生在对问题的认识、分析和思考过程中进行学习。可有效地调动学生的学习积极性，促进学生的认真思考，激发学生的内在潜能，以达到培养学生的自主学习意识，以及运用数学思想方法解决实际问题的能力。

（3）注重"问题式"教学方法，每节内容由教师、学生提出问题，课后由学生查找资料解决；布置相关课程论文，提高学生写作水平，成绩按比例计入总成绩。

（4）结合采用"专题式"教学方法，对教学内容分专题讲授、讨论。

（5）运用现代教育技术手段构建学习课件进行辅助教学，并根据本课程各部分不同要求，对一些重要的数学概念和数学图形运用多媒体技术手段建立演示课件，通过动态演示形象地揭示数学思想的内涵。

2. 学习、研究方法指导

史学家的职责是根据史料研究历史，求实是史学的基本准则。从 17 世纪开始，西方历史学便形成了考据学，在中国出现更早，尤鼎盛于清代乾隆、嘉庆时期，时至今日仍为历史研究的主要方法，只不过随着时代的进步，考据方法在不断改进，应用范围在不断拓宽而已。当然应该认识到，史料存在真伪，考证过程中涉及考证者的心理状态，这就必然影响到考证材料的取舍与考证的结果，即历史考证结论的真实性是相对的。同时又应该认识到，考据也非史学研究的最终目的，数学史研究不能为考证而考证。

不会比较就不会思考，而且所有的科学思考与调查都不可缺少比较，或者说，比较是认识的开始。今日世界的发展是多极的，不同国家和地区、不同民族之间在文化交流中共同发展，因而随着多元化世界文明史研究的展开与西方中心论观念的淡化，异质的区域文明日益受到重视，从而不同地域的数学文化比较及数学交流史研究也日趋活跃。数学史的比较研究往往围绕数学成果、数学科学范式和数学发展的社会背景等方面展开。

数学史既属于史学领域，又属于数学科学领域，因此，数学史研究既要遵循史学规律，又要遵循数理科学的规律。据此可将数理分析作为数学史研究的特殊辅助手段，在缺乏史料或史料真伪难辨的情况下，站在现代数学的高度，对古代数学内容与方法进行数学原理分析，以达到正本清源、理论概括及提出历史假说的目的。

三、教学进程安排

授课形式：讲解、讨论与自学相结合，整个课程分四个单元，共 16 讲，每讲 90 分钟。

第一单元　数学科学的特点和古代数学史（4 学时）

讨论题目：数学观的发展　学习数学史的意义　数与形的诞生　古希腊数学对世界数学的影响　古希腊数学的特点

第 1 讲　数学史和数学科学

第 2 讲　数学的早期发展和古代希腊数学

论文题目：数学科学内涵和外延的逐步演进　古希腊数学对世界数学的贡献　数学科学的特点　322 泥板和整勾股数

第二单元　近代数学史（10 学时）

讨论题目：中世纪的中国数学特点　印度数学的特点　阿拉伯数学的特点　近代数学兴起的主要因素　牛顿微积分的基本思想　第二次数学危机

第 3 讲　中世纪的中国数学

第 4 讲　中世纪的印度数学和阿拉伯数学

第 5 讲　中世纪的欧洲数学

第 6 讲　微积分的酝酿和创立

第 7 讲　18 世纪的微积分发展

论文题目：刘徽的数学成就　祖冲之父子对数学的贡献　《九章算术》的数学成就 《周髀算经》的数学成就　花拉子密的数学贡献　"兔子问题"与黄金分割　解析几何学的 诞生　微积分的诞生和发展　欧拉的数学贡献

第三单元　现代数学史（10 学时）

讨论题目：群的发现　四元数的诞生　集合论的诞生　歌德巴赫猜想　复分析建立的途 径　四色问题　混沌问题　计算机带给数学的发展机遇　函数概念的演化

第 8 讲　19 世纪的代数学发展

第 9 讲　19 世纪的几何学变革

第 10 讲　19 世纪的分析学演进

第 11 讲　20 世纪数学概观

第 12 讲　数学科学的发展动态

论文题目：非欧几何学的发展过程　几何学的统一　数学发展中心的转移　20 世纪数 学的特点　数学真理　陈省身的数学贡献　米尔诺怪球

第四单元　现代数学讲座（8 学时）

讨论题目：数学猜想　概率论的公理化　混沌现象与分形几何　数学各分支间的相互渗 透　概率论在金融学的应用　第三次数学危机

第 13 讲　破产理论

第 14 讲　分形理论

第 15 讲　庞加莱猜想

第 16 讲　半群代数理论

论文题目：数理统计学的发展　拓扑学的发展　21 世纪数学的发展趋势　希尔伯特数 学问题与千禧年数学问题　数学科学的发展与社会进步

四、实践实训

在构建实践教学体系的过程中，充分考虑实践教学与理论教学的比重，探索建立相对完 整、独立的实践教学体系。据课程特点，教学过程中的实践教学方案为"1234"体系，即 "一条主线，两种渠道，三个层次和四项措施"。课程的"1234"实践教学体系：

一条主线是指在课程教学的组织与实施过程中，贯穿"以学生为主体、以教师为主导， 知识、能力和素质协调发展"为全课程育人主线。

两种渠道是指课内和课外两种教育教学渠道。课程的教学过程是个系统工程，实现课程 的教学目的就必须用系统论的观点来进行课程教学设计。教学中体现实践教学和理论教学的 相互关联，相互促进。

三个层次是指在课程教学过程中的"知识传授、能力培养和素质教育"三个方面。

四项措施是指：

（1）课程的结构化考试考核措施。课程考试考核实行主卷考试、平时成绩和小论文三维 一体的立体化课程考核模式。其中主卷考试成绩占 40%，平时成绩占 30%，小论文成绩占

30%。主卷考试主要考查学生掌握课程的基本概念、基本方法和基本理论，考核学生综合运用所学知识解决实际问题的能力和创造能力等；平时成绩主要依据作业和上课讨论情况而确定；撰写小论文的主要目的是培养学生科研意识，增强分析问题和解决问题的能力。

（2）课程课外训练措施。本着优化课内和强化课外的教学思路，设计制订了课程课外训练方案，实现课内与课外相结合，理论与实践相结合。通过学生课外的自主性学习，一方面使学生更好地理解和掌握课程的基本知识、基本理论和基本方法；另一方面培养学生的应用知识解决问题的能力、研究性学习能力、抽象思维能力和逻辑推理能力。

（3）课程学习平台建设措施。课程学习平台建设措施是指利用现代教育技术手段，建立课程教学的网上学习资源平台。构建丰富的课程网络教学与学习资源，实现课程的立体化和开放式教学；研制课程教学的交互式网上辅导答疑系统，实现课程教学的开放及远距离辅助教学。

（4）数学文化熏陶措施。数学文化熏陶是指定期举办数学文化节，聘请国内外专家来校作学术报告等措施。通过丰富多彩的数学文化和学科前沿专题报告的熏陶，一方面使学生体会数学科学的魅力、增强学习的兴趣和内驱力，感悟古典数学与现代数学的关系、数学研究的继承与创新的关系；另一方面使学生在感悟中获得启迪，循序渐进、潜移默化的提升数学科学素养，最终实现知识、能力和素质的统一协调发展。

具体实践安排内容：

（1）每个学生根据自己的兴趣举办一次讲座。（讲解 20 分钟，答疑 10 分钟）

（2）参观刘洪纪念馆，蒙阴是珠算故乡，刘洪是珠算之父，他还创造了我国第一部历法《乾象历》。通过实践考察，加深对数学史的感受和认识，特别是对我国数学史的了解和认识。

五、学习网站

1. MacTutor History of Mathematics archive
2. History of Mathematics Home Page
3. The History of Mathematics
4. History of Mathematics
5. Earliest Known Uses of Some of the Words of Mathematics
6. Earliest Uses of Various Mathematical Symbols
7. Biographies of Women Mathematicians
8. Mathematicians of the African Diaspora
9. Fred Rickey's History of Mathematics Page 国际科学史学会 http：//ppp. unipv. it/dhs
10. 东亚科学技术医学史学会 http：//www. nri. org. uk/ISHEASTM. html
11. 美国科学史学会 http：//www. hssonline. org
12. 英国科学史学会 http：//www. man. ac. uk/Science _ Engineering/CHSTM/bshs/index. html
13. 英国剑桥李约瑟研究所 http：//www. nri. org. uk/
14. 剑桥科学史与科学哲学系 http：//www. hps. cam. ac. uk/Fpage. html
15. 德国马普科学史研究所 http：//www. mpiwg-berlin. mpg. de/
16. 美国 Dibner 科学史研究所 http：//dibinst. mit. edu/default. htm
17. 曼彻斯特科学技术与医学史中心 http：//www. chstm. man. ac. uk/index. htm

18. 哈佛大学科学史系 http://www. fas. harvard. edu/ ~hsdept/

19. 《爱西斯》(Isis) http://www. journals. uchicago. edu/Isis/home. html

20. 科学史原始文献网 http://www. fordham. edu/halsall/science/sciencesbook. html

21. 科学·历史·文化网站 http://www. shc2000. com

22. 自然科学史研究所网站 http://www. ihns. ac. cn

23. 中国科学技术大学科技史与科技考古系 http://hsta. ustc. edu. cn/

24. 北京大学科学传播中心 http://www. csc. pku. edu. cn/

25. 北京大学科学史与科学哲学 www. phil. pku. edu. cn/hps

26. 北京大学医学史研究中心 http://www. bjmu. edu. cn/ky/yixueshi/Med-his. htm

27. 西北大学数学与科学史研究中心 http://www. nwu. edu. cn/chinese/research/chms/index. htm

28. 天津师范大学数学系科学史教研室 http://tjnuihs. nease. net/index. htm/

29. 北京科技大学冶金与材料史研究所 http://www. ustb. edu. cn/metal/department/methistory. htm

30. 南京农业大学科技史与科技传播学系 http://rw. njau. edu. cn/Unit/UnitDefault. asp?id = 5

31. http://www - history. mcs. st - andrews. ac. uk/

32. http://www. maths. tcd. ie/pub/HistMath/

33. http://www. dean. usma. edu/math/people/rickey/hm/

34. http://www. math. buffalo. edu/mad/

35. http://aleph0. clarku. edu/ ~djoyce/mathhist/

36. David Joyce's History of Mathematics Home Page
      http://aleph0. clarku. edu/ ~djoyce/mathhist/

37. The Math Forum Internet Resource Collection
      http://mathforum. org/

38. http://mathforum. org/library/topics/history/

39. St Andrews MacTutor History of Mathematics
      http://www-history. mcs. st-and. ac. uk/history/

40. Trinity College, Dublin, History of Mathematics archive
      http://www. maths. tcd. ie/pub/HistMath/HistMath. html

41. Convergence
      http://mathdl. maa. org/convergence/1/

42. David Calvis's History of Mathematics Web Sites
      http://www2. bw. edu/ ~dcalvis/history. html

43. St Andrews MacTutor History of Mathematics: Links to external pages
      http://www-history. mcs. st-and. ac. uk/history/External/external_links. html

44. Resources on Women Mathematicians
      http://www. agnesscott. edu/lriddle/women/resource. htm

45. Trinity College, Dublin, History of Mathematics archive: History of Mathematics Web Directory

http：//www. maths. tcd. ie/pub/HistMath/Links. html

46. St Andrews Archive

    http：//www-history. mcs. st-and. ac. uk/history/BiogIndex. html

47. Richard Westfall's Archive of the Scientific Community in the 16th and 17th Centuries

    http：//es. rice. edu/ES/humsoc/Galileo/Catalog/catalog. html

48. Biographies of Women Mathematicians

    http：//www. agnesscott. edu/lriddle/women/women. htm

49. Mathematicians of the 17th and 18th Centuries

    http：//www. maths. tcd. ie/pub/HistMath/People/RBallHist. html

50. Archimedes

    http：//www. mcs. drexel. edu/ ~ crorres/Archimedes/contents. html

51. Fibonacci (Leonardo of Pisa)

    http：//www. mcs. surrey. ac. uk/Personal/R. Knott/Fibonacci/fibBio. html

52. Hypatia of Alexandria

    http：//www. polyamory. org/ ~ howard/Hypatia

53. The Alan Turing Home Page

    http：//www. turing. org. uk/turing

54. Mathematicians of the African Diaspora

    http：//www. math. buffalo. edu/mad/

55. Egyptian Mathematics Problems

    http：//www. eyelid. co. uk/numbers. htm

56. Egyptian Fractions

    http：//www. ics. uci. edu/ ~ eppstein/numth/egypt/

57. Mesopotamian Mathematics

    http：//it. stlawu. edu/ ~ dmelvill/mesomath/index. html

58. Mathematics and Passion in the Life of Thomas Jefferson

    http：//www. math. virginia. edu/Jefferson/jeff_r. htm

59. Code of the Quipu：Databooks

    http：//instruct1. cit. cornell. edu/research/quipu-ascher/

60. Fred Rickey's Home Page

    http：//www. dean. usma. edu/math/people/rickey/hm/default. htm

61. History of Mathematics with Original Sources

    http：//nsm1. nsm. iup. edu/gsstoudt//history/ma350/sources_home. html

62. HPM (History and Pedagogy of Mathematics)

    http：//www. clab. edc. uoc. gr/hpm/

63. Teaching with Original Historical Sources in Mathematics

    http：//math. nmsu. edu/ ~ history/

64. 英国数学史学会网站　http：//www. dcs. warwick. ac. uk/bshm/resources. html

第一单元

数学科学的特点和古代数学史

第1讲　数学史与数学科学

主要解决问题：

（1）数学科学的主要特征。

（2）数学定义的演化过程。

（3）数学科学发展阶段的划分。

（4）当代数学科学概貌。

（5）数学史的研究内容是什么？学习数学史的意义何在？

数学史课程主要讲述数学科学的历史，以及历史上的数学，是从历史角度对数学科学的认识。数学史家李文林先生曾说，"不了解数学史就不可能全面了解数学科学"。而数学科学的发展又与人类科学的进步和社会的发展密切相关，故数学史是人类文明的亮丽篇章，涉及历史学、哲学、文化学、宗教等社会科学与人文科学的领域。因此，数学史课程的内容远比数学科学本身更加广泛，是一门综合性交叉学科。

1.1　数学科学的历史性及其特征

1.1.1　数学科学的历史性

数学科学与其他知识门类相比是累积性较强的科学。重大的数学理论总是在继承和发展原有理论的基础上建立起来的，它们不仅不会推翻原有理论，而且总是包容原有理论。例如，数系的建立表现出明显的累积性；非欧几何可看成是欧氏几何的拓广；抽象代数是在初等代数的基础上发展起来的；现代分析中诸如函数、导数和积分等概念的推广均包含了古典定义作为其特例。下面仅以数系的发展过程来体现数学科学的累积性。

（一）数系的发展与完善

数是数学的最基本元素，也是人类文明的伟大创造。没有数的世界是难以想象的，没有数既不能表达，也不能理解任何事物。随着人类历史的发展，数的概念随之也在不断扩展，一个时代对于数的认识与应用及数系理论的完善程度，反映了当时数学发展的水平。以集合论为基础的数集，从自然数集开始扩充，逐步建立起严密、科学的数系理论。从自然数到有理数、实数、复数、超复数等，数系的每一次扩充都标志着数学理论的一次飞跃。

人类对数的认识，是从人类对自然界认识的基础上抽象而来的。抽象数的概念是在摆脱物体的各种具体属性后产生的，故人类对于数的认识始于自然数。在中国的经典数学著作《九章算术》中记载有负数及其运算法则，但西方负数概念的建立和使用经历了一个曲折的过程，欧洲直到 15 世纪才在方程讨论中出现负数。在 18 世纪以前，欧洲数学家对负数概念大多持保留态度，他们被当时盛行的机械论框住了头脑，只看到负数与零在量值上的大小比较（认为零是最小的量，而比零还小是不可思议的），看不到正负数间的辩证关系。即使当时一些著名数学家也这样认识。甚至到 1831 年，英国代数学家德·摩根（Augustus De Morgan，1806—1871 年）还强调负数与虚数一样都是虚构的。

无理数产生于公元前 5 世纪。据说在一次海上泛舟聚会时，毕达哥拉斯学派的成员希帕苏斯（Hippasus，公元前 470 年左右）在研究单位正方形对角线的数量表示时，发现这条对角线无论如何不能用他们所谓的数来表示。这个发现引起了学派成员的恐慌，为了使无理数的发现不被泄露，他们把希帕苏斯投进了大海。

18 世纪，数学家在澄清无理数的逻辑基础方面几乎没有进展，但他们以相对平静的态度接受了一些数的无理性。欧拉（Leonard Euler，1707—1783 年）于 1737 年证得 e 是无理数。1761 年，兰伯特（J. G. Lambert，1728—1777 年）用类似方法证明了圆周率 π 是无理数。后勒让德（A. M. Legendre，1752—1833 年）甚至猜测 π 可能不是任何有理系数方程的根。这就促使数学家将无理数分为代数数和超越数。1873 年和 1882 年，法国数学家埃尔米特（C. Hermite，1822—1901 年）和德国数学家林德曼（Lindemann，1852—1939 年）分别证明了 e 和 π 的超越性。而无理数逻辑结构的真正解决是在 19 世纪，直至戴德金（R. Dedekind，1831—1916 年）和康托尔（Georg Cantor，1845—1918 年）建立实数理论后。

18 世纪，数学家还谈不上有完整的数系概念和建立数系的企图。虽然在接受负数与复数方面还存在疑虑与争议，但在弄清楚复数的意义方面也有一些功绩。随着微积分的发展，复数几乎进入了所有的初等函数领域。达朗贝尔（Jean Le Rond d'Alembert，1717—1783 年）在 1747 年关于一切复数均可表示成形式 a + bi 的断言开始被多数人所接受。1797 年，韦塞尔（Wessel，1745—1818 年）创造了复数的几何表示，并发展了复数的运算法则。到 1806 年瑞士人阿尔冈（Jean-Robert Argand，1768—1822 年）、1831 年高斯（Johann Carl Friedrich Gauss，1777—1855 年）各自独立发表了关于复数的几何表示研究后，笼罩着虚数的疑云终于被逐渐驱散。

在数系的发展与完善的过程中，数学家总是把新东西作为理想元素添加进来，让这些新事物尽可能享有原来事物的性质。这种类似于形式主义的态度，可以说是对"异端"的一种最宽松态度。只要不产生矛盾即可推而广之。正是不断加进这种"理想元素"，使得对于数性质的研究越来越方便。

与数学科学累积性不同，在自然科学的其他领域都不乏新理论彻底推翻原理论的案例。

（二）"地心说"与"日心说"

四方上下曰宇，古往今来曰宙。人类对宇宙的认识经历了如下阶段：托勒密（Ptolemy Ⅰ Soter，约公元前 367—前 283 年）的地心说；哥白尼（Nicolaus Copernicus，1473—1543 年）的日心说；开普勒（Johannes Kepler，1571—1630 年）的行星运行的三大定律；伽利略（Galileo Galilei，1564—1642 年）和牛顿（Isaac Newton，1642—1727 年）的力学体系及万有引力定律；康德－拉普拉斯的星云假说；爱因斯坦（Albert Einstein，1879—1955 年）的广义相对论及关于膨胀宇宙的大爆炸理论。

"地心说"由古希腊哲学家亚里士多德（Aristotle，公元前 384—前 322 年）提出，他认为地球居于宇宙的中心静止不动，月球、行星、太阳及其他恒星均围绕地球做完美的圆周运动。

公元 2 世纪托勒密发展了亚里士多德的"地心说"理论，总结了希腊天文学的优秀成果，写成了流传千古的名著《天文学大成》。这部 13 卷的著作被阿拉伯人推为"伟大之至"，结果书名就成了《至大论》（Almagest）。在该书中托勒密提出了地心体系的基本构造。托勒密的本轮–均轮宇宙体系，由于具有极强的扩展能力，能够较好地容纳望远镜发明前不断出现的新天文观测，合理地解释行星的逆行、亮度的变化及行星运动速度的不均匀性等现象，故一直被作为最好的天文学体系，统治了西方天文学界一千余年。

随着天文观测材料的不断增多，要合理地解释这些现象所需要的本轮也不断增多。至哥白尼时代，本轮数已增加到 80 多个，使得托勒密体系极为复杂。同时随着航海业的发展，对精确天文历表的需要变得日益迫切。但用于编制力表的托勒密理论越来越烦琐，人们开始关注天文学理论的变革，而哥白尼正是在此时提出了革命性理论。

哥白尼 18 岁时被送进波兰旧都的克拉科夫大学学习教会法律，在那里产生了对天文学的浓厚兴趣。1496 年，23 岁的哥白尼来到了文艺复兴的策源地意大利，先后在波仑亚大学和帕多瓦大学攻读教会法律和医学，同时发展其在天文学方面的兴趣。他学习了天文观测技术及希腊的天文学理论。对希腊自然哲学著作的系统钻研，使他开始怀疑托勒密理论。1506 年，他回到波兰后开始构建新宇宙体系。

1539 年，哥白尼写出了天文学史上的伟大著作《天体运行论》，系统论述了其日心说理论。哥白尼深知这一理论太富于革命性，有悖于传统天文学观点，所以迟迟没有出版。当年哥白尼的学生，德国威丁堡大学的数学教师——雷提卡斯（Rheticus，1514—1564 年）专程拜访哥白尼，劝他立即出版该书。哥白尼只同意由雷提卡斯发表关于他著作的《简报》。随后几年又出现了该《简报》的简编本，并没有引起争论，于是哥白尼决定由雷提卡斯负责《天体运行论》的出版事宜。

雷提卡斯无法照顾印刷过程的每一环节，出版工作由路德教会教师安德里亚·奥西安德（Andreas Osiander，1498—1552 年）具体负责。出于保护作者免遭教会迫害的好意，奥西安德擅自在著作前面加了一个没有署名的序言，宣称作者并不认为地球是围绕太阳旋转的，这样做只是一个方便的假设，以便在此基础上建立更有效的行星运动的数学模型。直到 1609 年，开普勒才发现哥白尼根本不知道这篇序言，而且他本人绝不同意序言中的观点。

1543 年 5 月 24 日，刚刚印好的《天体运行论》送到病入膏肓的哥白尼面前。据说，他只用颤抖的手抚摸了一下这本书，就与世长辞了。

哥白尼日心说体系与占统治地位的宗教思想相抵触，一开始就遭到了各方面的反对。直到牛顿发现万有引力定律之后，才彻底推翻托勒密地心说体系，并为天文学家所公认。哥白尼革命成为近代科学革命的第一阶段。

1.1.2　数学科学的特征

（一）数学的抽象性

数学的抽象性就是暂时撇开事物的具体内容，仅从抽象的数方面进行研究。如在简单计

托勒密全面继承了亚里士多德的地心说，并利用前人积累和自己长期观测得到的数据，写成了《伟大论》。其中他把亚里士多德的 9 层天扩大为 11 层，把原动力天改为晶莹天，又往外添加了最高天和净火天。托勒密设想，各行星都绕着一个较小的圆周上运动，而每个圆的圆心则在以地球为中心的圆周上运动。他绕地球的那个圆叫"均轮"，每个小圆叫"本轮"。同时假设地球并不恰好在均轮的中心，而偏开一定的距离，均轮是一些偏心圆；日月行星除作上述轨道运行外，还与众恒星一起，每天绕地球转动一周。托勒密这个不反映宇宙实际结构的数学图景，却较为完满的解释了当时观测到的行星运动情况，并取得了航海上的实用价值，从而被人们广为信奉。

算中，2 + 3 既可理解成两只羊加三只羊，也可理解成两部机床加三部机床。掌握了 2 + 3 的运算规律，那就不论是羊、机床，还是汽车或者其他事物都可按加法的运算规律进行计算。

数学中的许多概念都是从现实世界抽象而来的。如几何学中的"直线"概念，并非指现实世界中拉紧的线，而是把现实线的质量、弹性、粗细等性质都抛弃掉，只保留属性"向两方无限伸长"，但现实世界中没有向两方无限伸长的线。几何图形的概念、函数概念都是比较抽象的。抽象并不是数学科学的独有属性，它是任何一门科学乃至全部人类思维都具有的特性，只是数学的抽象性不同于其他学科的抽象性而已。

数学的抽象性具有三个特征：①保留了数量关系或空间形式。②数学抽象经过一系列阶段而形成，达到的抽象程度超过了自然科学中的一般抽象。从最原始的概念一直到像函数、复数、微分、积分、泛函、n 维甚至无限维空间等抽象的概念都是从简单到复杂，从具体到抽象这样不断深化的过程。当然，形式是抽象的，但是内容却是非常现实的。正如列宁（V. I. Lenin，1870—1924 年）所说，"一切科学的（正确的、郑重的、不是荒唐的）抽象，都更深刻、更正确、更完全地反映着自然。"③不仅数学概念是抽象的，而数学方法本身也是抽象的。物理或化学家为了证明自己的理论，总是通过实验方法；而数学家证明定理却不能用实验的方法，必须用推理和计算，如我们虽千百次地精确测量等腰三角形的两底角都是相等的，但还不能说已经证明了等腰三角形的底角相等，而必须用逻辑推理的方法严格地给予证明。在数学里证明一个定理，必须利用已学过或已证明的概念和定理，用逻辑推理的方法导出新定理。数学归纳法就是一种比较抽象的数学证明方法，其原理是把研究元素排成一个序列，某种性质对于这个序列的首项是成立的，假设当第 k 项成立，如果能证明第 $k + 1$ 项也能成立，则该性质对这序列的任何一项都成立。

（二）数学的精确性

数学的第二个特点是精确性，或者说逻辑的严密性，结论的确定性。

数学推理和结论是无可争辩、毋庸置疑的。在数学中严谨的推理和一丝不苟的计算，使得每个结论都是牢固的、不可动摇的，这种思想方法不仅培养了科学家，也有助于提高人类的科学文化素质，这是全人类共同的精神财富。

数学证明的精确性、确定性早就充分显示出来。最早出现于古希腊的数学向演绎证明的变革，这也许是人类文明史上最伟大的变革。欧几里得（Euclid，约公元前 330—前 275 年）的几何经典著作《原本》是典型事例。该书从少数定义、公理出发，利用逻辑推理的方法，推演出整个几何体系，把丰富而零散的几何材料整理成了系统严明的整体，成为人类历史上的数学杰作之一，一直被后世推崇。两千多年来，所有初等几何教科书及 19 世纪前一切有关初等几何的论著都以《原本》作为依据。

关于欧几里得几何的严密体系，爱因斯坦曾评价道，"世界第一次目睹逻辑体系的奇迹，这个逻辑体系如此精密地推进，以致其每个命题都是绝对不容置疑的。推理的这种可赞叹胜利，使人类理智获得了为取得以后成就所必须的信心。"

数学科学的严密性不是绝对的，数学的原则也不是一成不变的，也在不断发展中。例如，《原本》也有不完美的地方，某些概念不明确，基本命题中还缺乏严密的逻辑根据。因此，后来又逐步建立了更严密的希尔伯特（David Hilbert，1862—1943 年）公理体系。然而，歌德尔（Kurt Gödel，1906—1978 年）不完全性定理打碎了希尔伯特建立公理化体系的梦想。

（三）数学的广泛应用性

没有数学科学的发展，现代科学技术的进步也是不可能的，从简单的技术革新到复杂的人造卫星发射乃至"神七"上天都离不开数学。而几乎所有的精密科学甚至化学通常都是以一些数学公式来表达相关定律，并在发展自己的相关理论时，广泛地应用数学工具。当然，力学、天文学和物理学对数学的需要也促进了数学科学的发展，如正是对力学的研究促使了微积分的建立和发展。

数学的抽象性和其应用的广泛性紧密相连，某个数量关系代表一切具有这样数量关系的实际问题，如力学系统的振动和电路的振荡等可用同一个微分方程来描述。抛开具体物理现象的意义来研究这一公式，所得的结果又可用于类似的物理现象中，这样掌握了一种方法就能解决许多类似问题。不同性质的现象具有相同的数学形式，反映了物质世界的统一性，因为量的关系不只是存在于某特定的物质形态或其特定的运动形式中，而是普遍存在于各种物质形态和各种运动形式中，故数学科学的应用很广泛。

正因为数学来自现实世界，正确地反映了客观世界联系形式的一部分，所以才能被应用于现实世界和指导实践，才表现出数学科学的预见性。例如，在火箭、导弹发射前，可通过精密的计算，预测其飞行轨道和着陆点；在天体中的未知行星未被直接观察到以前，就从天文计算上预测其存在。

下面举几个应用数学科学的典型实例。

（1）海王星的发现

太阳系中的海王星是 1846 年在数学计算基础上发现的。自 1781 年天王星被发现后，天文学家观察其运行轨道总是和预测结果有相当程度的差异，是万有引力定律不正确，还是其他原因？亚当斯（J. C. Adams，1819—1892 年）怀疑在其周围有另一颗行星存在，影响了其运行轨道。1844 年，亚当斯利用引力定律和对天王星的观察资料，推算这颗未知行星的轨道。他花了很长的时间计算出这颗未知行星的位置，以及其出现在天空中的方位。亚当斯于 1845 年 9～10 月，把计算结果分别寄给了剑桥大学天文台台长查理士和英国格林尼治天文台台长艾里，但二人都迷信权威，将之束之高阁。

1845 年，法国天文学家、数学家勒维烈（U. J. J. Le Verrier，1811—1877 年）经过一年多的计算，于 1846 年 9 月写信告知德国柏林天文台助理员加勒（J. G. Galle，1812—1910 年），"请把望远镜对准黄道上的宝瓶星座，即经度 326°的地方，那时你将在 1°之内，见到一颗九等亮度的星。"按勒维烈所指出的方位进行观察，加勒果然在离所指位置相差不到 1°的地方找到了一颗在星图上没有的星——海王星。海王星的发现不仅是力学和天文学，特别是哥白尼日心学说的伟大胜利，也是数学计算的伟大胜利。

（2）谷神星的发现

1801 年元旦，意大利天文学家皮亚齐（Giuseppe Piazzi，1746—1826 年）发现了谷神星。不过它很快又躲藏起来，皮亚齐只记下了这颗小行星是沿着 9°的弧而运动，对于其整个轨道，皮亚齐和其他天文学家都没有办法求得。24 岁的高斯根据观察的结果进行了计算，求得了这颗小行星的轨道。天文学家于同年的 12 月 7 日在高斯预先指出的方位又重新发现了谷神星。

（3）电磁波的发现

英国物理学家麦克斯韦（C. Maxwell，1831—1879 年）概括了由实验建立起来的电磁现象，呈现为二阶微分方程的形式。他用纯数学的观点，从这些方程推导出电磁波的存在，这种波以光速传播着。据此他提出了光的电磁理论，该理论后来被全面发展和论证了。麦克斯韦的结论还推动了人们寻找纯电起源的电磁波，如由振动放电所发射的电磁波。这种电磁波后来果然被德国物理学家赫兹（Heinrich Rudolf Hertz，1857—1894 年）发现了。这就是现代无线电技术的起源。

（4）数学和音乐

数学和音乐常以某种形式的默契向人们昭示世界的对称，宇宙的神秘与魅力所在。近年来，科学家研究发现，音乐也具有令人惊讶的几何结构。佛罗里达州立大学音乐教授考兰德，耶鲁大学的兰丘教授和普林斯顿大学的德米特里教授，以"音乐天体理论为基础"，利用数学模型设计了出一种新的方式，对音乐进行分析归类。提出了所谓的"几何音乐理论"，把音乐语言转换为几何图形。他们把音符元素，像"和音"、"旋律"等进行分类。采取序列的注释，加以分类，相同的类型归为"同类家族"，同类的家族元素再用复杂的几何结构来表示。不同类型的分类，产生了不同的几何空间。

这是一种全新的量化音乐方法。该方法可分析和比较很多种西方音乐（或一些非西方音乐），因该方法侧重于西方风格的音乐概念，像"和音"等音乐元素，并不是所有的音乐中都存在。这种方法可对过去的音乐理论进行合并，使音乐融为数学的形式。研究者声称，音乐的空间形式是清晰的，这种几何学的空间形式将帮助人们更好地理解音乐，概念化的音乐可让人们能够完成之前无法完成的事情。依靠这种看得见的音乐空间结构，可创造出新的音乐手法和手段，可用直观的理念来改变传统的音乐授课方式。而且，不同的音乐理念可用逻辑的结构联系起来，音乐的历史变成了探索不同对称性和几何形状的过程。用这种方法，音乐家可把其手头的工作转换成了数学上的数学本质问题。用几何模型来定位音乐元素的方法，将帮忙音乐家查找并发现更多未知的音乐元素。用数学模型来分析音乐也为不同音乐风格之间的融合提供了一种可能性。

（5）数学与诗歌

最高的诗是数学。数学家的工作是发现，而诗人的工作是创造。最高的数学和最高的诗一样，都充满了想象，充满了智慧，充满了创造，充满了和谐，也充满了挑战。诗和数学又都充满灵感，充满激情，充满人类的精神力量。从诗中可体验到数学，而从数学中又可体会到诗意。海亚姆（Omar Khayyam，1048—1131 年）不仅因给出三次方程的几何解载入数学史册，同时又作为《鲁拜集》的作者而闻名于世。18 世纪意大利的马斯凯罗尼（Mascheroni）和19 世纪法国的柯西（Augustin-Louis Cauchy，1789—1857 年）都是诗人加数学家。而 20 世纪的智利诗人帕拉（Nicanor Parra，1914—）曾做过数学教授。其实在中国数学界，华罗庚（1910—1985 年）、苏步青（1902—2003 年）也爱写诗。现各摘取两首：

苏步青《游七七亭》

单衣攀路径，一杖过灯汀。
护路双双树，临江七七亭。
客因远游老，山是故乡青。
北望能无泪，中原战血腥。

苏步青《南雁荡山爱山亭晚眺》
爱山亭上少淹留，烟绕村耕欲渐休。
牛背只应横笛晚，羊肠从此入山幽。

云飞千嶂风和雨，滩响一溪夏亦秋。
长忆春来芳草遍，夕阳渡口系归舟。

华罗庚《数学诗题》

（一）

巍巍古寺在山林，不知寺内几多僧。
三百六十四只碗，看看周遭不差争。
三人供食一碗饭，四人同吃一碗羹。
请问先生明算者，算来寺内几多僧？

（二）

小小寞湖有新莲，婷婷五寸出水面。
孰知狂风荷身轻，忍看素色没波涟。
渔翁偶遇立春早，残卉离根二尺全。
借问英才贤学子，荷深几许在当年？

苏老的诗浑厚深沉而又格律严谨，很有杜甫的风格。华老的诗不仅充满数学机理，而且还颇带几分禅意。

（6）数学和语言

在研究语言中发展了数学，产生了不少交叉学科，如代数语言学、统计语言学、应用数理语言学等。马尔可夫（Andrei Andreevich Markov，1856—1922 年）在俄语字母序列的数学研究中，提出了随机过程论，今已成为独立的数学分支。句法的形式化分析也可借助于数学。前苏联数学家库拉金娜用集合论方法建立了语言模型，精确地定义了一些语法概念。数理逻辑学家巴希勒（Bar-Hillel）提出了范畴语法，建立了一套形式化的句法类型及演算法则，通过有限步骤，可以判断一个句子是否合乎语法。另外，语言符号的冗余性可用信息论的方法去研究，语言符号的离散性可借助于集合论模型来研究，语言符号的递推法可用公理化方法去研究，语言符号的层次性可借助于图论去研究，语言符号的模糊性与模糊数学发生了联系，语言符号的非单元性又与数理逻辑发生了联系等。

典型例子是《静静的顿河》的作者考证。该书出版时署名作者为肖洛霍夫（Михаил Александрович Шолохов，1905—1984 年）。出版后有人怀疑肖洛霍夫抄袭了克留柯夫的作品，为弄清楚谁是《静静的顿河》的真正作者，捷泽等学者采用数学方法进行了考证。从句子的平均长度、词的选用、结构分析、用词频率等进行统计与分析，最后得出结论，该书作者的确是肖洛霍夫。

数学科学应用的极其广泛性正如我国数学家华罗庚所指出，宇宙之大，粒子之微，火箭之速，化工之巧，地球之变，生物之谜，日用之繁，数学无处不在，凡是出现"量"的地方就少不了用数学，研究量的关系，量的变化，量的变化关系，量的关系的变化等现象都少不了数学。数学之为用贯穿到一切科学部门的深处，而成为它们的得力助手与工具，缺少了它就不能准确地刻画出客观事物的变化，更不能由已知数据推出其他数据，因而就减少了科学预见的精确度。

（四）推理的严谨性和结论的明确性

数学定义的准确性，数学推理的逻辑严密性，数学结论的确定性是无可置疑的。数学真理本身是不容置疑的，但数学科学的严格性不是绝对的、一成不变的，数学的基本原则不是一劳永逸的，而是在不断发展着。

为追求确定性的知识，许许多多的学者都把目光投向了数学科学，投向了欧几里得创立的几何公理化方法，企图借鉴数学方法，从其他学科领域里也获得确定性的知识。美国的《独立宣言》和法国的《人权宣言》都渗透着公理化思想。

数学推理的进行具有这样的精密性，这种推理对于懂得它的人来说，都是无可争辩和确定无疑的。数学证明的这种精密性和确定性，人们从中等学校的课程中就已知道。当然数学的严格性不是绝对的，它在不断发展着；数学的原则不是僵立不动的而是不断变化的，并且也可能成为甚至已经成为科学争论的对象。

关于数学的严谨性，在各个数学历史发展时期有不同的标准，从欧几里得几何到罗巴切夫斯基几何再到希尔伯特公理体系，关于严谨性的评价标准有很大差异，尤其是哥德尔提出并证明了"不完备性定理"以后，人们发现即使是公理化这一曾经被极度推崇的严谨的科学方法也是有缺陷的。因此，数学的严谨性是在数学发展历史中表现出来的。

（五）数学科学的其他特性

从数学科学研究的过程、数学与其他学科之间的关系方面来看，数学科学还有形象性、似真性、拟经验性、可证伪性等特点。对数学科学特点的认识也是有时代特征的，关于数学的似真性，波利亚（George Polya，1887—1985 年）在《数学与猜想》中指出："数学被人看做是一门论证科学。然而这仅仅是其一个方面，以最后确定形式出现的定型数学，好像是仅含证明的纯论证性的材料，然而数学科学的创造过程与任何其他知识的创造过程一样，在证明一个数学定理前，你先得猜测这个定理的内容，在完全做出详细证明之前，你先得推测证明的思路，把观察到的结果加以综合然后加以类比。你需要一次次地进行尝试。数学家的创造性工作成果是论证推理，即证明，但这个证明是通过合情推理，通过猜想而发现的。只要数学的学习过程稍能反映出数学的发明过程的话，则就应当让猜测、合情推理占有适当的位置。"正是从这个角度，可以说数学科学的确定性是相对的，有条件的，对数学的形象性、似真性、拟经验性、可证伪性特点的强调，实际上是突出了数学研究中观察、实验、分析、比较、类比、归纳、联想等思维过程的重要性。

此外，数学语言与通常语言有重大区别，它把自然语言扩充、深化，而变为紧凑、简明的符号语言。这种语言具有国际性，其功能超过了普通语言，具有表达与计算功能。同时具有公理化特性，从前提、数据、图形、不完全和不一致的原始资料出发进行推理，这就是公理化方法。在使用这种方法时，归纳与演绎并用。还有最优化，考查所有的可能性，从中寻求最优解。数学模型的应用是数学另一特性，对现实现象进行分析。从中找出数量关系，化为数学问题，并予以解决。

总之，数学的特征表述各异，看法众多，或许数学科学的魅力就在于此。

1.2　数学史的分期和数学观

1.2.1　数学史的分期

数学科学发展具有阶段性，目前学术界通常将数学科学发展划分为五个时期：
（1）数学萌芽期（公元前 600 年以前）；
（2）初等数学时期（公元前 600 年至 17 世纪中叶）；
（3）变量数学时期（17 世纪中叶至 19 世纪 20 年代）；
（4）近代数学时期（19 世纪 20 年代至第二次世界大战）；
（5）现代数学时期（20 世纪 40 年代以来）。

1.2.2　数学观的演化

当代数学观是人类几千年文明发展的必然结果。自诞生以来，数学的内涵发生了巨大变化，据统计数学已有过 200 余种定义。对数学的看法不一，既有赖于时代的发展，也因人们看问题的角度及对数学理解的层次有异。所有的学问都是一种智慧，更是一种境界；是一种头脑，更是一种心胸；是一种本领，更是一种态度；是一种职业，更是一种使命；是一种日积月累，更是一种人性的升华。

公元前 6 世纪以前，数学主要是关于"数"的研究。毕达哥拉斯学派的基本信条就是"万物皆数"，但当时"数"仅限于有理数。自公元前 6 世纪始，数学是对"数"和"形"的研究。公元前 4 世纪希腊哲学家亚里士多德所给数学定义为：数学是量的科学，这里的量也不能单纯理解为今天的数量。

北非希波主教圣·奥古斯丁（Aurelius Augustinus，354—430 年）的神学体系于 5~12 世纪在西欧基督教会中占统治地位。他认为，"好基督徒应提防数学家和那些空头许诺的人。这样的危险已存在，数学家已与魔鬼签订了协约，要使精神进入黑暗，把人投入地狱。"古罗马法官则裁决"对于作恶者、数学家诸如此类的人"，应禁止其"学习几何技艺和参加当众运算像数学这样可恶的学问"。

至 16 世纪，英国哲学家培根（Francis Bacon，1561—1626 年）将数学分成"纯粹数学"和"应用数学"。所给纯粹数学的定义为：处理完全与物质和自然哲学公理相脱离的量的科学。

17 世纪，算术、代数和几何在解析几何中得到统一。数可被映射为图形上的点，而图形可变成方程。正是这种解析手段打开了通向一大批高等数学学科的道路。故解析几何的奠基者笛卡儿（Rence Descartes，1596—1650 年）认为：凡是以研究顺序和度量为目的的科学都与数学有关。

在莱布尼茨（G. W. Leibniz，1646—1716 年）看来，数学是聪明人和有志者的事业，即使其数学基础知识很少，或者对数学细节尚未了解，但只要有远大目标和足够才智，他血液中就具备了数学，就可以在数学上取得良好的进展，这也许是对他自己数学研究的真实写照。

微积分的创立，使数学成为研究数、形及运动和变化的学问，但运动和变化的数学描述还是离不开数与形。19 世纪，恩格斯（Friedrich Engels，1820—1895 年）所给数学定义为：数学是研究现实世界的空间形式与数量关系的科学。

切比雪夫（П. Л. Чебышев，1821—1884 年）是圣彼得堡数学学派的奠基者。对于数学的发展，切比雪夫有着独到见解："原来的数学发展有两个阶段：第一阶段是由神创立的，像德洛斯祭坛的故事就说明如此；第二阶段是由半人半神建立的，费马（Pierrede Fermat，1601—1665 年）和帕斯卡（B. Pascal，1623—1662 年）就是这样的怪物。现在数学发展进入了第三阶段，数学完全由社会实际需要所创立。"

作为切比雪夫弟子的马尔可夫，以从事数学教学和研究为骄傲。曾有人向他请教数学的定义，他毫不掩饰地说："数学，那就是高斯、切比雪夫、李雅普诺夫（А. М. Ляпунов，1857—1918 年）、斯捷克洛夫（B. A. Steklov，1864—1926 年）和我所研究的东西"。正是马尔可夫对数学的酷爱之感和痴爱之情深深地感染了学生，激发了学生对数学的学习兴趣。在一次概率论课上，马尔可夫的开场白为："我获悉喀山数学会提出研究课题：概率论的公理化基础，现在我们就开始着手干吧。"

数学能够医治病痛，这也许听来滑稽，但却有其事。捷克斯洛伐克的数学家波尔查诺（Bernard Bolzano，1781—1848 年），记述了自己的亲身经历：有次我在布拉格度假时，突感浑身发冷，疼痛难忍。为分散注意力，我拿起了欧几里得的《原本》，第一次阅读第五卷中欧多克斯（Eudoxus，约公元前 408—前 347 年）关于比例理论的精彩论述，这种高明的处理方法使我无比兴奋，以至于从病痛中完全解脱了。

随着数学家开发的领域扩展到群论、统计学、最优化和控制理论之中，数学的历史边界已经完全消失，从这个广泛背景观察，数学不只是讨论数与形，而且还讨论各种类型的模式和次序。希尔伯特认为：数学是处理无限的科学。他相信一切数学概念最后都会协调一致，其信条是：数学的任何问题最终要么有个真正解答，要么被证明不可能求解。

集合论的创立者康托尔提出："数学是绝对自由发展的学科，它只服从明显的思维。即其概念必须摆脱自相矛盾，并且必须通过定义而确定地、有秩序地与先前已经建立和存在的概念相联系。"

19 世纪中叶以后，数学是一门演绎科学的观点逐渐占据主导地位，这种观点在布尔巴基学派的研究中得到发展，他们认为数学是研究结构的科学，一切数学都建立在代数结构（群，环，域……）、序结构（偏序，全序……）和拓扑结构（邻域，极限，连通性，维数……）这三种母结构之上。布尔巴基学派认为：数学，至少纯粹数学，是研究抽象结构的理论。

博雷尔（Email Borel，1871—1956 年）认为："数学是我们确切知道我们在说什么，并肯定是否正确的唯一科学。"这里博雷尔强调了数学的绝对真理性。

几乎与博雷尔相对，罗素（Bertrand A. W. Russell，1872—1970 年）在 20 世纪初这样定义数学："纯粹数学完全由这样一类论断组成，假定某个命题对某些事物成立，则可推出另外某个命题对同样这些事物也成立。这里既不管第一个命题是否确实成立，也不管使命题成立的那些事物究竟是什么。只要我们的假定是关于一般的事物，而不是某些特殊的事物，那么我们的推理就构成为数学。这样，数学可定义为这样一门学科，我们永远不知道其中所说的是什么，也不知道所说的内容是否正确。"

按罗素的数学定义，数学已达到如此玄妙境界：任一给定前提的真或假已不起作用，重要的是如何从前提推导到结论。利用这一准则，数学家可以声言，月球是用青青的干奶酪造成的。再通过一系列更进一步的前提，他可以令人信服地论证，并最后得出结论，登月者应当带点脆饼干去。

罗素还认为，"数学不仅拥有真理，且拥有至高无上的美：一种冷峻严肃的美，就像是一尊雕塑。这种美没有绘画或音乐那样华丽的装饰，它可以纯洁到崇高的程度，能够达到严格的只有最伟大的艺术才能显示的完美境界。"罗素 11 岁开始学习欧几里得几何学，他感到学习数学就像初恋一样令人陶醉，从来没有想象到世界上还有如此美妙的东西。

1941 年，柯朗（Courant，1888—1972 年）认为："数学，作为人类智慧的一种表达形式，反映生动活泼的意念，深入细致的思考，以及完美和谐的愿望，其基础是逻辑和直觉，分析和推理，共性和个性。"

20 世纪 50 年代，前苏联数学家提出："现代数学就是各种量之间的可能的，一般说是各种变化着的量的关系和相互联系的数学。"

这里的"量"显然和亚里士多德的量含义不同：不仅包括现实世界的各种空间形式与数量关系，而且包括了一切可能的空间形式和数量关系。格涅坚科（B. V. Gnedenko，1912—1995 年）认为，数学现已成为认识世界的强有力工具，成为社会生产力。及时正确地应用数学方法可使我们建立相关定量理论，预测我们感兴趣的事件，选择解决问题的最佳方案。数学理论的价值和生命力不是其结构如何优美，而是其同社会实际问题有多少深入和牢固地联系。

20 世纪 80 年代美国学者提出："'数学'这个领域已被称做模式的科学，其目的是要揭示人们从自然界和数学本身的抽象世界中所观察到的结构和对称性。"

春有花开，夏有惊雷，秋收冬藏，四季循环往复；球形的雨从云中飘落；繁星夜夜周而复始地从天空中划过；世界上没有两片完全相同的雪花，但所有雪花都是六角形……我们生活在由诸多模式组成的世界中。在这个定义中，"模式"代替了"量"，而所谓的"模式"有着极广泛的内涵，包括了数的模式，形的模式，运动与变化的模式，推力与通信的模式，行为的模式等。这些模式可以是现实的，也可以是想象的；可以是定量的，也可以是定性的。

我国当代学者也给了一些数学定义。

陈省身（Shiing-shen Chern，1911—2004 年）认为，大致说来，数学和其他科学一样，其发展基于两个原因：奇怪的现象和数学结果的应用。数学把"奥妙变为常识，复杂变为简单"。他说，"数学研究与其他科学相比，其显著的特点就是向多方面发展"。

吴文俊认为，数学这门基础学科已经越来越渗透到各个领域，成为各种科学、技术和生产以致日常生活所不能缺少的有力武器。在现代科学技术中，如果不借助数学，不与数学发生关系就不可能达到应有的精确性和可靠性。

钱学森（1911—2009 年）认为，数学是社会科学和自然科学的基础，哲学是社会科学和自然科学的概括。

齐民友认为，数学的生长像竹子，根在大地，然后自己一节一节向上长，间或爆出新笋，长成新竹。若干年后，竹子开花，结成种子，重回大地。

方延明：数学是研究现实世界中数与形之间各种形式模型的结构的一门科学。

徐利治：数学是"实在世界的最一般的量与空间形式的科学，同时又作为实在世界中最具特殊性、实践性及多样性的量与空间形式的科学"。

高隆昌和胡勋玉：能对大自然中任意对象予以符号化、量化和形式语言化，从而进行逻辑演算，以揭示大自然规律的科学叫做数学。

子曰："君子不器。"数学恰是不器之学，堪比孔子意义下的君子。数学最显著特点是体系的严谨性，要求每个概念都要给出明确定义，但"数学"本身却无法给出十全十美、无懈可击的定义，其根本原因是由于数学科学还在不断的飞速发展。其他许多基础学科也是如此，如"科学"至今也无法给出完美无缺的定义。有时过分苛刻的定义会成为事物发展的桎梏，故我们不必追求过分严密的数学定义而应给其留有发展空间。正如美籍波兰学者塔斯基（Alfred Tarski, 1901—1983 年）所说："对于足够丰富的数学系统来说，要给出真理的令人满意的定义是不可能的，但在较小范围内这种定义是可能的。"

1.2.3　数学科学的主要研究方向

按美国《数学评论》杂志的分类，现代数学的研究方向包括 90 多个二级学科，400 多个三级学科，更细的分科已难以统计。下面为主要研究方向：

（1）数理逻辑与数学基础

a. 演绎逻辑学（符号逻辑学）　　　　b. 证明论（元数学）

c. 递归论　　　　　　　　　　　　　d. 模型论

e. 公理集合论　　　　　　　　　　　f. 数学基础

（2）数论

a. 初等数论　　　　　　　　　　　　b. 解析数论

c. 代数数论　　　　　　　　　　　　d. 超越数论

e. 丢番图逼近　　　　　　　　　　　f. 数的几何

g. 概率数论　　　　　　　　　　　　h. 计算数论

i. 模型式与模函数论

（3）代数学

a. 线性代数　　　　　　　　　　　　b. 群论、环论和域论

c. 序结构研究　　　　　　　　　　　d. 李群和李代数

e. 可除代数和体　　　　　　　　　　f. Kac-Moody 代数

g. 编码理论与方法　　　　　　　　　h. 模论和格论

i. 代数群　　　　　　　　　　　　　j. 泛代数理论

k. 范畴论和同调代数　　　　　　　　l. 群表示论

m. 代数 K 理论　　　　　　　　　　　n. 微分代数

o. 代数编码理论

（4）代数几何学

a. 连续与离散的对偶性　　　　　　　b. Riemann-Roch-Grothendick 理论

c. Scheme theory　　　　　　　　　　d. Topis theory

e. L-adic 上同调和 etale 上同调　　　f. Grothendick 圈

g. 晶体与晶状上同调　　　　　　　　h. de Rahm 系数

i. Hodge 系数理论　　　　　　　　　j. 新同伦代数

k. Topis 的上同调　　　　　　　　　l. 稳和拓扑

（5）几何学

a. 几何学基础　　　　　　　　　　　b. 欧氏几何学

c. 非欧几何学　　　　　　　　　　　d. 球面几何学

e. 向量和张量分析　　　　　　　　　f. 仿射几何学

g. 射影几何学　　　　　　　　　　　h. 微分几何学

i. 分数维几何　　　　　　　　　　　j. 计算几何学

k. 流形上的分析　　　　　　　　　　l. 黎曼流形与洛仑兹流形

m. 齐性空间与对称空间　　　　　　　n. 调和映照及其在理论物理中的应用

o. 子流形理论　　　　　　　　　　　p. 杨 – 米尔斯场

q. 辛流形

（6）拓扑学

a. 点集拓扑学　　　　　　　　　　　b. 代数拓扑学

c. 同伦论和同调论　　　　　　　　　d. 低维拓扑学

e. 微分拓扑学　　　　　　　　　　　f. 维数论和奇点理论

g. 格上拓扑学　　　　　　　　　　　h. 纤维丛论

i. 几何拓扑学

（7）函数论

a. 微积分学　　　　　　　　　　　　b. 函数逼近论和级数论

c. Rn 中调和分析实方法　　　　　　　d. 多单复变函数论

e. 复流形和复动力系统　　　　　　　f. 非紧半单李群的调和分析

（8）非标准分析

（9）常微分方程

a. 定性理论　　　　　　　　　　　　b. 稳定性理论

c. 解析理论　　　　　　　　　　　　d. 泛函微分方程

e. 特征与谱理论及其反问题　　　　　f. 分支理论

g. 混沌理论　　　　　　　　　　　　h. 奇摄动理论和动力系统

i. 复域中的微分方程

（10）偏微分方程

a. 椭圆形偏微分方程　　　　　　　　b. 双曲形偏微分方程

c. 抛物形偏微分方程　　　　　　　　d. 非线性偏微分方程

e. 连续介质物理与力学及反应　　　　f. 非线性波

g. 微局部分析与一般偏微分算子理论　h. 调混合形及其他带奇性的方程

i. 非线性发展方程　　　　　　　　　j. 无穷维动力系统

k. 偏微分方程其他学科

（11）动力系统

a. 微分动力系统　　　　　　　　　　b. 拓扑动力系统

c. 复动力系统

（12）积分方程

a. 线性积分方程　　　　　　　　　　b. 第一类 Fredholm 方程

c. 奇异积分方程　　　　　　　　　　d. 积分方程组

e. 非线性积分方程

（13）泛函分析

a. 线性算子理论　　　　　　　　　　b. 变分法

c. 拓扑线性空间　　　　　　　　　　d. 希尔伯特空间

e. 函数空间　　　　　　　　　　　　f. 巴拿赫空间

g. 算子代数和非线性泛函分析　　　　h. 测度与积分

i. 广义函数论

（14）计算数学

a. 插值法与逼近论　　　　　　　　b. 常微分方程数值解

c. 偏微分方程数值解　　　　　　　d. 积分方程数值解

e. 数值代数　　　　　　　　　　　f. 连续问题离散化方法

g. 随机数值实验　　　　　　　　　h. 误差分析

i. 计算数学其他学科

（15）概率论

a. 几何概率　　　　　　　　　　　b. 概率分布

c. 极限理论　　　　　　　　　　　d. 随机过程（含平稳过程）

e. 马尔可夫过程　　　　　　　　　f. 随机分析

g. 鞅论　　　　　　　　　　　　　h. 应用概率论

i. 随机场

（16）数理统计学

a. 抽样理论　　　　　　　　　　　b. 假设检验

c. 非参数统计　　　　　　　　　　d. 方差分析和回归分析

e. 蒙特卡洛方法　　　　　　　　　f. 统计推断

g. 贝叶斯统计　　　　　　　　　　h. 试验设计

i. 多元分析和统计线性模型　　　　j. 统计判决理论

k. 时间序列分析　　　　　　　　　l. 数据分析及其图形处理

（17）应用统计数学

a. 统计质量控制　　　　　　　　　b. 可靠性数学和统计模拟

c. 保险数学

（18）运筹学

a. 线性规划　　　　　　　　　　　b. 非线性规划

c. 动态规划　　　　　　　　　　　d. 组合最优化

e. 参数规划　　　　　　　　　　　f. 整数规划和图论

g. 随机规划　　　　　　　　　　　h. 排队论

i. 对策论（博弈论）　　　　　　　j. 库存论和最优化

k. 决策论和统筹论　　　　　　　　l. 搜索论

（19）组合数学

a. 组合计数和组合设计　　　　　　b. 组合算法

c. 组合概率方法　　　　　　　　　d. 密码学和图论

e. 复杂度分析　　　　　　　　　　f. 线性计算几何

（20）模糊数学

a. 模糊控制和决策　　　　　　　　b. 模糊识别和评判

c. 模糊聚类分析

（21）数学物理

a. 规范场论　　　　　　　　　　　b. 引力场论的经典理论与量子理论

c. 孤立子理论　　　　　　　　　　d. 统计力学

e. 连续介质力学等方面的数学问题

（22）控制论

a. 有限维非线性系统　　　　　　　　　b. 分布参数系统的控制

c. 随机系统的控制　　　　　　　　　　d. 最优控制理论与算法

e. 参数辨识与适应控制　　　　　　　　f. 稳健控制

g. 线性系统的代数与几何方法　　　　　h. 控制的计算方法

i. 微分对策理论

（23）计算机的数学基础

a. 可解性与可计算性　　　　　　　　　b. 机器证明

c. 计算复杂性　　　　　　　　　　　　d. VLSI 数学基础

e. 计算机网络与并行计算

（24）计算数学与科学工程计算

a. 偏微分方程数值计算　　　　　　　　b. 初边值问题数值解法及应用

c. 奇异性问题　　　　　　　　　　　　d. 非线性微分方程及其数值解法

e. 边值问题数值解法及其应用　　　　　f. 代数微分方程

g. 有限元和边界元数值方法　　　　　　h. 变分不等式的数值方法

i. 辛几何差分方法　　　　　　　　　　j. 数理方程反问题的数值解法

k. 常微分方程数值解法及其应用　　　　l. 二点边值问题

m. STIFF 问题研究　　　　　　　　　　n. 数值代数大型稀疏矩阵求解

o. 代数特征值问题及其反问题　　　　　p. 非线性代数方程

q. 一般线性代数方程组求解　　　　　　r. 快速算法

s. 有理逼近和多元逼近　　　　　　　　t. 曲面拟合和光滑拼接

u. 曲面造型和曲面设计　　　　　　　　v. 散乱数据插值

w. 计算几何

（25）若干交叉学科

a. 信息论及应用　　　　　　　　　　　b. 经济数学

c. 生物数学　　　　　　　　　　　　　d. 不确定性的数学理论

e. 分形论及应用

按照我国国务院学位办关于授予博士、硕士学位和培养研究生的学科专业简介，数学科学一般分成五个紧密联系的二级学科。

基础数学，又称纯粹数学，是数学的核心和灵魂。其思想、方法和结论是整个数学科学的基础，是自然科学；社会科学、工程技术等方面的思想库。基础数学主要包含数理逻辑、数论、代数、几何、拓扑、函数论、泛函分析、微分方程等分支，并还在源源不断地产生新的研究领域，范围异常广泛。

计算数学是研究用电子计算机数值求解科学和工程问题的理论和算法，其目标是高效、稳定地求解各类科学技术领域中产生的数学问题。研究高效的计算方法与发展高速的计算机处于同等重要的地位；此外，数值模拟已能够用来减少乃至代替耗资巨大甚至难以实现的某些大型实验。近年来，随着电子计算机的飞速发展，产生了符号演算、机器证明、计算机辅助设计、数学软件等新的学科分支，并与其他领域结合形成了计算力学、计算物理、计算化学、计算生物等交叉学科。

应用数学是联系数学科学与现实世界的重要桥梁，主要研究自然科学、工程技术、信息、经济、金融、管理、社会与人文科学中的数学问题，包括建立相应的数学模型，利用数学方法解实际问题，研究具有实际背景和应用前景的数学理论等。第二次世界大战以来，应用数学得到了迅猛的发展，其思想和方法深刻地影响着其他科学的发展，并促进了某些重要的综合性学科（如非线性科学）的诞生和成长。同时，在研究解决实际问题的过程中，新的重要数学问题不断产生，有力地推动着数学本身的发展。

概率论与数理统计是研究随机现象内在规律性的学科。概率论旨在从理论上研究随机现象的数量规律，是数理统计的基础。数理统计是研究如何有效地收集、分析和使用随机性数据的学科，为概率论的实际应用提供了广阔的天地。概率论和数理统计相互依存，相互推动，借助着计算机的技术，在科学技术、工农业生产、经济金融、人口健康和环境保护等方面发挥着重要的作用。概率统计思想渗入各个学科已成为近代科学发展的明显特征之一。

运筹学和控制论以数学和计算机为主要工具，从系统和信息处理的观点出发，研究解决社会、经济、金融、军事、生产管理、计划决策等各种系统的建模、分析、规划、设计、控制及优化问题，是一个包含众多分支的学科。运筹学结合数学其他分支、计算机科学、管理科学、通过对建模方法和最优化方法的研究，为各类系统的规划设计、管理运行和优化决策提供理论依据。控制论目前处于数学科学、计算机科学、工程学等学科交叉发展的前沿，是以自动化、机器人、计算机和航天技术为代表的新技术革命的理论基础。

1.3　学习数学史的意义

1.3.1　数学史的文化意义

美国数学史家克莱因（Morris Kline，1908—1992 年）曾言："一个时代的总特征在很大程度上与这个时代的数学活动密切相关。这种关系在我们这个时代尤为明显"。"数学不仅是一种方法、一门艺术或一种语言，数学更主要是一门有着丰富内容的知识体系，其内容对自然科学家、社会科学家、哲学家、逻辑学家和艺术家十分有用，同时影响着政治家和神学家的学说"。数学已经广泛地影响着人类的生活和思想，是形成现代文化的主要力量。因而，数学史是从一个侧面反映的人类文化史，又是人类文明史的最重要的组成部分。许多历史学家通过数学了解古代其他主要文化特征与价值取向。古希腊数学家强调严密推理，不关心实用性，教育人们进行抽象的推理和激发对理想与美的追求。通过对希腊数学史的考察，就十分容易理解，为何古希腊具有很难为后世超越的优美文学、极端理性化的哲学及理想化的建筑与雕塑。而罗马数学史则告知，罗马文化是外来的，罗马人缺乏独创精神而注重实用。

1.3.2　数学史的教育意义

数学科学的发展并不合逻辑，数学发展的实际情况与今日所学的数学教科书很不一致。今日中学所学的数学内容基本上属于 17 世纪微积分学以前的初等数学知识，而大学数学专业学习的大部分内容则是十七八世纪的数学前沿。这些数学教材业已经过千锤百炼，是在科学性与教育要求相结合的原则指导下经过反复编写的，是将历史上的数学材料按照一定的逻辑结构和学习要求加以取舍编纂的知识体系，这样就必然舍弃了许多数学概念和方法形成的实际背景、文化背景、演化历程及导致其演化的各种因素，故仅凭学习数学教材，难以获得数学科学的原貌和全景，同时忽视了那些被历史淘汰掉但对现实科学或许有用的数学材料与方法，而弥补这方面不足的最好途径就是学习数学史。

在一般人看来，数学科学是一门枯燥无味的学科，因而很多人视其为畏途，从某种程度上说，这是由于数学教科书教授的往往是一些僵化的、一成不变的数学内容，若在数学教学中适当渗透数学史内容而让数学活起来，便可激发学生的学习兴趣，也有助于对数学概念、方法和原理的理解和认识的深化。

从教育现状来看，文科与理科的鸿沟导致教育所培养的人才已经越来越不能适应当今自然科学与社会科学高度渗透的现代化社会，正是由于数学史的学科交叉性显示其在沟通文理科方面的作用。通过数学史学习，可使数学专业的学生在接受专业训练的同时获得人文科学方面的修养，文科或其他专业的学生通过数学史的学习可了解数学科学概貌，而获得数理方面的修养。历史上数学家的业绩与品德也会在青少年的人格培养上发挥十分重要的作用。

中国数学有着悠久的历史，14 世纪以前一直是世界上数学最为发达的国家，出现过许多杰出数学家，取得了很多辉煌成就，其源远流长的以计算为中心、具有程序性和机械性的算法化数学模式与古希腊的以几何定理的演绎推理为特征的公理化数学模式相辉映，交替影响着世界数学的发展。由于教育上的失误，致使接受现代数学文明熏陶的我们，往往数典忘祖，对祖国的传统科学一无所知。学习数学史课程可使学生了解中国古代数学的辉煌成就，了解中国近代数学落后的原因，中国现代数学研究的现状及与发达国家数学的差距，以激发其爱国热情，振兴民族科学。

思　考　题

1. 您对数学科学有何新的认识？试给出数学定义。
2. 您对数学史课程的开设有何建议？
3. 您对中国数学了解多少？中国数学的特点是什么？
4. 您对数学科学的概貌了解多少？对哪个分支尤感兴趣，为什么？
5. 数学史的研究内容是什么？
6. 学习数学史的意义何在？
7. 数学科学的主要特点是什么？
8. 您认为数学科学的应用主要表现在哪些方面？
9. 李约瑟难题是什么？
10. 某数学家的遗嘱为：如果我亲爱的妻子帮我生个儿子，儿子将继承我三分之二的遗产，妻子将得三分之一；如果是生女儿，妻子将继承我三分之二的遗产，女儿将得三分之一。然而他的妻子生了一对龙凤胎，如何遵照数学家的遗嘱，将遗产分给其妻子、儿子、女儿呢？

下讲学习内容提示

主要介绍数学科学的早期发展，包括古埃及数学、巴比伦数学、中国早期数学和古希腊数学。

阅 读 材 料

1. Morris R. Cohen & I. E. Drabkin. A Source Book in Greek Science, Cambridge：Harvard University Press, 1975.

2. A. d'Abro. The Evolution of Scientific Thought. Dover Publications, 1950.

3. Morris Kline. Mathematics in Western Culture. Penguin Books, 1989.

4. 李文林. 数学史教程. 高等教育出版社, 2000.

5. 李文林. 数学的进化——东西方数学史比较研究. 北京：科学出版社, 2005.

6. 梁宗巨等. 世界数学通史. 大连：辽宁教育出版社, 2005.

第 2 讲　数学的早期发展和古希腊数学

主要解决问题:

（1）古埃及数学的特点。

（2）中国早期数学的特点。

（3）古希腊数学的特点。

（4）古希腊数学对世界数学发展的贡献。

（5）欧几里得几何《原本》的重要意义及其影响。

　　回望人类几百万年的历史，所谓"文明"时期其实很短暂。迄今为止，人类的绝大部分时间是在"蒙昧"状态下度过的，人类祖先凭借大脑的进化在残酷的生存斗争中显示出顽强的生命力，并逐渐提高了人类在自然界中所处的地位，其漫长的生存活动是我们今日数学、科学和技术的起点。作为人类思想的最高境界，虽数学的特有灵性和神秘感使之远离芸芸众生，但数学起源于人类的生产实践、生活需要和创造性劳动。正是实用、科学、美学和哲学诸多因素，共同促进了数学科学的形成和发展。美学和哲学因素决定性地塑造了数学科学的特征，而数学家登上纯思维巅峰则借助于社会力量的推动。

　　古非洲的尼罗河、西亚的底格里斯河和幼发拉底河、中南亚的印度河和恒河及中国的黄河和长江，都是数学的发源地。先辈们从控制洪水和灌溉，测量田地面积、计算仓库容积、推算适合农业生产的历法及相关计算、产品交换等长期实践活动中积累了丰富经验，并逐渐形成了相应的数学知识。从原始的"数"到抽象的"数"概念的形成，是一个缓慢、渐进的过程。人类从生产活动中认识到了具体的数，产生了计数法。"屈指可数"表明人类计数最原始、最方便的工具是手指。如手指计数，结绳计数等。早期就存在着多种计数系统，如古埃及、古巴比伦、中国、古希腊、古印度、玛雅等都有独具特色的数字表示及相关运算。不同年代出现了五花八门的进位制和眼花缭乱的计数符号体系，足以证明数学起源的多元性和数学符号的多样性。

2.1　数学的早期发展

2.1.1　古埃及数学

　　埃及文明可上溯到距今 6000 年左右，从公元前 3500 年左右开始出现一些小国家，公元前 3000 年左右出现初步统一的国家。

　　古代埃及文明可分为 5 个历史时期：早期王国时期（公元前 3100—前 2688 年）、古王国时期（公元前 2686—前 2181 年）、中王国时期（公元前 2040—前 1768 年）、新王国时期（公元前 1567—前 1086 年）、后王国时期（公元前 1085—前 332 年）。其中在古王国时期，埃及进入统一时代，开始建造金字塔，是第一个繁荣而伟大的时代；在新王国时期，埃及进入极盛时期，建立了地跨亚非的大帝国。

埃及人创造了连续 3000 余年的辉煌历史，建立了国家，有了相当发达的农业和手工业，发明了铜器、创造了文字、掌握了较高的天文学和几何学知识，建造了巍峨宏伟的神庙和金字塔。吉萨金字塔（公元前 2600 年）显示了埃及人极其精确的测量能力，其边长和高度的比例约为圆周率的一半。

古埃及最重要的传世数学文献主要有：

莱茵德纸草书：1858 年为苏格兰收藏家莱茵德（H. Rhind）购得，现藏伦敦大英博物馆，主体部分由 84 个数学问题组成，其中还有历史上第一个尝试"化圆为方"的公式。

莫斯科纸草书：1893 年由俄国贵族戈列尼雪夫（B. C. Роленнщев）购得，现藏莫斯科普希金精细艺术博物馆，该书包含了 25 个数学问题。

纸草书中有些问题可归为今天代数学范畴，相当于求解形如一次方程。埃及人称未知数为"堆"（aha，读做"何"）。

埃及几何学是尼罗河的赠礼。古希腊历史学家希罗多德（Herodotus，约公元前 484—前 425 年）在公元 5 世纪曾访问考察过埃及，并在其著作《历史》中写道：

西索斯特里斯在埃及居民中进行了一次土地划分。假如河水冲毁了一个人所得的任何一部分土地，国王就会派人去调查，并通过测量来确定损失地段的确切面积。我认为，正是由于这类活动，埃及人首先懂得了几何学，后又把它传给了希腊人。

莱茵德纸草书和莫斯科纸草书中包含有许多几何性质的问题，内容大都与土地面积和谷堆体积的计算有关。从中可找到正方形、矩形、等腰梯形等面积的计算公式，如莱茵德纸草书中的第 52 题，通过将等腰梯形转化为矩形，得出等腰梯形面积的正确公式。

埃及人对圆面积给出极高的近似。莱茵德纸草书第 50 题假设一直径为 9 的圆形土地，其面积等于边长为 8 的正方形面积。埃及人在体积计算中达到了很高的水平，代表性例子是莫斯科纸草书中的第 14 题。该题给出计算平截头方锥体积的公式。

虽埃及数学是实用数学，但也有例外。如莱茵德纸草书第 79 题：7 座房，49 只猫，343 只老鼠，2401 颗麦穗，16 807 赫卡特。曾有人认为这是一个数谜：7 座房子，每座房里养 7 只猫，每只猫抓 7 只老鼠，每只老鼠吃 7 颗麦穗，每颗麦穗可产 7 赫卡特粮食，问房子、猫、老鼠、麦穗和粮食各数值总和。也有将房子、猫等解释为不同幂次的名称，即房子表示一次幂，猫表示二次幂等。这是一个没有任何实际意义的几何级数求和问题。

古埃及计数制以不同的特殊记号分别表示 10 的前六次幂：简单的一道竖线表示 1，倒置的窗或骨（∩）表示 10，一根套索表示 100，一朵莲花表示 1000，弯曲的手指表示 10 000，一条江鳕鱼表示 100 000，而跪着的人像（可能指永恒之神）则表示 1 000 000。其他数目通过这些数目的简单累积来表示。

随着青铜文化的崛起，分数概念与分数记号应运而生。埃及象形文字用一种特殊的记号来表示单位分数（即分子为一的分数）：在整数上方画一个长椭圆；纸草书中采用的僧侣文，则用一点来代替长椭圆号。在多位数的情形，则点号置于最右边的数码之上。

单位分数的广泛使用是埃及数学的重要特色之一。埃及人将所有的真分数都表示成一些单位分数的和。为使这种分解过程变得容易，莱茵德纸草书中给出了一张形如 $2/k$（k 为从 5～101 的奇数）的分数分解为单位分数之和的表。

埃及人最基本的算术运算是加法。乘法运算是通过逐次加倍的程序来实现的。如 69 ×

19 如下进行：将 69 加倍到 138，将结果加倍到 276，再加倍到 552，再加倍到 1104（此即 69 的 16 倍）。因 19 = 16 + 2 + 1，得 69 × 19 为 1104 + 138 + 69 = 1311。在除法运算中，加倍程序倒过来执行，除数取代了被除数的地位而被拿来逐次加倍。

莱茵德纸草书和莫斯科纸草书中的数学，在数千年漫长的岁月中很少变化。加法运算和单位分数始终是埃及算术的砖块，使古埃及人的计算显得笨重繁复。古埃及人的面积，体积算法对精确公式与近似公式不做明确区分，这又使它们的实用几何带上了粗糙的色彩。这一切都阻碍埃及数学向更高的水平发展。公元前 4 世纪希腊人征服埃及后，这一古老的数学文化完全被希腊数学所取代。

简言之，埃及数学没有把零散的数学知识系统化，仅仅是作为一种工具用于解决日常生活中的实际问题。其主要特点为：

（1）最基本的算术是加法，乘法运算通过逐次加倍的程序来实现。

（2）所有的真分数都表示为一些单位分数的和（2/3 除外）。利用单位分数，分数的四则运算就可以进行，但做起来较为麻烦。

（3）能正确计算正方形、矩形、等腰梯形等图形的面积，其中最惊人的是能够计算方棱锥平头截体体积。

（4）虽没有命题证明的思想，但可对问题的数值结果加以验证。

（5）没有明确区分面积、体积算法的精确公式与近似计算。

关于埃及分数引出不少问题，其中有许多尚未解决，同时还不断产生新问题。如有数学家猜测

$$\frac{4}{n} = \frac{1}{x} + \frac{1}{y} + \frac{1}{z}$$

当 $n > 1$ 时总有解。

2.1.2　古巴比伦数学

人类最早的奴隶制国家大约于公元前 4000—前 3000 年产生于古代东方国家——巴比伦，这块地域古称为美索不达米亚。美索不达米亚文明可分为 3 个发展时期：

（1）古巴比伦王国：公元前 1894—前 729 年。汉穆拉比（公元前 1792—前 1750 年）统一了两河流域，建成了一个强盛的中央集权帝国，颁布了著名的《汉穆拉比法典》。

（2）亚述帝国：公元前 8 世纪—前 612 年，建都尼尼微（今伊拉克的摩苏尔市）。

（3）新巴比伦王国：公元前 612—前 538 年。尼布甲尼撒二世（公元前 604—前 562 年）统治时期先后两次攻陷耶路撒冷，建成世界古代七大奇观之一的巴比伦"空中花园"。

美索不达米亚文字的书写是一项非常艰巨的工作。书写时先把黏土做成方形的板砖，再用尖木棍在上面刻字，最后把泥板放在太阳下晒干或在火上烤干。虽写起来很慢，改写、保管和查看也很不方便，但这样制作的泥版文书比纸草书更易于保存，迄今已出土 50 万块（300 多块是数学文献），虽经历了几千年沧桑，上面所刻写图文依然清晰可见。这是我们了解美索不达米亚文化的重要依据。

美索不达米亚人采用的是六十进制。只用两个记号，即垂直向下的楔子和横卧向左的楔子，通过排列组合便可表示所有自然数。位置原理是美索不达米亚人的一项突出成就。一个数处于不同位置可表示不同的值，后来他们把这个原理应用到分数。六十进位制的产生，可能是和天文学的发展有关系。苏马连人和美索不达米亚人在天文学上曾取得了很高成就。美

索不达米亚人发明了太阳历，把一年划分为 12 个月，共 354 天。一天分成 24 小时，每小时 60 分钟，每分钟 60 秒。并发明了闰月，设置与太阳历相差 11 天，以 7 天为一星期。

美索不达米亚人更擅长算术。他们创造了分数及其加减乘除四则运算，发明了十进位法和十六进位法。他们把圆分为 360°，并知道 π 近似于 3，甚至能计算不规则多边形的面积及一些锥体的体积。

美索不达米亚人还创造了许多成熟算法，如开方根等。他们会解一元二次方程，泥版书里给出了正确求解程序。对于特殊三次方程，他们虽无法求得一般解法，但却制定出相应表格。利用简单平方表，美索不达米亚人还掌握了一些简便数字的计算方法。如他们能很快算出任意两数的乘积。

美索不达米亚泥版书上有个问题：兄弟 10 人分 5/3 米那的银子（1 米那 = 60 赛克尔），相邻的兄弟俩所分银子的差相等，而且老八分的银子是 6 赛克尔，求每人所得的银子数量。可见美索不达米亚人已经知道"等差数列"的概念。

有一些泥版文书上的问题说明美索不达米亚人对数学除了实用目的以外，还有理论上的兴趣，"普林顿 322"就是很好的佐证。现存的这块泥版长度和宽度分别只有 12.7 厘米和 8.8 厘米。书写在上面的文字是古巴比伦语，因此年代最晚在公元前 1600 年。这块泥版只刻着一张表格，由 4 列 15 行六十进制数字组成。第 1、5 和 11 行第 III，II 列分别是数组（1，59；2，49），（1，5；1，37），（45；1，15），转化成十进制就是（119，169），（65，97），（45，75），注意到（120，119，169），（72，65，97），（65，45，75）恰好是直角三角形的三条边，故一般认为表中数字与勾股数有关。这张表上最大的一组斜边是 18 541，一直角边为 12 709！美索不达米亚人如何计算出这些数字，至今仍是个谜。

收藏于耶鲁大学的 YBC7289 号泥板再次印证美索不达米亚人掌握了勾股定理。该泥板上面刻有一正方形，在对角线上方有一行数字（1，24，51，10），将其化为十进制小数则为单位正方形对角线 $\sqrt{2}$ 的之近似值，与真值仅相差 6×10^{-7}。

大约在 6000 年前，美索不达米亚人造出世上第一个轮子。最初的轮子是用木头做成一个圆盘，中间挖一个洞，穿过一根木头做轴，使圆盘能绕着轴转动。至巴比伦和亚述时，出现了战车和进行贸易的车辆，车上的轮子已经有了辐和毂等。美索不达米亚人还发现圆木轮的其他用途。如陶工利用旋轮制作精细的器皿，建筑工人利用滑轮吊起重物等。

美索不达米亚人对圆的认识虽比埃及人差，可他们实际运用几何能力，特别是在天文方面却比埃及人先进。他们把太阳在天上一昼夜经过的轨道分成 360°。后来又把这种分法应用于一切圆形物体。他们已区分恒星和行星，给五个行星起了专门名称，即金星、火星、木星、水星、土星。在一部 5000 年前献给巴比伦国王的占星学著作里，列出了很长的蚀亏表，表中关于日食和月食的日期相当准确。

美索不达米亚数学的特点：

（1）创造了以六十进制为主的楔形文计数系统，并把位值原理推广到分数，但从未实施绝对的位值制。

（2）发展了程序化算法。

（3）编制了许多数学用表，做除法不是用埃及人的倒加倍方法，而是采用被除数乘以除数的倒数，倒数通过查表而得。

（4）能解一般的三项二次方程，并通过查表解形如 $x^3 = a$，$x^3 + x^2 = a$ 的三次方程。

（5）能够认识到方程 $(ax)^3 + (ax)^2 = b$ 与方程 $y^2 + y^2 = a$ 本质上属于同一类型，具有初等代数变换思想。

（6）已经掌握了三角形、梯形等平面图形体积公式，并知道利用图形的相似性概念。

（7）已广泛使用勾股定理，还表现出相关理论兴趣。

2.1.3　西汉前的中国数学

中国数学的发展史至少有 4000 年，其他任何国家都难以比拟。印度数学发展达 3500 ～ 4000 年；希腊的数学发展史从公元前 6 ～ 4 世纪有 1000 余年；阿拉伯的数学发展史仅限于 8 ～ 13 世纪有 500 多年；欧洲数学不过 10 世纪后才开始；日本的数学发展史则迟至 17 世纪后。在世界古老文化中，古代埃及、巴比伦文化早已绝灭。古希腊、罗马文化也失去了光辉，古印度文化屡遭破坏。唯中华文化虽几经跌宕，却始终相继不断，并代有高峰。

《易经·系辞传》云："上古结绳而治，后世圣人易之以书契"。结绳和书契（刻木或刻竹）是非文字记载的两种主要计数（或记事）方法。三国时吴人虞翻在《易九家义》中也说："事大，大结其绳；事小，小结其绳，结之多少，随物众寡。"这些记载表明，结绳计数是原始社会普遍使用的一种计数方法。刻画计数也产生于原始社会。人们在竹、木或骨片上面刻出一个个小口，表示一定的数目，这大概就是《易经》所说的契。

在新石器时代早期已普遍结绳计数，稍后便出现了书契。研究表明，约 6000 年前的半坡人已具有了圆、球、圆柱、圆台、同心圆等几何观念。大约在 6000 年前，原始社会的中国人至少已经掌握了 30 以内的自然数，而且是十进制系统。可见在我国数字的出现比甲骨文要早 2600 年，比"黄帝时代"也要早 1300 年左右。

伴随着原始公社的解体，产生了私有制和货物交换。《易经·系辞传》记载："包牺氏没，神农氏作。……日中为市，致天下之民，聚天下之货，交易而退，各得其所。"为了货物交换的顺利进行，逐渐有了统一的计数方法和简单的计算技能。

为了使制成物品有规则形状，人们创造了规、矩、准、绳。《尸子》云"古者，倕为规、矩、准、绳，使天下访焉"（倕是约 4500 年前黄帝或唐尧时代的能工巧匠）。在汉武帝梁祠的浮雕像中，有伏羲手执矩，女娲手执规的造像。

夏代是私有制确立和巩固的时期，产生了农业和手工业的分工，出现了从事各种手工业（如陶器、青铜器、车辆等）生产的氏族。手工制造、农田水利、制定历法都需要数学知识和计算技能，人们关于几何形体和数量的认识必然有所提高。

至商代，奴隶制国家正式确立，开始了比较发达的殷商文化。出于货物交换的发达，殷代已有用贝壳来交换物品的习惯，这种贝壳带有一些货币味道。六十循环的"天干地支"计数法，是商代数学的一个成就，这种方法主要用于历法，可称干支纪年法。天干有 10 个，即甲、乙、丙、丁、戊、己、庚、辛、壬、癸；地支有 12 个，即子、丑、寅、卯、辰、巳、午、未、申、酉、戌、亥。天干与地支相配，共得 60 个不同单位——以甲子开始，以癸亥告终。中国农历至今还使用这种方法。

《史记·夏本纪》大禹治水中提到"左规矩，右准绳"，表明使用了规、矩、准、绳等作图和测量工具，大禹以"勾三股四弦五"来治理天下，可推知我国对勾股定理的最初了解可上溯至公元前 21 世纪。

公元前 11 世纪末，周人灭殷后，在原有氏族制度的基础上建立周，奴隶制经济获得进一步的发展。在政治经济上有实力的氏族贵族组织成了强大的政治集团，其中有所谓"士"的阶层是受过礼、乐、射、御、书、数六艺训练的人。"数"作为六艺之一，开始形成一个学科。用算筹来计数和四则运算，很可能在西周时期已经开始了。

东周时期开始利用铁器，生产力逐渐提高，生产方式有所改变。从春秋以来，奴隶制的农村公社逐渐瓦解。由于各国畴人的努力，天文、历法工作有了显著成就。战国时期，奴隶制度逐渐破坏，封建制度逐渐建立起来。算筹是我国古代人用的计算工具。"筹"就是一般粗细，一般长短的小竹棍，用算筹进行计算叫做筹算。到春秋战国时期，人们已经能熟练地进行筹算。

战国时齐国人撰写的《考工记》记有尺寸的分数比例、角度大小的区分、标准容器的计算等。在《荀子》、《管子》中有关于"九九"乘法口诀的记载。现在口诀是从"一一得一"起至"九九八十一"止。古时是倒过来的，即从"九九八十一"起至"二二得四"止。至公元前 7 世纪，如"三九二十七"、"四八三十二"、"六六三十六"等九九口诀在诸子百家文献中多次出现。2002 年 7 月，考古人员在湖南龙山里耶战国 – 秦汉古城出土了 36 000 余枚秦简，记录的是公元前 221—前 210 年的秦朝历史，其中有一份完整的"九九乘法口诀表"。

《春秋》一书所记录的"初税亩"，说明在此以前已有测量田亩面积和计算的方法。《史记》记载了齐威王与田忌赛马的故事，为对策论在中国的最早例证。

《庄子·天下篇》中的"一尺之棰，日取其半，万世不竭。"已成为脍炙人口的命题。这是庄子（约公元前 369—前 286 年）的好友惠施（公元前 390—前 317 年）的命题之一。此命题意为：一尺长的木棍，每天截去其一半，千秋万代也截不完。他看到了事物的无限可分性，是很可贵的。一尺之棰是有限物体，但却可无限地分割下去。有限之中蕴涵着无限，这是有限和无限的辩证统一。但惠施没有看到量变会引起质变，因木棍无限中分下去，分到一定程度就会发生质的飞跃，不再是木棍了。

惠施富有抽象思维能力和逻辑推演能力，但也出现了前后矛盾。"至大无外，谓之大一；至小无内，谓之小一。"他对老子的"一"做了推进："大一"可以大到无所不包，相当于古之"太极"、今之"宇宙"；"小一"小到不能再分割，相当于古希腊哲学中的"原子"。往两个方向推是对的，但没有至大无外的大一和至小无内的小一，因为宇宙万物是无限可分的，是无穷大的，也是无穷小的。

《墨经》（约公元前 400 年）中的点、线、面、方、圆等几何概念，为理论数学开启了良好开端。《墨经》是以墨翟（约公元前 490—前 405 年）为首的墨家学派的著作，包括光学、力学、逻辑学、几何学等各方面问题。它试图把形式逻辑用于几何研究，这是该书的显著特色。在这一点上，它同欧几里得《原本》相似，一些几何定义也与《原本》中的定义等价。下面举几例：

（1）"平，同高也"——两线间高相等，叫平。

（2）"同长，以正相尽也"——如果两条线段重合，就叫同长。

（3）"中，同长也"——到线段两端的距离相同的点叫中（点）。

（4）"圆，一中同长也"——到一个中心距离相同的图形叫圆。

在研究线的过程中，墨家明确给出"有穷"及"无穷"的定义："或不容尺，有穷；莫不容尺，无穷也。"即用线段去量一个区域，若能达到距边缘不足一线的程度，叫有穷；若永远达不到这种程度，叫无穷。

《墨经》中还有一条重要记载："小故，有之不必然，无之必不然；大故，有之必然。"用现代语言说，大故是"充分条件"而小故则是"必要条件"。

中国传统数学的最大特点是建立在筹算基础之上，是中国传统数学对人类文明的特殊贡献，这与西方及阿拉伯数学明显不同。

我国是世界上首先发现和认识负数的国家。战国时法家李悝（约公元前 455—前 395年）曾任魏文侯相，主持变法，我国第一部比较完整的法典《法经》（现已失传）中已应用了负数，"衣五人终岁用千百不足四百五十"，即 5 个人一年开支 1500 钱，差 450 钱。

2.2　古希腊数学

恩格斯指出："没有希腊的文化和罗马帝国奠定的基础，就没有现代的欧洲。"

古希腊数学的发展历史可分为 4 个时期：

（1）爱奥尼亚时期（公元前 11—前 6 世纪）：公元前 11—前 9 世纪希腊各部落进入爱琴地区，公元前 9—前 6 世纪希腊各城邦先后形成，公元前 776 年召开了第一次奥林匹克运动会，标志着古希腊文明进入了兴盛时期。

（2）雅典时期（公元前 6—前 3 世纪）：公元前 431—前 404 年，雅典及其同盟者与以斯巴达为首的伯罗奔尼撒同盟之间的战争，使希腊各城邦陷入混战之中。

（3）亚历山大前期：公元前 323—前 146 年，公元前 48—前 30 年凯撒、屋大维侵占埃及。

（4）亚历山大后期：公元前 145—640 年，罗马人统治时期，公元 640 年阿拉伯人焚毁亚历山大城藏书，公元 641 年亚历山大被阿拉伯人占领。

2.2.1　古典时期的希腊数学（公元前 600—前 300 年）

（一）古希腊科学之父泰勒斯

米利都是伊奥尼亚的最大城市，也是泰勒斯（Thales Miletus，约公元前 625—前 547 年）的故乡。泰勒斯早年曾游访巴比伦、埃及等，很快就学会古代流传下来的知识，并加以发扬。后创立了伊奥尼亚哲学学派，摆脱宗教，从自然现象中去寻找真理，以水为万物之源，即"水生万物，万物复归于水"。

泰勒斯开创了数学命题逻辑证明之先河，证明了一些几何命题，如"圆的直径将圆分为两个相等的部分"，"等腰三角形两底角相等"，"两相交直线形成的对顶角相等"，"如果一个三角形有两角、一边分别与另一个三角形的对应角、边相等，则这两个三角形全等"，"半圆上的圆周角是直角"（泰勒斯定理）等。据说他在埃及时曾利用日影及比例关系算出金字塔的高，使法老大为惊讶。逻辑证明的开始标志着人们对客观事物的认识从感性上升到理性，是数学史上的一个飞跃。

泰勒斯同时也研究天文学。他曾准确预测一次日食，促使米太（在今黑海、里海之南）、吕底亚（今土耳其西部）两国停止战争，多数学者认为该次日食发生在公元前 585 年 5 月28 日。

伊奥尼亚学派的著名学者还有阿纳克西曼德和阿纳克西米尼等，他们对毕达哥拉斯学派有着很大影响。

（二）毕达哥拉斯学派和第一次数学危机

毕达哥拉斯（Pythagoras of Samos，约公元前 580—前 500 年），出生于小亚细亚的萨摩斯岛，与中国的孔子（公元前551—前479年）、印度的释迦摩尼（约公元前565—前486年）同时代，曾师从爱奥尼亚学派，年轻时游历了埃及和巴比伦，后在萨摩斯岛建立了集宗教、哲学、科学合一的秘密团体。在政治斗争中毕达哥拉斯被杀害，但其创立的学派影响达两个世纪之久。

毕达哥拉斯学派有着严密的教规，将一切发现归功于学派领袖，并禁止公开学派内部的秘密。故很难将毕达哥拉斯的工作与其他成员的贡献区分开来。

哲学（φιοσοφτα，智力爱好）与数学（μαθημα，可学到的知识）均为毕达哥拉斯所创。

毕达哥拉斯学派最尊崇的信条是"万物皆数"。这里的"数"仅指整数，分数则是两个整数之间的一种比值关系。毕氏学派对数进行了各种分类，除了偶数和奇数外，还定义了完全数、过剩数、不足数、亲和数等概念。关于"形数"的研究，强烈的反映了他们将数作为几何思维元素的精神。所谓 n 边形数，实际就是首项为1，公差为 $(n-2)$ 的等差数列的部分和序列。

毕达哥拉斯学派数字神秘主义的外壳，包含着其理性的内核。首先，该学派加强了数概念中的理论倾向，更多地融入了某种初等数论的智力因素，并且由于数形结合的观点，实质上又推动了几何学的抽象化倾向。其次，"万物皆数"为他们用数的理论解释天体运动、发现音乐定律等提供了根据，这使得毕达哥拉斯学派成为通过数学来理解和分析自然现象的先驱。

毕达哥拉斯学派的几何成就除勾股定理外是正多面体作图。他们称正多面体为"宇宙形"，一般认为，三维空间中仅有五种正多面体——正四面体、正六面体、正八面体、正十二面体和正二十面体，它们的作图都与毕达哥拉斯学派有关。在所有正多面体中，正十二面体最为引人注目。因为其每个面都是正五边形，其作图问题涉及了后人所称的"黄金分割"。

毕达哥拉斯学派相信任何量都可表示成两整数之比，即对任何两条给定线段，总能找到第三线段，以其为单位线段可将给定的两条线段划分为整数段。这样的两条给定线段被称为可公度量，意即相比两量可用公共度量单位量尽。显然，单位正方形的对角线与边长就不可公度。

不可公度量最早由希帕苏斯所发现，他告知了毕达格拉斯。希帕苏斯的发现让当时认为很完美的数学王国出现了矛盾，彻底颠覆了毕达哥拉斯学派的权威。无理数最初被称为 Alogon，意为"不可说"，即上帝创造的和谐宇宙竟然无法解释，因而毕达格拉斯说此事应绝对保密。后该学派主要成员在一次海上集会时，因担心希帕苏斯泄露秘密而将其投入波涛汹涌的大海中。一位很有才华的数学家就这样被奴隶专制制度的学阀们毁灭了。

后毕达哥拉斯学派的成员们发现不但等腰直角三角形的直角边无法去量准斜边，而且圆的直径也无法去量尽圆周。他们渐渐认识到依靠直觉、经验判断事物是不可靠的，从而转向依靠理性的证明来分析事物，于是推动了几何学与逻辑学的发展。

伊奥尼亚学派和毕达哥拉斯学派不同为：前者研习数学既是哲学的兴趣，也为了实际应用。而后者不注重实际应用，将数学和宗教联系起来，试图通过数学探索永恒真理。

（三）伊利亚学派和芝诺悖论

希波战争后，雅典成为希腊民主政治与经济文化的中心，希腊数学也随之走向繁荣，可谓哲学盛行、学派林立、名家百出。雅典古卫城最宏伟、最精美、最著名的建筑是为敬奉城市庇护女神雅典娜建造的"帕提农神庙"。

雅典时期，数学中的演绎化倾向有了实质性的进展，这主要归功于柏拉图（Plato，约公元前 427—前 347 年）、亚里士多德和他们所创立的学派。公元前 5 世纪，雅典成为人文荟萃的中心，人们崇尚公开精神。在公开的讨论或辩论中，必须具有雄辩、修辞、哲学及数学等知识，于是"智人学派"应运而生。他们以教授文法、逻辑、数学、天文、修辞、雄辩等科目为业。

芝诺（Zero of Elea，约公元前 490—前 430 年），出生于意大利南部半岛的伊利亚城邦，毕达哥拉斯学派成员的学生。他提出四个悖论，给学术界以极大的震动：

（1）二分法：一物从甲地到乙地，永远不能到达。因为若从甲到乙，首先要通过道路的一半，但要通过这一半，必须先通过一半的一半，这样分下去，永无止境。结论是此物的运动被道路的无限分割所阻碍，根本不能前进一步。

（2）阿基里斯（善跑英雄）追龟：阿基里斯追乌龟，永远追不上。因当他追到乌龟的出发点时，龟已向前爬行了一段，他再追完这一段，龟又向前爬了一小段。这样永远重复下去，总也追不上。

（3）飞矢不动：每一瞬间飞箭总在一个确定的位置上，因此它是不动的。

（4）运动场问题：芝诺论证了时间和它的一半相等。

芝诺悖论叙述简单，结论合理，但却出人意料。芝诺的功绩在于把动和静、无限和有限、连续和离散的关系以非数学的形态提出，并进行了辩证的考察。而要澄清这些悖论，需要极限、连续及无穷集合等抽象概念，故芝诺悖论与不可公度的困难一起，成为古希腊数学追求逻辑精确性的强大激励因素。

（四）诡辩学派和三大作图问题

诡辩学派活跃于公元前 5 世纪下半叶的雅典城，代表人物均以雄辩著称，因诡辩的希腊原词含智慧之意，故也称智人学派。该学派中有文法、修辞、辩证法、演讲术、人伦及几何、天文学和哲学等方面的学者。

诡辩学派的数学研究中心是三大几何问题：三等分任意角；倍立方——求作一立方体，使其体积为已知立方体的两倍；化圆为方——求作一正方形，使其面积等于一已知圆。这些问题的难度，在于作图工具限制为圆规和不带刻度的尺。后经柏拉图提倡，被欧几里得收入《原本》中，成为影响后世 2000 多年的难题。直到 19 世纪由凡齐尔（Wantzel，1814—1848年）（1837 年）和林德曼（1882 年）分别证明了三大难题用尺、规作图的不可能性。后克莱茵（F. Klein，1849—1925 年）又于 1895 年给出了不可能性的简洁证明，彻底解决了2000 多年来的悬案。

安提丰（Antiphon，约公元前 480—前 411 年）在解决"化圆为方"的问题上提出一种颇有价值的方法，后称为"穷竭法"，该方法是极限理论的萌芽。

安提丰从一个圆内接正方形出发，将边数逐步加倍到正八边形、正十六边形，重复这一过程，随着圆面积的逐渐穷竭，将得到一个边长极微小的圆内接正多边形。他认为这个内接正多边形将与圆重合，既然通常能够做出一个等于任何已知多边形的正方形，就能做出等于一个圆的正方形。虽化圆为方的结论是错误的，但它展示了"曲"与"直"的辩证关系和一种求圆面积的近似方法，启发以"直"代"曲"解决问题。

（五）柏拉图学派

柏拉图出生于雅典的显贵世家，曾师从哲学家苏格拉底（Socrates，公元前469—前399年），代表作《理想国》。柏拉图对欧洲哲学乃至整个文化的发展，有着深远的影响，特别是其认识论、数学哲学和数学教育思想，后人将分析法和归谬法的使用归功于柏拉图。

柏拉图认为打开宇宙之迷的钥匙是数与几何图形，发展了用演绎逻辑方法系统整理零散数学知识的思想。柏拉图赢得了"数学家的缔造者"之美称，公元前387年以万贯家财在雅典创办学院，主要讲授哲学与数学，直到公元529年东罗马君王查士丁尼下令关闭所有的希腊学校才告终止。

柏拉图学派重视数学的严谨性，在教学中坚持准确地定义数学概念，强调清晰地阐述逻辑证明，系统地运用分析方法和推理方法。例如，在推理中，假设已知所求未知数，再以这个假设为基础，得出已知量与未知量应当存在关系式的结论，归根到底是化为求未知量。柏拉图学派把这种方法运用到作几何图形上。

在柏拉图思想的影响下，希腊学者重视对数学的学习和研究，出现了一批对数学发展做出贡献的数学家。例如，欧多克斯曾是柏拉图的学生，他创造性地排除了毕达哥拉斯学派只能适用于可通约量的算术方法，用公理法建立比例论，欧几里得《原本》第五卷《比例论》的大部分内容是欧多克斯的工作成果。

欧多克斯曾证明了对近代极限理论发展起重要作用的命题，如"取一量之半，再取所余之半，这样继续下去，可使所余的量小于另一任给的小量。"

柏拉图的另一位学生亚里士多德是吕园学派的创始人和领导者，其思想影响西方数千年。

（六）亚里士多德学派

亚里士多德出生于马其顿的斯塔吉拉镇，公元前335年建立了自己的学派，讲学于雅典的吕园，故又称"吕园学派"，相传他还做过亚历山大大帝的老师。

柏拉图的思想在亚里士多德这里得到极大发展和完善。亚里士多德对定义做了精密的讨论，并指出需要有不加定义的名词。他还深入研究了作为数学推理出发点的基本原理，并将它们区分为公理和公设。他集古希腊哲学之大成，把古希腊哲学推向最高峰，将前人使用的数学推理规律规范化和系统化，创立了独立的逻辑学，堪称"逻辑学之父"，"矛盾律"、"排中律"成为数学中间接证明的核心，努力把形式逻辑的方法运用于数学的推理上，为欧几里得演绎几何体系的形成奠定了方法论的基础。

作为百科全书式的科学家，亚里士多德对世界的贡献几乎无人可比。他还是一位哲学家，对哲学的几乎每个学科都做出了贡献，其著作涉及道德、形而上学、心理学、经济学、神学、政治学、修辞学、教育学、诗歌、风俗及雅典宪法。

1207年，亚里士多德的著作全部被译成拉丁文。13世纪由托马斯·阿奎那（Thomas Aguinas，1225—1274年）建立了经院哲学，对亚里士多德哲学稍加篡改用来适应基督教教义，试图从哲学上以理性的名义来论证上帝的存在。

2.2.2　亚历山大学派时期（公元前300—前30年）

托勒密统治下的希腊定都于亚历山大城，自公元前300年左右始，大力兴建亚历山大艺术博物馆和图书馆，提倡学术，罗致人才，使亚历山大进入了数学的黄金时代，先后出现了欧几里得、阿基米德（Archimedes，约公元前 287—前 212 年）和阿波罗尼奥斯（Apollonius，约公元前 262—前 190 年）等数学家，其成就标志着古希腊数学的巅峰。

（一）几何学之父——欧几里得

欧几里得是古希腊最负盛名、最有影响的数学家之一。早年求学于雅典，公元前 300 年应托勒密一世之邀来到亚历山大，成为亚历山大学派的奠基人。他用逻辑方法把几何知识建成一座巍峨的大厦，其公理化思想和方法历尽沧桑而流传千古，成为后人难以跨跃的高峰。

欧几里得将公元前 7 世纪以来希腊几何积累起来的丰富成果，整理在严密的逻辑系统之中，使几何学成为一门独立的、演绎的科学。《原本》（Elements）对于几何学、数学和科学的未来发展，对于西方人的整个思维方法都有极大的影响。该书主要研究对象是几何学，但还处理了数论、无理数理论等课题。欧几里得使用了公理化的方法。所谓公理就是确定的、不需证明的基本命题，一切定理都由此演绎而出。在这种演绎推理中，每个证明必须以公理为前提，或以被证明了的定理为前提。这一方法后来成了建立任何知识体系的典范。

欧几里得采用了亚里士多德对公理、公设的区分，由 5 条公理，5 条公设，119 条定义和 465 条命题组成，构成了历史上第一个数学公理体系。

5 条公理：①等于同量的量彼此相等；②等量加等量，和相等；③等量减等量，差相等；④彼此重合的图形是全等的；⑤整体大于部分。

5 条公设：①假定过任意两点可作一直线；②一条有限直线可不断延长；③以任意中心和直径可以画圆；④所有直角都彼此相等；⑤若一直线落在两直线上所构成的同旁内角和小于两直角，则把两直线无限延长，它们都在同旁内角和小于两直角的一侧相交。

第一卷：直边形，全等、平行公理、毕达哥拉斯定理、初等作图法等；

第二卷：几何方法解代数问题，求面积、体积等；

第三、四卷：圆、弦、切线、圆的内接、外切；

第五、六卷：比例论与相似形；

第七、八、九、十卷：数论；

第十一、十二、十三卷：立体几何，包括穷竭法，是微积分思想的来源。

《原本》确立了数学的演绎范式，正如罗素所说："欧几里得的《原本》毫无疑义是古往今来最伟大的著作之一，是希腊理智最完美的纪念碑之一"。该著作也成为科学史上流传最广的著作之一，仅从 1482 年第一个拉丁文印刷本在威尼斯问世以来，已出现了各种文字的版本 1000 多个。

（二）数学之神——阿基米德

阿基米德出生于西西里岛的叙拉古，曾在亚历山大城师从欧几里得的门生。阿基米德是古代希腊最伟大的数学家及科学家之一，他在诸多科学领域所做出的突出贡献，为他赢得同时代人的高度尊敬，并用其智慧颠覆了人类历史。

阿基米德在力学方面的成绩最为突出：系统地研究了物体的重心和杠杆原理，提出了精确地确定物体重心的方法，指出在物体的中心处支起来，就能使物体保持平衡；发现并系统证明了杠杆定律；发现了浮力定律。

阿基米德的数学成就在于既继承和发扬了古希腊研究抽象数学的科学方法，又使数学的研究和实际应用联系起来：

（1）确定了抛物线弓形、螺线、圆形的面积及椭球体、抛物面体等各种复杂几何体的表面积和体积的计算方法。在推演这些公式的过程中，他发展了"穷竭法"，类似于现代微积分中的逐步近似求极限方法。

（2）提出用圆内接多边形与外切多边形边数增多、面积逐渐接近的方法求圆周率。求出圆周率取值范围：$223/71 < \pi < 22/7$。这是数学史上第一次给出科学求圆周率的方法，把希腊几何学几乎提高到西方 17 世纪后才得以超越的高峰。

（3）首创了计大数的方法，突破了当时用希腊字母计数不能超过一万的局限，并用它解决了许多数学难题。

（4）提出阿基米德公理，即对于任何自然数（不包括 0）a，b，若 $a < b$，则必存在自然数 n，使 $na > b$。

阿基米德在天文学方面成就为：

（1）发明了用水利推动的星球仪，并用它模拟太阳、行星和月亮的运行及表演日食和月食现象。

（2）认为地球是圆球状的，并围绕着太阳旋转，这一观点比哥白尼的"日心地动说"早一千八百年。

（三）圆锥曲线的奠基者——阿波罗尼奥斯

阿波罗尼奥斯，出生于小亚细亚的珀尔加，年轻时曾在亚历山大城跟随欧几里得的门生学习，贡献涉及几何学和天文学，最重要的数学成就是在前人工作的基础上创立了相当完美的圆锥曲线论，是希腊演绎几何的最高成就，用纯几何的手段达到了今日解析几何的一些主要结论，对圆锥曲线研究所达到的高度，直到 17 世纪笛卡儿、帕斯卡出场之前，始终无人能够超越。

《圆锥曲线论》是一部极其重要的著作，全书共 8 卷，含 487 个命题。该书和欧几里得、阿基米德理论一脉相承。先设立若干定义，再依次证明各个命题。

《圆锥曲线论》的出现立刻引起重视，被公认为这方面的权威著作。帕波斯（Pappus，约 300—350 年）曾增加了许多引理，塞里纳斯（Serenus，公元 4 世纪）及希帕蒂娅（H. ypatia，约 370—415 年）都做过注解。欧托基奥斯校订注释前 4 卷希腊文本。公元 9 世纪时，君士坦丁堡（东罗马帝国都城）兴起学习希腊文化的热潮，欧托基奥斯的 4 卷本被转写成安色尔字体并保存下来，不过有些地方已被窜改。前 4 卷最早由叙利亚人希姆斯译成阿拉伯文。第 5～7 卷由塔比伊本库拉从另外的版本译成阿拉伯文。纳西尔·丁（Nasir-Ed-din，1201—1274 年）第 1～7 卷的修订本（1248 年）现有两种抄本藏于英国牛津大学博德利（Bodleian）图书馆，一种是 1301 年的抄本，一种是 1626 年第 5～7 卷的抄本。

除《圆锥曲线论》外，阿波罗尼奥斯还有著作：《截取线段成定比》；《截取面积等于已知面积》；《论接触》；《平面轨迹》；《倾斜》；《十二面体与二十面体对比》。

数学史家克莱因认为，《圆锥曲线论》是这样一座巍然屹立的丰碑，以致后代学者至少从几何上几乎不能再对该问题有新的发言权。这确实可看成是古希腊几何的登峰造极之作。

同样科学史家贝尔纳（J. D. Bernal，1901—1971 年）赞誉阿波罗尼奥斯道，其工作是如此完备，以致近 2000 年后，开普勒和牛顿可原封不动地搬用，来推导行星轨道的性质。

2.2.3　希腊数学的衰落

公元前 509 年，罗马建立了共和国。公元前 27 年，罗马建立了元首政治，共和国宣告灭亡，从此进入罗马帝国时代。在公元前 1 世纪完全征服了希腊各国而夺得了地中海地区的霸权，建立了强大的罗马帝国。1 世纪时，罗马帝国继续扩张，到 2 世纪，帝国版图确定下来，地跨欧、亚、非三洲，地中海成了其的内湖。罗马帝国的建立，唯理的希腊文明从而被务实的罗马文明所取代。同气势恢弘的罗马建筑相比，罗马人在数学领域远谈不上有什么显赫的功绩。由于希腊文化的惯性影响及罗马统治者对自由研究的宽松态度，在相当长一段时间内亚历山大城仍维持学术中心的地位，产生了一批杰出的数学家。

（一）托勒密的《天文学大成》

托勒密（Ptolemy，约 100—170 年），在亚历山大城工作，长期进行天文观测。一生著述甚多。其中最重要的著作是《天文学大成》主要论述了其所创立的地心说，认为地球是宇宙的中心，且静止不动，日、月、行星和恒星均围绕地球运动。他是世界上第一个系统研究日月星辰的构成和运动方式的科学家。《天文学大成》的主要内容为：

第一、二卷：地心体系的基本轮廓；

第三卷：太阳运动；

第四卷：月亮运动；

第五卷：计算月地距离和日地距离；

第六卷：日食和月食的计算；

第七、八卷：恒星和岁差现象；

第九~十三卷：分别讨论五大行星的运动，本轮和均轮的组合在这里得到运用。

《天文学大成》总结了古代三角学知识，其中最有意义的贡献是包含有一张正弦三角函数表，这是历史上第一个有明确的构造原理并流传于世的系统三角函数表。三角学的贡献是亚历山大后期几何学最富创造性的成就。

托勒密的另一部著作是《地理学指南》（8 卷）主要论述地球的形状、大小、经纬度的测定，以及地图的投影方法，是古希腊有关数理和地理知识的总结。书中附有 27 幅世界地图和 26 幅区域图。他制造了供测量经纬度用的类似中国浑天仪的仪器和角距仪；通过系统的天文观测，编有包括 1028 颗恒星的位置表，测算出月球到地球的平均距离为 29.5 倍于地球直径，这个数值在古代是相当精确的。

（二）丢番图的《算术》

亚历山大后期希腊数学的一个重要特征是突破了前期以几何学为中心的传统，使算术和代数成为独立的学科。希腊算术与代数成就的最高标志是丢番图（Diophantus，约 250 年左右）的《算术》，这是一部具有东方色彩、对古希腊几何传统最离经叛道的算术与代数著作。书中创用了一套"简写代数"，是符号代数出现前的重要阶段。丢番图对代数问题的解答，过于依赖高度的技巧，在方法上缺乏一般性。难怪有人说：研究了丢番图的 100 道题以后，还不知道怎样去解第 101 题。

《算术》中最有名的一个不定方程：将一个已知的平方数分为两个平方数。费马由此引出了后来举世瞩目的"费马大定理"。

丢番图的墓志铭体现了数学家的风采：坟中安葬着丢番图，多么令人惊讶，它忠实地记录了所经历的道路。上帝给予的童年占六分之一，再过十二分之一，两颊长胡，又过七分之一，点燃起结婚的蜡烛。5 年之后天赐贵子，可怜迟到的宁馨儿，享年仅及其父之半，便进入冰冷的墓。悲伤只有用数论的研究去弥补，又过 4 年，他也走完了人生的旅途。

这相当于方程：

$$x = \frac{1}{6}x + \frac{1}{12}x + \frac{1}{7}x + 5 + \frac{1}{2}x + 4$$

易得 $x = 84$

另解：答案是 12、6、7 中最大互质因子的乘积，即 $12 \times 7 = 84$。

（三）希帕蒂娅之死

希帕蒂娅是古希腊伟大的女数学家，她一生为数学的传播和发展做出了卓越贡献。然而，这样杰出的女性却遭到宗教的残酷杀害。希帕蒂娅之死为数学史写下了悲状的一页。

希帕蒂娅特别喜爱哲学，阅读了不少希腊哲学家的著作。西翁为了活跃女儿的思想，训练雄辩的能力，鼓励她参加各种学术辩论会。17 岁的希帕蒂娅在博学园参加了由父亲主持的关于数学和哲学问题的讨论会。在会上，希帕蒂娅就芝诺悖论发表了演讲，她以深邃的思想、善辩的口才，引起参会人员的关注。父亲还经常教诲她要善于独立思考，每个人要珍惜自己思考的权力，即使思考错了也比不思考强，以此激励女儿养成思考的习惯。希帕蒂娅由于有着深刻的哲学思想和丰富的科学知识，对各种宗教著作提出了许多质疑。在父亲的影响和熏陶下，她分清了虚妄的宗教信条和科学真理的界限，曾在日记中写道："把迷信当做真理是一件十分可怕的事，人们必须维护真理而战胜迷信"。这标志着希帕蒂娅已经初步树立唯物主义的自然观，为她以后从事科学研究奠定了坚实的思想基础。

希帕蒂娅撰写了一些颇有创见的教科书。对丢番图的《算术》做了评注，发展了一次方程和二次方程的解法。研究了阿波罗尼斯的《圆锥曲线论》并对此书做了详细的注释。此外，希帕蒂娅还写过天文学专著和一些数学论文，可惜这些论著均被遗失。到 15 世纪末，在梵蒂岗图书馆发现希帕蒂娅原著的一些残页，这就成为研究其学术思想的重要资料。她的创造才能是多方面的，曾设计过观天仪、流体比重计和压力测试器等仪器。

希帕蒂娅反对迷信，不信奉基督教。她自雅典返回家乡之后，更加笃信理性是真知的唯一源泉。她在研究院里讲课，就宣传科学的理性主义，揭露教会的黑暗和虚伪，在基督教徒中也产生了巨大影响。因此，基督教廷十分恐慌，视她的哲学和数学为"异教邪说"。然而，一些正直的学者和社会人士却称赞希帕蒂娅的才华和品格，甚至和她结下了深厚的友谊。当时亚历山大在里亚城的行政长官奥伦茨就是其中的一个，他经常来访希帕蒂娅，征询她对各种事务的处理意见。

412 年，披着宗教外衣的阴谋家西里尔（Cyril，376—444 年）当上了亚历山大里亚督教的大主教，他极力推行反对"异教邪说"的计划。上台后不久就施用各种诡计，篡夺了地方长官奥伦茨的一部分权力，并借用这些权力迫害"异己分子"。西里尔深知希帕蒂娅在宣传"异教邪说"，而且她与奥伦茨有着共同的信仰和深厚的友谊，便决定先除掉希帕蒂娅。

415 年 3 月的一天，希帕蒂娅坐着马车去研究院讲课。当马车行至一个教堂的门口，事前由西里尔策划好的一群暴徒，迎面赶来拦截马车，把希帕蒂娅从马车上拉下来，拖进教堂。一群教徒在牧师的指挥下，施行了惨无人道的暴行。首先把她的衣服剥光，一根一根地拔掉她的头发，然后用锋利的蚝壳把她身上的肌肉一片一片地割下来。最后，把还在颤动的肉体投进熊熊的烈火之中。一位才华超众、贡献卓著的女数学家就这样遭到宗教的野蛮、残忍、无情的杀害，而悲壮地离开了人间。希帕蒂娅的被害预示了在基督教的阴影笼罩下整个中世纪欧洲数学的厄运。

公元 529 年东罗马皇帝查士丁尼（Justinian，527—565 年）下令封闭了雅典的所有学校，包括柏拉图公元前 387 年创立的雅典学院。盛极一时的古希腊学术中心亚历山大城几经战火，学术著作被焚毁殆尽。早在公元前 47 年，亚历山大图书馆在罗马大帝凯撒攻城烧港时已遭重创，70 万卷图书付之一炬。392 年，疯狂的基督教徒又纵火烧毁了经过重建的亚历山大图书馆和另一处藏着大量希腊手稿的西拉比斯神庙，30 多万件希腊文手稿被毁。到 640 年，阿拉伯奥马尔一世下令收缴亚历山大城全部希腊书籍予以焚毁。亚历山大学术宝库中残余的书籍被阿拉伯征服者付之一炬。古希腊数学至此彻底落下了帷幕。

古希腊数学的特点为：

（1）将数学抽象化，使之成为一种科学，具有不可估量的意义和价值。坚持使用演绎证明，认识到只有用毋庸置疑的演绎推理法才能获得真理。要获得真理就必须从真理出发，不能把靠不住的事实当做已知。

（2）在数学内容方面的贡献主要是创立了平面几何、立体几何、平面与球面三角、数论，推广了算术和代数，但只是初步的，尚有不足乃至错误。

（3）重视数学在美学上的意义，认为数学是一种美，是和谐、简单、明确及有秩序的艺术。

（4）认为在数学中可以看到关于宇宙结构和设计的最终真理，使数学与自然界紧密联系起来，并认为宇宙是按数学规律所设计，并且能被人们认识其中的规律。

希腊数学衰落的原因为：

（1）缺少必要的设备。理论和假说有待于检验。

（2）公元前 31 年罗马战胜埃及后，政府的支持减少。

（3）奴隶劳动使用的增加，没有必要考虑节省劳动的办法，科学家失去了创造发明的动力。

（4）兴趣转向哲学、文学和宗教；宗教首领往往与科学的追根究底的精神相对立。

思　考　题

1. 您如何理解"最古老的也是最现代的"这句话？
2. 数概念的发展给我们哪些启示？
3. 试述第一次数学危机的实质和意义。
4. 试分析芝诺悖论：飞矢不动。
5. 欧几里得《原本》对数学及整个科学的发展有何意义？
6. 以"化圆为方"问题为例，说明未解决问题在数学中的重要性。
7. 希腊数学的局限性体现在什么地方？它给后代留下哪些问题？
8. 试从希腊后期数学的发展分析科学发展的内因和外因。

9. 试述阿基米德的数学成就，其思想方法与现代的微积分有何异同？

下讲学习内容提示

主要介绍中世纪中国数学科学的发展，包括《九章算术》的数学成就、中国数学的发展高潮、中国数学的特点。

阅 读 材 料

1. 李文林．数学史教程．高等教育出版社，2000.
2. 李文林．数学的进化——东西方数学史比较研究．北京：科学出版社，2005.
3. 梁宗巨等．世界数学通史．大连：辽宁教育出版社，2005.
4. 李迪．中国数学通史．江苏教育出版社，1997.
5. 李心灿．当代数学大师．北京航空航天大学出版社，1999.

第二单元

近代数学史

第 3 讲　中世纪的中国数学

主要解决问题：

　　（1）《九章算术》在中国数学发展史上的地位和意义。

　　（2）中国古代数学家如何推导球体积计算公式？

　　（3）分析宋元时期中国传统数学兴盛的主要因素。

　　数学活动有两项基本工作——证明与计算，前者是接受了公理化（演绎化）数学文化传统，后者接受了机械化（算法化）数学文化传统。在世界数学文化传统中，以欧几里得《原本》为代表的希腊数学，无疑是西方演绎数学传统的基础，而以《九章算术》为代表的中国数学无疑是东方算法化数学传统的基础，它们东西辉映，共同促进了世界数学文化的发展。中国数学通过丝绸之路传播到印度、阿拉伯地区，后来经阿拉伯人传入西方。而在汉字文化圈内，中国数学一直影响着日本、朝鲜半岛、越南等亚洲国家的数学发展。

　　中国数学从公元前后至 14 世纪先后经历了三次发展高潮，即两汉时期、魏晋南北朝时期及宋元时期，其中宋元时期达到了中国古典数学的顶峰。

3.1　中国古代数学体系的形成

　　秦汉时期形成中国传统数学体系。

　　1983—1984 年间考古学家在湖北江陵张家山出土了一部数学著作，据写在一支竹简背面的字迹辨认，该书为《算数书》是中国现存最早的数学专著，和《九章算术》有许多相同之处，体例也是"问题集"形式，大多数问题都由问、答、术三部分组成，而且有些概念、术语也与《九章算术》的一样。

　　《周髀算经》（髀：量日影的标杆）编纂于西汉末年，约公元前 100 年，虽是一部天文学著作，涉及的部分数学知识可追溯到公元前 11 世纪，其中包括两项重要的数学成就：勾股定理的普遍形式（中国最早关于勾股定理的书面记载）；数学在天文测量中的应用（测太阳高或"陈子测日法"）。此外还有开平方、等差级数等问题，使用了相当繁复的分数算法和开平方法，以及应用于古代"四分历"计算的相当复杂的分数运算。

　　勾股定理的一般形式：求邪至日者，以日下为勾，日高为股，勾股各自乘，并而开方除之，得邪至日。

　　中国传统数学最重要的著作是《九章算术》。该书历经几代人修订、增补而成，其中有些数学内容可追溯到周代。中国儒家的重要经典著作《周礼》记载西周贵族子弟必学的六门课程"六艺"中有一门是"九数"。《九章算术》是由"九数"发展而来。在秦焚书（公元前 213 年）前至少已有原本。经西汉张苍（约公元前 256—前 152 年）、耿寿昌（公元前 73—49 年）等删补，大约成书于东汉时期，至迟在公元 100 年。

《九章算术》是战国、秦、汉封建社会创立并巩固时期数学发展的总结，其数学成就堪称世界数学经典。例如，分数四则运算、今有术（西方称三率法）、开平方与开立方（包括二次方程数值解法）、盈不足术（西方称双设法）、各种面积和体积公式、线性方程组解法、正负数运算的加减法则、勾股形解法（特别是勾股定理和求勾股数的方法）等，数学水平都是很高的。其中方程组解法和正负数加减法则在世界数学发展上是遥遥领先的。

《九章算术》全书 246 个问题，分成九章：

（1）方田（土地测量），包括正方形、矩形、三角形、梯形、圆形、环形、弓形、截球体的表面积计算，另有约分、通分、四则运算，求最大公约数等运算法则。

（2）粟米（粮食交易的比例方法）。

（3）衰分（比例分配的算法），介绍依等级分配物资或按等级摊派税收的比例分配算法。

（4）少广（开平方和开立方法）。

（5）商功（立体形求体积法）。

（6）均输（征税），处理行程和合理解决征税问题，包括复比例和连比例等较为复杂的比例分配问题。

（7）盈不足（盈亏类问题解法及其应用）。

（8）方程（一次方程组解法和正负数）。

（9）勾股（直角三角形），介绍利用勾股定理测量计算高、深、广、远等问题。所包含的数学成就是丰富和多方面的，主要内容包括分数四则运算和比例算法、面积和体积的计算、关于勾股测量的计算等，既有算术方面的，也有代数与几何方面的内容。

《九章算术》完整地叙述了当时已有的数学成就，对中国传统数学发展的影响，如同《原本》对西方数学发展的影响一样深远，在长达一千多年的时间里，一直作为中国的数学教科书，并被公认为世界数学古典名著之一。《九章算术》标志以筹算为基础的中国古代数学体系正式形成，其中的数学成就主要是：

（1）在算术方面，主要有分数运算、比例问题和"盈不足"算法。该书是世界上最早系统叙述分数运算的著作，在第二、三、六章中有许多比例问题，在世界上也是比较早的。"盈不足"算法需要给出两次假设，这是一项数学创造，中世纪欧洲称为"双设法"，有人认为该方法是由中国经中世纪阿拉伯国家传去的。

（2）在几何方面，主要是面积、体积计算。

（3）在代数方面，主要有一次方程组解法、开平方、开立方、一般二次方程解法等。"方程"一章还在世界数学史上首次引入了负数及其加减法运算法则。

《九章算术》的显著特点为：采用按类分章的数学问题集形式；算式都是从筹算记数法发展而来；以算术、代数为主，很少涉及图形性质；重视应用，缺乏理论阐述等。这些特点同当时社会条件与学术思想密切相关。秦汉时期，一切科学技术都要为当时确立和巩固封建制度及发展社会生产服务，强调数学的应用性。最后成书于东汉初年的《九章算术》，排除了战国时期在百家争鸣中出现的名家和墨家重视名词定义与逻辑的讨论，偏重于和当时生产、生活密切相结合的数学问题及其解法，这与当时社会的发展情况完全一致。

《九章算术》在隋唐时曾传入朝鲜、日本，并成为这些国家当时的数学教科书。其中一些成就如十进位值制、今有术、盈不足等还传到印度和阿拉伯，并通过印度、阿拉伯传到欧洲，促进了世界数学的发展。

3.2　中国古典数学的论证倾向

魏晋南北朝是中国历史上的动荡时期，也是思想相对活跃的时期。在长期独尊儒学之后，学术界思辨之风再起，在数学上也兴起了论证的趋势。许多研究以注释《周髀算经》、《九章算术》的形式出现，实质是寻求这两部著作中一些重要结论的数学证明。这是中国数学史上一个独特而丰产的时期。

3.2.1　刘徽及其割圆术

刘徽（263 年左右），淄乡（今山东邹平县）人，所撰写的《九章算术注》，不仅对《九章算术》的方法、公式和定理进行了一般的解释和推导，而且系统地阐述了中国传统数学的理论体系与数学原理，并且多有创造。刘徽的数学成就大致为两方面：

（1）系统整理中国古代数学体系并奠定其理论基础，这集中体现在《九章算术注》中。

① 数系理论：用数的同类与异类阐述了通分、约分、四则运算，以及繁分数化简等运算法则；在开方术的注释中，从开方不尽的意义出发，论述了无理方根的存在，并引进了新数，创造了用十进分数无限逼近无理根的方法。

② 筹式演算理论：先给率以比较明确的定义，又以遍乘、通约、齐同三种基本运算为基础，建立了数与式运算的统一理论基础，还用"率"定义中国古代数学中的"方程"，即现代数学中线性代数组的增广矩阵。

③ 勾股理论：逐一论证了有关勾股定理与解勾股形的计算原理，建立了相似勾股形理论，发展了勾股测量术，通过对"勾中容横"与"股中容直"之类的典型图形论析，形成了中国特色的相似理论。

④ 面积与体积理论：用出入相补、以盈补虚的原理及"割圆术"的极限方法提出了刘徽原理，并解决了多种几何形、几何体的面积、体积计算问题。

（2）在继承的基础上提出了自己的创见，下为几项有代表性的创见。

① 割圆术与圆周率：在《九章算术·圆田术》注中，用割圆术证明了圆面积的精确公式，并给出了计算圆周率的科学方法。

② 刘徽原理：在《九章算术·阳马术》注中，用无限分割的方法解决锥体体积时，提出了关于多面体体积计算的刘徽原理。

③ "牟合方盖"说：在《九章算术·开立圆术》注中，指出球体积公式 $V = \dfrac{9}{16} D^3$（D 为球直径）的不精确性，并引入了"牟合方盖"这一著名的几何模型。"牟合方盖"是指正方体的两个轴互相垂直的内切圆柱体的贯交部分。

④ 方程新术：在《九章算术·方程术》注中，提出了解线性方程组的新方法，运用了比率算法的思想。

⑤ 重差术：在自撰《海岛算经》中，提出了重差术，采用重表、连索和累矩等测高测远方法。还运用"类推衍化"的方法，使重差术由两次测望，发展为"三望"、"四望"。

刘徽最突出的成就是"割圆术"（圆内接正多边形面积无限逼近圆面积）。在刘徽之前，通常认为"周三径一"，即圆周率取为 3。刘徽在《九章算术注》中提出割圆术："割之弥细，所失弥少，割之又割，以至于不可割，则与圆周合体而无所失矣"，通过计算圆内接正

3072 边形的面积，求出圆周率为 3927/1250 （3.1416）。为方便计算，刘徽主张利用圆内接正 192 边形的面积求出 157/50 作为圆周率，后人称"徽率"。

刘徽利用极限思想求圆的面积，从现存中国古算著作看，在清代李善兰及西方微积分学传入中国之前，再没有人超过甚至达到刘徽的水平。吴文俊院士指出："从对数学贡献的角度来衡量，刘徽应该与欧几里得、阿基米德相提并论"。

3.2.2　祖冲之和圆周率

祖冲之（429—500 年）生于建康（今江苏南京）。祖家历代都对天文历法素有研究，故祖冲之从小就有机会接触天文、数学知识。461 年，他在南徐州（今江苏镇江）刺史府先后任从事史、公府参军。464 年调至娄县（今江苏昆山东北）任县令。期间编制了《大明历》，计算圆周率。为纪念这位伟大的古代科学家，人们将月球背面的一座环形山命名为"祖冲之环形山"，将小行星 1888 命名为"祖冲之小行星"。

祖冲之一生著作很多，内容也是多方面的。在数学方面，所著《缀术》一书，是著名"算经十书"之一，被唐代国子监列为算学课本，规定学习四年，惜已失传。在天文历法方面，他编制成《大明历》，并为大明历写了"驳议"。在古代典籍的注释方面，祖冲之有《易义》、《老子义》、《庄子义》、《释论语》、《释孝经》等著作，但也皆失传。文学作品方面他著有《述异记》，在《太平御览》等书中可看到这部著作的片断。

如何正确推求圆周率的数值，是世界数学史上的一个重要课题。圆周率就是圆的周长与其直径之间的比。在天文历法和生产实践中，凡是牵涉圆的一切问题，都要使用圆周率来推算。

在刘徽之后，探求圆周率有成就的学者，先后有南朝时代的何承天、皮延宗等。何承天求得的圆周率数值为 3.1428；皮延宗求出圆周率值为 22/7 ≈ 3.14。祖冲之认为自秦汉至魏晋的数百年中研究圆周率成绩最大的学者是刘徽，但并未达到精确的程度，于是他进一步精心钻研，证明圆周率应该在 3.141 592 6 ~ 3.141 592 7 之间。

据《隋书·律历志》记载，"古之九数，圆周率三，圆径率一，其术疏舛。自刘歆、张衡、刘徽、王蕃、皮延宗之徒，各设新率，未臻折衷。宋末，南徐州（今江苏镇江）从事史祖冲之，更开密法，以圆径一亿为一丈，圆周盈数三丈一尺四寸一分五厘九毫二秒七忽，朒数三丈一尺四寸一分五厘九毫二秒六忽，正数在盈朒二限之间。密率，圆径一百一十三，圆周三百五十五。约率，圆径七，周二十二。"即祖冲之算出圆周率在 3.141 592 6 ~ 3.141 592 7 之间，并以 355/113 （ ＝3.141 592 9…）为密率，22/7 （＝3.1428…）为约率。

一般认为，祖冲之所采用的是刘徽的割圆术，但也有其他猜测。所求两个近似值准确到小数点后第 7 位，是当时世界上最先进的成就。直到一千多年后，15 世纪阿拉伯数学家阿尔·卡西 （Al-Kāshī，1380—1429 年）和 16 世纪法国数学家韦达 （F. Vieta，1540—1603 年）才得到更精确的结果。

祖冲之还与儿子祖暅一起，用巧妙的方法解决了球体体积的计算。他们当时采用的一条原理是："幂势既同，则积不容异。"意即位于两平行平面之间的两个立体，被任一平行于这两平面的平面所截，如果两个截面的面积恒相等，则这两个立体的体积相等。在西方被称为"卡瓦列利原理"，但这是在祖冲之后一千余年才由意大利数学家卡瓦列利 （Cavalieri，1598—1647 年）所发现。

3.2.3　唐朝的数学发展

唐初王孝通的《缉古算经》，主要讨论了土木工程中计算土方、工程分工、验收及仓库和地窖的计算问题，反映了当时数学科学发展的状况。王孝通不用数学符号，列出一元三次方程，不仅解决了当时社会发展的需要，也为天元术的建立奠定了基础。此外，对传统的勾股形解法，王孝通也是用数字三次方程来求解的。

656 年国子监建立了算学馆，设有算学博士和助教，学生 30 人。由太史令李淳风（603—672）等编纂注释《算经十书》，作为学生用书。《算经十书》对保存数学经典著作、为数学研究提供文献资料方面是很有意义的。由于历法的需要，天算学家创立了二次函数的内插法，丰富了中国古代数学的内容。

算筹是中国古代的主要计算工具，它具有简单、形象、具体等优点，但也存在布筹占用面积大，运筹速度加快时容易摆弄不正而造成错误等缺点，因此很早就开始进行改革。其中太乙算、两仪算、三才算和珠算都是用珠的槽算盘，在技术上是重要的改革。尤其是"珠算"，它继承了筹算五升十进与位值制的优点，又克服了筹算纵横计数与置筹不便的缺点；由于当时乘除算法仍不能在一个横列中进行，算珠还没有穿档，携带不方便，故没有普遍应用。

唐中期后，商业繁荣，数字计算增多，迫切要求改革计算方法，从《新唐书》等文献留下来的算书书目，可看出这次算法改革主要是简化乘、除算法，唐代的算法改革使乘、除法可在一个横列中进行运算，既适用于筹算，也适用于珠算。

3.3　创造算法的英雄时代

960 年北宋王朝建立。北宋的农业、手工业、商业空前繁荣，科学技术突飞猛进，火药、指南针、印刷术就发明在这个时代。雕版印刷术的发展，特别是北宋中期，毕昇（970—1051 年）活字印刷术的发明，给数学著作的保存与流传带来了福音。事实上，整个宋元时期（960—1368 年），重新统一了的中国封建社会发生了一系列有利于数学发展的变化，以筹算为主要内容的中国传统数学达到了鼎盛时期。中国传统数学以宋元数学为最高境界，这一时期涌现出许多杰出的数学家和先进的数学计算技术。

3.3.1　贾宪三角 VS 帕斯卡三角

贾宪（约公元 11 世纪），北宋人，是当时天文数学家楚衍的学生。在朝中任左班殿值，约 1050 年完成著作《黄帝九章算术细草》（九卷），可惜原书丢失，但其主要内容被杨辉（约 13 世纪中）的《详解九章算法》摘录，因能传世。贾宪发明了"增乘开方法"，是中算史上第一个完整、可推广到任意次方的开方程序，一种非常有效和高度机械化的算法。在此基础上，贾宪创造了"开方作法本源图"（即"古法七乘方图"或贾宪三角）。

贾宪求"开方作法本源图"中各项系数的方法，是在开平方、开立方中所用的新法——"增乘开方法"。应用这种"增乘开方法"，既可求得任意高次展开式系数，又可进行任意高次幂的开方。从汉代到唐代，中国古代数学家只能进行正数的开平方和开立方运算，对于四次方以上的高次幂开方没有好方法。直到贾宪的"增乘开方法"问世，才真正找到开高次方的最佳方法，并能开任意有理数的高次方。后人又推广为任意高次方程的数值解法。这样一种二项式系数的展开规律，在西方数学史上被称为"帕斯卡三角形"。法国数学家帕斯卡于 1654 年发表论文《论算术三角形，及另外一些类似的小问题》，以求解"点数问题"，并由此创立了概率论。其实在欧洲，类似的数字三角形可以上溯到 1527 年；但与贾宪的"开方作法本源图"相比，已经晚了四百多年。

3.3.2　会圆术和隙积术

沈括（1030—1094 年），北宋钱塘（今浙江杭州）人，北宋著名的科学家。沈括一生论著极多，其中以《梦溪笔谈》（1093 年）影响最大，内容包括数学、天文、历法、地理、物理、化学等领域，被英国著名科学史家李约瑟誉为"中国科学史的里程碑"。他对数学的主要成就就是会圆术和隙积术。

会圆术是计算圆弧的弦、矢（弧的高）与弧长间数量关系的数学公式。沈括第一个利用弦、矢求出了弧长的近似值，其主要思想是局部以直代曲。沈括应用了《九章算术》中弧田的面积近似公式，求出弧长，这便是会圆术公式。虽是近似公式，但可以证明，当圆心角小于 45° 时，相对误差小于 2%，故该公式具有较强的实用性。这是对刘徽割圆术以弦（正多边形的边）代替圆弧思想的一个重要佐证。同时为郭守敬（1231—1316 年）创制《授时历》提供了直接的数学依据。

隙积术是用来计算诸如累棋、层坛、积罂（堆砌的酒坛子）一类堆垛物体的体积公式，其中包含了高阶等差级数的计算公式。所谓"隙积"，指的是有空隙的堆积体，如酒店中堆积的酒坛、叠起来的棋子等。沈括以堆积的酒坛为例说明问题：设最上层纵横各 2 个坛子，最下层纵横各 12 个坛子，相邻两层纵横各差 1 坛，显然这堆酒坛共 11 层；每个酒坛的体积不妨设为 1，用刍童体积公式计算，总体积为 3784/6，酒坛总数也应是这个数。但酒坛数不应为非整数，沈括提出，应在刍童体积基础上加上一项"（下宽 − 上宽）× 高/6"，即 110/6，酒坛实际数应为 (3784 + 110)/6 = 649。加上的这一项是体积上的修正项。沈括以体积公式为基础，把求解离散个体的累积数（级数求和），化为连续整体数值来求解，可见他已具有了用连续模型解决离散问题的思想。沈括的研究开了中国垛积术研究的先河。后杨辉发展了这一成果，创造了垛积术公式。

3.3.3　天元术——符号代数的雏形

李冶（1192—1279 年），金代真定栾城（今河北栾城）人。1248 年撰成代数名著《测圆海镜》，该书是首部系统论述"天元术"（一元高次方程）的著作，"天元术"与现代代数中的列方程法相类似，称未知数为天元，"立天元为某某"，相当于"设为某某"，这是符号代数的尝试。刘徽注释《九章算术》"正负术"中云："正算赤，负算黑"，李冶感到用笔记录时换色的不便，便在《测圆海镜》中用斜画一杠表示负数。

李冶用天、地分别表示方程的正次幂和负次幂，设天元为未知数，根据问题的已知条件，列出两个相等的多项式，经相减后得出一个高次方程（天元开方式）。其表示法为：在一次项系数旁记"元"字（或在常数项旁记"太"字），"元"以上的系数表示各正次幂，"元"以下的系数表示常数和各负次幂（或"太"以上的系数表示各正次幂，"太"以下的系数表示各负次幂）。直到 16 世纪下半叶，法国数学家韦达才开始使用符号代表方程中的未知数，比"天元术"至少要晚 300 年。

作为一个有成就的数学家，李冶在治学态度方面具有其独特之处：

（1）坚持科学真理。李冶的工作很少得到当时学者的理解。《测圆海镜》和《益古演段》两书，是在他逝世后 30 年才得以付印的。

（2）善于接受前人知识。李冶曾云："学有三：积之之多不若取之之精，取之之精不若得之之深"。

（3）主张文章是为别人。李冶在《益古演段》序中写道："今之算者，未必有刘（徽）李（淳风）之工，而编心踽见，不肯晓然示人唯务隐互错揉故为溪滓黯哭，唯恐学者得窥其仿佛也。"

3.3.4　大衍求一术 VS 辗转相除法

秦九韶（1202—1261 年），南宋普州安岳（今四川安岳）人，曾任和州（今安徽和县）太守，1244 年，因母丧离任，回湖州（今浙江吴兴）守孝三年。此间，秦九韶专心致力于研究数学，于 1247 年完成数学名著《数书九章》，内容分为九类：大衍类、天时类、田域类、测望类、赋役类、钱谷类、营建类、军旅类、市易类，其中有两项贡献使得宋代算书在中世纪世界数学史上占有突出的地位。

秦九韶总结了高次方程数值解法，将贾宪的"增乘开方法"推广到了高次方程的一般情形，提出了相当完备的"正负开方术"。直到 1804 年意大利数学家鲁菲尼（P. Ruffini，1765—1822 年）才创立了一种逐次近似法解决数字高次方程无理根的近似值问题，而 1819 年英国数学家霍纳（W. G. Horner，1786—1837 年）才提出与"增乘开方法"演算步骤相同的算法，西方称为霍纳法。

秦九韶最重要的贡献是创立了"大衍求一术"，这是一种解一次同余式的一般性算法程序，现称之中国剩余定理，所谓"求一"，就是求"一个数的多少倍除以另一个数，所得的余数为一"。中算家对于一次同余式问题的解法最早见于《孙子算经》（约公元 400 年）中的"物不知数问题"（也称"孙子问题"）：今有物不知其数，三三数之剩二，五五数之剩三，七七数之剩二，问物几何？《孙子算经》给出的答案是 23，但其算法很简略，未说明其理论根据。秦九韶在《数书九章》中明确给出了一次同余组的一般性解法。用现代符号形式叙述就是

$$N \equiv r_1(\bmod p_1) \equiv r_2(\bmod p_2) \equiv \cdots \equiv r_n(\bmod p_n)$$

其中，p_1，p_2，$\cdots$，p_n 两两互质，$M = p_1 p_2 \cdots p_n$，$M_i = \dfrac{M}{p_i}$，$M'_i M_i \equiv 1(\bmod p_i)$，则

$$N \equiv M'_1 M_1 r_1 + M'_2 M_2 r_2 + \cdots + M'_n M_n r_n(\bmod M)$$

其中，最关键的一步是求 M'_i，使 $M'_i M_i \equiv 1(\bmod p_i)$。秦九韶先求出 M'_i 除以 p_i 的余数 G_i（称为奇数），则上面的问题等价于求 M'_i 使 $G_i M'_i \equiv 1(\bmod p_i)$，但此处 $G_i < p_i$。秦九韶提出了一种他称为"大衍求一术"的方法来解决这一同余式的求解问题。

列出算阵 $\begin{pmatrix} 1 & G_i \\ 0 & p_i \end{pmatrix}$，然后交替进行如下（1）、（2）两步的操作。（1）右下角除以右上角，余数留在右下角，商与左上角相乘加入左下角；（2）右上角除以右下角，余数留在右上角，商与左下角相乘加入左上角，这样重复操作，直至右上角为 1 时，左上角之数即为所求的 M'_i 值之一。（若右下角先出现 1，则右上角除以右下角时，规定余数为 1，商为被除数减 1。）

例　求最小的正整数 N，使 $N \equiv 2(\bmod 5) \equiv 3(\bmod 7) \equiv 5(\bmod 9)$。

解　$M = 315$，$p_1 = 5$、$p_2 = 7$、$p_3 = 9$；$r_1 = 2$，$r_2 = 3$，$r_3 = 5$；$M_1 = 63$，$M_2 = 45$，$M_3 = 35$；$G_1 = 3$，$G_2 = 3$，$G_3 = 8$。

$$\begin{pmatrix} 1 & 3 \\ 0 & 5 \end{pmatrix} \rightarrow \begin{pmatrix} 1 & 3 \\ 1 & 2 \end{pmatrix} \rightarrow \begin{pmatrix} 2 & 1 \\ 1 & 2 \end{pmatrix}, 故\,M_1' = 2; \begin{pmatrix} 1 & 3 \\ 0 & 7 \end{pmatrix} \rightarrow \begin{pmatrix} 1 & 3 \\ 2 & 1 \end{pmatrix} \rightarrow \begin{pmatrix} 5 & 1 \\ 2 & 1 \end{pmatrix}, 故\,M_2' = 5 \text{ 同理求得 } M_3' = 8。$$

$$N \equiv 2 \times 63 \times 2 + 5 \times 45 \times 3 + 8 \times 35 \times 5 \,(\mathrm{mod}315) \equiv 2327\,(\mathrm{mod}315)$$

最小的正整数 $N = 2327 - 315 \times 7 = 122$。

在西方，最早接触一次同余式的是意大利数学家斐波那契（L. P. Fibonacci，1170—1250年）于 1202 年在《算盘书》中给出了两个一次同余问题，但没有一般算法，1743 年欧拉和 1801 年高斯才对一次同余组进行了深入研究，重新获得与中国剩余定理相同的结果。"大衍求一术"的实质与西方的"辗转相除法"相同，但该方法具有更强的程序性，只要用一个简单的循环语句，就很容易在计算机上进行这种计算。程序性和构造性正是中国古代数学的显著特征之一。

3.3.5　垛积术——高阶等差级数求和

杨辉（公元 13 世纪），南宋钱塘（今浙江杭州）人，曾做过地方官，足迹遍及钱塘、台州、苏州等地，是东南一带有名的数学家和数学教育家。杨辉的主要数学著作之一《详解九章算法》（1261 年）是为了普及《九章算术》中的数学知识而作，该书从《九章算术》的 246 道题中选择了 80 道有代表性的题目，进行详解，其中主要的数学贡献是"垛积术"，这是在沈括"隙积术"的基础上发展起来的，由多面体体积公式导出相应的垛积术公式。

所谓垛积术，就是高阶等差级数求和问题。在我国古代是自成系统的。公元 5 世纪《张丘建算经》给出等差级数求和的公式。高阶等差级数的研究始于北宋沈括，元代朱世杰（约 1260—1320 年）将其推到十分完备的境界。

杨辉得到三个高阶等差级数公式

$$s = 1^2 + 2^2 + 3^2 + \cdots + n^2 = \frac{1}{3}n(n+1)\left(n + \frac{1}{2}\right)$$

$$s = a^2 + (a+1)^2 + (a+2)^2 + \cdots + d^2 = \frac{1}{3}n\left(a^2 + d^2 + ad + \frac{d-a}{2}\right)$$

$$s = 1 + 3 + 6 + 10 + \cdots + \frac{n(n+1)}{2} = \frac{1}{6}n(n+1)(n+2)$$

他把其分别和方锥、方亭、鳖臑相类比，分别称为四隅垛、方垛和三角垛。

3.3.6　内插法和《授时历》

《授时历》是中国古代一部很精良的历法。王恂（1235—1281 年）、郭守敬等研究分析汉代以来的 40 多家历法，吸取各历之长，力主制历应"明历之理"（王恂）和"历之本在于测验，而测验之器莫先仪表"（郭守敬），采取理论与实践相结合的科学态度，所取得重要成就为：

（1）创制天文仪器。郭守敬为修历而设计和监制的新仪器有：简仪、高表、候极仪、浑天象、玲珑仪、仰仪、立运仪、证理仪、景符、窥几、日月食仪及星晷定时仪 12 种（史书记载称 13 种，有的研究者认为末一种或为星晷与定时仪两种）。另外，他还制作了适合携带的仪器 4 种：正方案、丸表、悬正仪和座正仪。这些仪器中最重要的是简仪和高表。

（2）天体测量。郭守敬主持 27 个地方的日影测量、北极出地高度和二分二至日昼夜时刻的测定。除一些重要城市外，还特别规定从北纬 15° 的南海起，每隔 10° 设点，到 65° 地方为止。除个别有疑问的地点外，北极出地高度的平均误差只有 0.35°。另外，对全天业已命名计数和尚未命名的恒星也做了一次比较全面的位置测定。

（3）推算精确的回归年长度。在大都（今北京），通过三年半约二百次的暑影测量，郭守敬定出至元 14 年到 17 年的冬至时刻。他又结合历史上的可靠资料加以归算，得出一回归年的长度为 365.2425 日。这个值同现今世界上通用的公历值一样。

（4）废除中国古历。自西汉刘歆（约公元前 50—公元 23 年）作《三统历》以来，一直利用上元积年和日法进行计算。唐、宋时，曹士蒍等试作改变。《授时历》则完全废除了上元积年，采用至元 17 年的冬至时刻作为计算的出发点，以至元 18 年为"元"，即开始之年。所用数据个位数以下一律以 100 为进位单位，即用百进位式的小数制，取消日法的分数表达方式。

（5）发展宋、元时代的数学方法。王恂和郭守敬创立招差术，用等间距三次差内插法计算日、月、五星的运动和位置。在黄赤道差和黄赤道内外度的计算中，又创用弧矢割圆术，即三角术的方法。

（6）测定新的黄赤大距。所得新值依《元史·郭守敬传》记载是 23°90′；而依《历志》则为 23°90′30″。折 360°制分别为 23°33′23″或 23°33′34″，按近代天体力学公式计算应为 23°31′58″，误差仅为 1.4′或 1.5′。拉普拉斯提出黄赤交角值在逐渐变小的理论，曾引用郭守敬的测定值作为理论根据，并给予高度评价。

3.3.7 四元术——中国古代数学的顶峰

朱世杰出生在北京地区，13 世纪后期，作为数学名家周游大江南北 20 余年，最后寓居扬州，从事数学研究和讲学，他吸引了众多学者聚集在扬州从事学术交流。扬州处于南北交汇之地，各种学术思想在这里融会贯通。当时，扬州的印刷业十分发达，是全国的书籍出版中心，体现朱世杰数学成就的两部著作《算学启蒙》和《四元玉鉴》，就是于 1299 年和 1303 年在扬州刻印出版的。

《算学启蒙》全书共 3 卷，分为 20 门，收入了 259 道数学问题。全书之首，朱世杰给出了 18 条常用的数学歌诀和各种常用的数学常数，其中包括乘法九九歌诀、除法九归歌诀（与后来的珠算归除口诀完全相同）、斤两化零歌诀，以及筹算记数法则、大小数进位法、度量衡换算、圆周率、正负数加减乘法法则、开方法则等。正文主要包括乘除法运算及其捷算法、增乘开方法、天元术、线性方程组解法、高阶等差级数求和等，全书由浅入深，几乎包括了当时数学学科各方面的内容，形成了一个较完整的理论体系。

《四元玉鉴》是朱世杰阐述其多年研究成果的一部力著。全书共分 3 卷，24 门，288 问，书中所有问题都与求解方程或求解方程组有关，其中四元的问题（需设立四个未知数者）有 7 问，三元者 13 问，二元者 36 问，一元者 232 问。书中给出了天元术、二元术、三元术、四元术的解法范例。创造四元消法，解决多元高次方程组问题是该书的最大贡献。

朱世杰把方程组解法由二元、三元推至四元。四元术的表示方法如图 3-1 所示。

物² 地²	物² 地	物²	人物²	人² 物²
物地²	物地	物（u）	人物	人² 物
地²	地（y）	太	人（z）	人²
地² 天	地天	天（x）	天人	天人²
地² 天²	地天²	天²	天² 人	天² 人²

图 3-1 四元术的表示方法

图 3-1 中最中间的"太"字表示常数项,"天"、"地"、"人"、"物"四个字则表示四元,即四个未知数,相当于现今的 x、y、z、u 这四个代数符号。天元幂系数居下,地元居左,人元居右,物元居上,其幂次由它们与"太"字的位置关系决定,距"太"字越远,幂次越高,至于"四元术"的消元法,则与现今代数学解多元高次方程组的消元法大致相同,即先将四元四式消成三元三式,再消成二元二式,最后化成一元一式,即高次开方式,然后用开方术求出它们的数值。

《四元玉鉴》是宋元数学集大成者,也是我国古代水平最高的一部数学著作。著名科学史家乔治·萨顿(G. Sarton,1884—1956 年)说,《四元玉鉴》"是中国数学著作中最重要的一部,同时也是中世纪最杰出的数学著作之一"。李约瑟评价朱世杰和《四元玉鉴》道:"他以前的数学家都未能达到这部精深的著作中所包含的奥妙的道理"。在欧洲,解联立一次方程始于 16 世纪,关于多元高次联立方程的研究则是 18、19 世纪的事了,朱世杰的"天元术"比欧洲早了 400 多年。

3.4　15 ~ 17 世纪的中国数学

3.4.1　珠算的普及

珠算盘是算筹的发展。珠算盘的记载最早见于元末陶宗仪(1321—1407 年)的《南村辍耕录》(1366 年)。明代算盘完全取代了算筹,珠算开始普及于中国,现存最早的珠算书是 1573 年(明万历元年)闽建(今福建建瓯)徐心鲁订正的《盘珠算法》。

程大位(1533—1606 年),安徽休宁(今屯溪)人,自幼酷爱数学,从 20 多岁起便在长江下游一带经商,收罗了很多古代与当时的数学书籍。经过几十年的努力,在 1592 年 60 岁时,编著了一部集珠算理论之大成的著作《直指算法统宗》,详述算盘的用法,载有大量运算口诀,后流传朝鲜、日本和东南亚等地。从其流传的长久和广泛方面来讲,那是中国古代数学史上任何著作也不能与之相比的。实际上,珠算对筹算的取代,在一定程度上造成了建立于筹算基础上的中国古代数学的失传。

3.4.2　西方数学的传入

中国古代历史上,曾出现过两次大规模的外来文化传入:公元 1 ~ 9 世纪汉唐时期印度佛教文化的传入;明清之际西方基督教文化,特别是西方自然科学的传入。由于演算天文历法的需要,来华的西方传教士便将西方的一些数学知识传入中国。

西方数学在中国早期传播的第一次高潮是从 17 ~ 18 世纪初(明末清初),标志性事件是欧几里得《原本》的首次翻译。最早来中国从事传教活动的是明万历年间(1582 年)来华的意大利传教士利玛窦(Matteo Ricci,1552—1610 年),被尊称为"西学东渐第一师"。利玛窦曾在德国学习数学,后又给世界大科学家伽利略讲过几何学,但利玛窦来华并非以数学家的身份,而是"传教"的天主教耶稣会教士,为了适应当时中国社会的需要,制定了一套适合中国实际情况的"合儒"、"补儒"及"超儒"的和平传教政策,即"政治上拥护贵族统治,学术上要有高水平,生活上要灵活适应中国的风土人情"。1596 年 9 月 22 日,利玛窦在南昌预测了一次日食,使其名声大振。1600 年利玛窦与徐光启(1562—1633 年)在南京相识,开始了他们之间的科学合作。利玛窦第一次告诉中国的知识分子地球是圆的。

徐光启，上海徐家汇人，明末著名科学家，在数学、天文、历法、军事、测量、农业和水利等方面都有重要贡献，官至文渊阁大学士，第一个认识到中国的近代科学已经远远落后于西方，第一个把欧洲先进的科学知识，特别是天文学知识介绍到中国，同时注意总结中国的固有科学遗产，成为我国近代科学的启蒙大师。

1629 年，徐光启被礼部任命督修历法，在其主持下，编译《崇祯历书》137 卷。《崇祯历书》主要是介绍丹麦天文学家第谷·布拉赫（Tycho Brahe，1546—1601 年）的"地心说"（第谷认为地球在宇宙中心静止不动，行星绕太阳转，而太阳则率领行星绕地球转。这个体系虽在欧洲没有流行，但传入中国后曾被一度接受）。作为这一学说的数学基础，希腊的几何学，欧洲的三角学，以及纳皮尔对数、伽利略比例规等计算工具也同时介绍进来。《崇祯历书》于 1634 年修成，其中天文学和数学基本理论占全书 30%，奠定了我国近 300 年历法的基础。

经过 8 次较量之后，崇祯皇帝最终相信西方天文学确实比中国的传统天文学更好，1644 年他下令颁行天下。但是他诏书刚刚下去没几天，李自成的军队就打进了京城，颁行《崇祯历书》的命令还没有实施，明朝就崩溃了。汤若望（J. A. S. Von Bell，1592—1666 年）把《崇祯历书》删改为 103 卷，连同所编的新历本一起进献给满清政权。顺治皇帝题写书名为《西洋新法历书》，并颁行天下。

《崇祯历书》没有改变中国传统天文学作为政治巫术的性质。最初《崇祯历书》与欧洲的天文学差距很小。但编完之后，200 多年几乎不变。后来清朝修订过几次，补充过零星的欧洲天文学知识，但实际上完全脱离了欧洲天文学的进程，因欧洲这 200 年天文学发展如火如荼。《崇祯历书》曾让我们与国际接轨，但最终还是失去了这个机会。

1606 年，徐光启与利玛窦合作完成了欧几里得《原本》前 6 卷的中文翻译，并于 1607 年在上海刊刻出版，定名《几何原本》，中文数学名词"几何"由此而来。徐光启说，"此书为益，能令学理者祛其浮气，炼其精心，学事者资其定法，发其巧思，故举世无一人不当学。"对未能完成全部的翻译而感遗憾，曾说："续成大业，未知何日，未知何人，书以俟焉"。《几何原本》是中国近代翻译西方数学书籍的开始，从此打开了中西学术交流的大门，相继出现了许多欧洲数学著作。

3.5　古代希腊数学和中国古典数学的比较

古代希腊的数学持续了近 1300 年。前期始于公元前 600 年，终于公元前 336 年希腊被并入马其顿帝国，活动范围主要集中在雅典附近；后期则起自亚历山大大帝时期，活动地点在亚历山大利亚；公元 641 年亚历山大城被阿拉伯人占领，古希腊文明时代宣告终结。

中国数学起源于遥远的石器时代，经历了先秦萌芽时期（从远古到公元前 200 年），汉唐始创时期（公元前 200—1000 年），元宋鼎盛时期（公元 1000 年—14 世纪初），明清西学输入时期（14 世纪初—1919 年）。

3.5.1　有关数学记载的比较

最早的希腊数学记载是拜占庭的希腊文手抄本（可能做了若干修改），是在希腊原著写成后 500—1500 年之间录写的。其原因是希腊的原文手稿没有保存下来，而成书最早的是帕普斯公元 3 世纪撰写的《数学汇编》和普罗克拉斯（公元 5 世纪）的《欧德姆斯概要》。

《欧德姆斯概要》以欧德姆斯的一部著作（一部相当完整的包括公元前 335 年之前的希腊几何学历史概略，但已经丢失）为基础而写成。

中国最早的数学专著有《杜忠算术》和《许商算术》（由《汉书·艺文志》记载可知），但这两部著作都已失传。《算术书》是目前可见到的中国最早的，也是一部比较完整的数学专著。该著作于 1984 年 1 月在湖北江陵张家山出土大批竹简中所发现，据有关专家认定《算术书》抄写于西汉初年（约公元前 2 世纪），成书时间应该更早，大约在战国时期。《算术书》采用问题集形式，共有 60 余个小标题，90 余个题目，包括整数和分数四则运算、比例问题、面积和体积问题等。

结论：中国和古希腊都是文明古国。一般来讲，中国的数学成果较古希腊为迟。

3.5.2　经典数学之作的比较

古希腊数学的经典之作是欧几里得的《原本》。欧几里得把以实验和观察而建立起来的经验科学，过渡为演绎的科学，把逻辑证明系统地引入数学中。欧几里得在《原本》中所采用公理、定理都是经过细致斟酌、筛选而成的，并按照严谨的科学体系进行内容的编排，使之系统化、理论化，超过其以前的所有著作。

《原本》对世界数学的贡献主要是：

（1）建立了公理体系，明确提出所用的公理、公设和定义。由浅入深地揭示了一系列定理。

（2）强调逻辑证明是确立数学命题真实性的基本方法。

（3）示范地规定了几何证明的方法：分析法、综合法及归谬法。

《几何原本》精辟地总结了人类长时期积累的数学成就，建立了数学的科学体系。为后世继续学习和研究数学提供了课题和资料，使几何学的发展充满了生机。2000 余年来，一直被公认为是初等数学的基础教材。

中国数学的经典之作是《九章算术》。该书经历了多次的整理、删减、补充和修订，是几代人共同劳动的结晶。大约成书于东汉初年。《九章算术》采用问题集形式，全书分为九章，列举了 246 个数学问题，并在若干问题之后，叙述这类问题的解题方法。

《九章算术》对世界数学的贡献主要有：

（1）开方术，反应了中国数学的高超计算水平，显示中国独有的算法体系。

（2）方程理论，多元联立一次方程组的出现，相当于高斯消去法的总结，独步于世界。

（3）负数的引入，特别是正负数加减法则的确立，是一项了不起的贡献。

《九章算术》系统地总结了西周至秦汉时期我国数学的重大成就，是中国数学体系形成的重要标志，其内容丰富多彩，反映了我国古代高度发展的数学。《九章算术》对中国数学发展的影响，可与欧几里得《原本》对西方数学的影响一样，是非常深远的。

结论：《九章算术》和《原本》同为世界最重要的数学经典。《九章算术》以其实用、算法性称誉世界，《原本》以其逻辑演绎的思想方法风靡整个科学界。二者互相补充，相映生辉。

3.5.3　古代希腊数学与中国古典数学特点的比较

古希腊数学的特点为：

（1）坚持使用演绎证明，认识到只有用毋庸置疑的演绎推理法才能获得真理。要获得真理就必须从真理出发，不能把靠不住的事实当做已知。

（2）创立了平面几何、立体几何、平面与球面三角、数论，推广了算术和代数，但只是初步的，尚有不足乃至错误。

（3）重视数学在美学上的意义，认为数学是一种美，是和谐、简单、明确及有秩序的艺术。

（4）认为在数学中可看到关于宇宙结构和设计的最终真理，使数学与自然界紧密联系起来，并认为宇宙是按数学规律设计的，并且能被人们所认识的。

中国数学的特点为：

（1）具有鲜明的社会性。通观中国古典数学著作，几乎都与当时社会生活的实际需要有着密切的联系。从《九章算术》始，中国算学经典基本上都遵从问题集解的体例编纂而成，其内容反映了当时社会政治、经济、军事、文化等方面的某些实际需要，具有浓厚的应用数学色彩。

（2）数学教育与研究始终置于政府的控制之下，以适应统治阶级的需要。

（3）数学家的数学论著深受历史上各种社会思潮、哲学流派以致宗教神学的影响，具有形形色色的社会痕迹。

（4）以几何和代数的相互渗透表现为形数结合，采用十进位制。同时，用一整套"程序语言"来揭示计算方法，而演算程序简捷而巧妙。

（5）寓理于算。数学家善于从错综复杂的数学现象中抽象出深刻的数学概念，提炼出一般的数学原理。

结论：古希腊数学属于公理化演绎体系，着眼于"理"——在公理、公设、定义基础上有条不紊、由简到繁地进行一系列定理的证明；中国数学属于机械化算法体系，着眼于"算"——把问题分门别类，用某固定方程式解决一类问题的计算。

思　考　题

1. 中国数学是怎样起源的？
2. 试总结《周髀算经》中的数学内容。
3. 简述《九章算术》形成的历史背景。
4. 试述《九章算术》中领先于世界的成果。
5. 《九章算术》中的"方程"是否是现代方程？
6. 试对《九章算术》中求积公式的准确性进行分析和分类。
7. 《九章算术》中用勾股定理解决了哪些问题？
8. 赵爽在数学方面的主要成就是什么？
9. 简述刘徽的数学思想。
10. "幂势既同，则积不容异"中的"势"字如何理解？
11. 论刘徽与祖氏父子的学术关系。
12. 试述《张邱建算经》中的主要数学成就。
13. 试举例说明秦九韶的高次方程解法。
14. "大衍求一术"的关键在哪里？试举例说明。
15. 朱世杰的四元术有何局限性？

下讲学习内容提示

主要内容：印度数学、阿拉伯数学，介绍 10 位科学家的数学工作。

阅 读 材 料

1. Pearce, Ian G. (2002). "Early Indian culture-Indus civilisation". Indian Mathematics：Redressing the balance. School of Mathematical and Computational Sciences University of St Andrews. http://www-groups. dcs. st-and. ac. uk/ ~ history/Miscellaneous/Pearce/Lectures/Ch3. html. Retrieved on 2006-05-06.

2. Duncan J. Melville (2003). Third Millennium Chronology, Third Millennium Mathematics. St. Lawrence University.

3. Aaboe, Asger (1998). Episodes from the Early History of Mathematics. New York：Random House. 30-31.

4. Philip Kitcher, The Nature of Mathematical Knowledge, Oxford University Press,1983.

5. 李文林. 数学珍宝. 北京：科学出版社, 1998.

6. 李文林. 数学史教程. 北京：高等教育出版社, 2000.

7. 梁宗巨, 王青建, 孙宏安. 世界数学通史. 沈阳：辽宁教育出版社, 2001.

第4讲　中世纪的印度数学和阿拉伯数学

主要解决问题：

（1）印度数学对数学发展的主要贡献。

（2）阿尔·花拉子米的数学贡献。

（3）阿拉伯数学对数学发展的主要贡献。

4.1　印　度　数　学

　　印度是世界上文化发达最早的地区之一。印度古文明的历史可追溯到公元前 3000 年左右。雅利安人（梵文，原意是"高贵的"或"土地所有者"）大约于公元前 2000 年出现在印度西北部，逐渐向南扩张。雅利安人入侵印度，征服了土著居民达罗毗荼人，影响逐渐扩散到整个印度，在随后的第 1 个千年里，创造了书写和口语的梵文，创立了更为持久的文明，印度土著文化从此衰微不振。吠陀教也是雅利安人创造的，这是印度最古老而又有文字记载的宗教。古代印度的文化便是根值于吠陀教和梵语之上的。

　　印度宗教主要有婆罗门教、印度教，梵天是婆罗门教、印度教的创造神。印度数学是在婆罗门祭礼影响下发展起来的，加之佛教交流和贸易往来，印度数学和近东特别是中国数学在互相融合，互相促进中前进。与中国数学类似，印度数学的发展始终与天文学密切相关，其数学著述大多载于天文学著作之中。与算术和代数相比，印度人在几何方面的工作则显得薄弱。此外，他们的著作含糊而神秘，且多半是经验的，很少给出推导和证明。印度数学对三角学贡献很大，这是热衷于研究天文学的副产品。如在计算中，用到相当于现代的正弦和余弦，他们还知道一些三角量之间的关系，如"同角正弦和余弦的平方和等于 1"等，古印度人还会利用半角表达式计算某些特殊角的三角函数值。

　　印度数学分为河谷文化时期（约公元前 3000—前 1400 年）、吠陀时期（约公元前 10—前 3 世纪）和悉檀多时期（公元 5—12 世纪）。

4.1.1　吠陀时期

　　《吠陀》（梵文，意为知识、光明）是印度雅利安人的作品，成书于公元前 15—前 5 世纪，历时 1000 年左右为婆罗门教的经典，其中的《绳法经》（公元前 8—前 2 世纪）是《吠陀》中关于庙宇、祭坛的设计与测量的部分。《绳法经》属于古代婆罗门教的经典，成书于约公元前 6 世纪，是数学史上有意义的宗教作品。《绳法经》共有 7 本，先后由博德雅纳（Bavdhōyana，公元前 7—6 世纪）、阿帕斯坦巴（Apastamba，公元前 5—4 世纪）和卡提雅纳（Kōtyōyana，公元前 4—3 世纪）编撰。

　　《绳法经》中最重要的内容是祭坛建造问题，作者利用绳子和竹杆给出固定的测量法则。祭坛的建造遵照一系列严格指令，其方向必须要顾及东西南北，地基必须具有标准形状，如边长之比为已知的等边梯形。所有祭坛的地基可分为两大类，一类是面积成整数比的正方形，另一类则是等面积的各种多边形。这需要相应的几何作图知识，如直角、正方形、整数边直角三角形和梯形的作法，以及从面积为 a 的正方形出发作面积为 na 的正方形，把直角三角形改为等积的正方形等，其中广泛应用了勾股定理。

在吠陀时代，印度人创造了一些不完全的数码。阿育王（在位年代约为公元前268—前232年）是印度第一个信奉佛教的君主，阿育王石柱记录了阿拉伯数字的最早形态。至公元前3世纪出现了成套的数码，但各地的写法不完全一致，其中较为典型的是婆罗门式。它有从 1~9 的数字专码，现代数码就是由其发展而来的。至笈多帝国时代（300—500年）出现表示零的数码，称之为"舜若"，后演变成"0"。这样借助位值制便可写出任何数字。对于"0"，不单是把它看成"无"或空位，还把它作为一个数参加运算。

后印度数学引进十进制数字，同样的数字在不同的位置表示完全不同的含义，这样就大大简化了数的运算，并使计数法更加明确。如古巴比伦的记号"▼"既可以表示1，也可以表示 1/60，而在古印度人那里，符号 1 只能表示 1 个单位，要表示十、百等，必须在符号 1 的后面加上相应个数的符号 0。这是个了不起的发明，以至于现代，人们在计数时依然沿用这种方法。

印度数码首先传到斯里兰卡、缅甸、柬埔寨等。公元771年印度天文学家、旅行家毛卡访问巴格达，将印度的天文学著作《西德罕塔》献给阿拉伯帝国哈里发曼苏尔（公元757—775年在位），在这部著作中有大量的印度数码。后印度数码为阿拉伯人采纳，称为"印度数字"，阿拉伯文中的"数字"，原意为"由印度而来"。

巴克沙利（bakhshali）手稿的数学内容十分丰富，涉及分数、平方根、数列、收支与利润计算、比例算法、级数求和、代数方程等，其代数方程包括一次方程、联立方程组、二次方程。特别值得注意的是该书使用了一些数学符号，如减号，将"12 − 7 记成"12　7 +"，出现了 10 个完整的十进制数码。

古印度人很早就会用负数表示欠债和反方向运动。接受了无理数的概念，在实际计算时，把适用于有理数的计算方法和步骤运用到无理数中去。用符号进行代数运算，并用缩写文字表示未知数。承认负数和无理数，对负数的四则运算法则有具体的描述，并意识到具有实解的二次方程有两种形式的根。印度人在不定分析中显示出卓越能力，不满足于对一个不定方程只求任何一个有理解，而致力于求所有可能的整数解。他们还计算过算术级数和几何级数的和，解决过单利与复利、折扣及合股之类的商业问题。

这个时期，印度重要的天文学著作是《苏利耶历数全书》（梵文，意思是太阳的知识，相传为太阳神苏利耶所著）大约是公元5世纪所写（1860年被译为英文）。印度数学从这个时期开始对天文学比对宗教更重视。

4.1.2　悉檀多时期

悉檀多是梵文 siddhanta，佛教术语，为"宗"或"体系"之意，意译为"历数书"。这是印度数学的繁荣鼎盛时期，是以计算为中心的实用数学时代，数学贡献主要是算术与代数。而且明显受到希腊数学的影响，出现了一些著名的数学家，如阿耶波多（Aryabhata I，476—约550年）、婆罗摩笈多（Brahmagupta，598—665年）、马哈维拉（Mahavira，9世纪）和婆什迦罗（Bhaskara II，1114—约1185年）等。

（一）阿耶波多

阿耶波多是印度科学史上有着重要影响的人物，是有史记载最早的印度数学家。499 年所著《阿耶波多历数书》（圣使天文书）传世（相当于祖冲之《缀术》的年代），这是印度历数书天文学的第一次系统化。全书分四部分，由 118 行诗组成。第一部分介绍用音节表示数字的特殊方法；第二部分讨论数学问题，其中包括正弦函数和圆周率；第三部分讲历法，同《苏利亚历数书》基本一样；第四部分论天球和地球，还提到日食，并提出用地球绕轴自转来解释天球的周日运动。阿耶波多的著作于 8 世纪末以《阿耶波多历数书》（Zij al-Arjabhar）的名称被译成阿拉伯文，后经比鲁尼注释。

该书最突出之处在于对希腊三角学的改进，制作正弦表（sine 一词由阿耶波多称为半弦的 jiva 演化而来）和一次不定方程的解法。阿耶波多获得了 π 的近似值 3.1416（与刘徽所得近似值相当），建立了丢番图方程求解的"库塔卡"（原意为"粉碎"）法。

公元 10 世纪中叶，另一位印度天文学家也叫阿耶波多，著有《阿耶历数书》（Arya-Siddhanta）。一般西方著作把 5 世纪的阿耶波多称为阿耶波多第一，把后者称为阿耶波多第二。1976 年，印度曾为阿耶波多第一诞生 1500 周年举行纪念大会，并发射了以其名字命名的人造卫星。

（二）婆罗摩笈多

婆罗摩笈多出生在印度的 7 大宗教圣城之一的乌贾因，并在这里长大成人。成年后一直在故乡乌贾因天文台工作，在望远镜出现之前，这可谓是东方最古老的天文台之一。628 年出版了天文学著作《婆罗摩修正体系》（宇宙的开端），这是一部有 21 章的天文学著作，其中第 12、18 章讲的是数学，比较完整地叙述了零的运算法则。他把 0 作为一个数来处理，9 世纪马哈维拉和施里德哈勒接受了这一传统。婆罗摩笈多对负数有明确的认识，提出了正负数的乘除法则。他曾利用色彩名称来作为未知数的符号，并给出二次方程的求根公式。婆罗摩笈多最突出的贡献是给出佩尔（pell）方程 $ax^2 + k = y^2$（a 是非平方数）的一种特殊解法，名为"瓦格布拉蒂"。

婆罗摩笈多在《肯德卡迪亚格》中利用二次插值法构造了间隔为 15° 的正弦函数表，所给插值公式为

$$\sin(\alpha + xh) = \sin\alpha + [\delta\sin\alpha + \delta\sin(\alpha - h)]x/2 + x^2[(\delta^2\sin(\alpha - h)]/2$$

其中，$h = 15°$，$x \leqslant 1$，$\delta\sin(\alpha - h)$ 与 $\delta^2\sin(\alpha - h)$ 分别表示一、二阶差分。

表 4-1　婆罗摩笈多正弦差分表

角　度（°）	正　弦　线	一　阶　差	二　阶　差
0	0	39	-3
15	39	36	-5
30	75	31	-7
45	106	24	-9
60	130	15	-10
75	145	5	
90	150		

婆罗摩笈多在几何方面的杰出成果是获得了边长为 a, b, c, d 的四边形面积公式

$$s = \sqrt{(p-a)(p-b)(p-c)(p-d)}, [p = (a+b+c+d)/2]$$

实际上，这一公式仅适合于圆内接四边形，婆罗摩笈多并未认识到这一点，后马哈维拉由该公式出发，将三角形视为有一边为 0 的四边形，从而获得海伦公式。12 世纪的婆什迦罗曾经对婆罗摩笈多的四边形公式提出质疑。

（三）　婆什迦罗

印度古代和中世纪最伟大的数学家、天文学家婆什迦罗，出生于印度南方的比德尔，成年后来到乌贾因天文台工作，成为婆罗摩笈多的继承者，后成为天文台台长。

古印度数学最高成就《天文系统之冠》中有两部婆什迦罗的重要数学著作《算法本源》和《莉拉沃蒂》。这两部著作代表着 1000—1500 年间印度数学的最高水平。婆什迦罗汇编了来自婆罗摩笈多和施里德哈勒等数学家的问题，并填补了前辈著作中的许多不足。

关于书名《莉拉沃蒂》，流传着一个美丽故事：婆什迦罗的女儿名叫莉拉沃蒂，由占卜得知，她终身不能结婚。按照婆什迦罗的计算，若婚礼在某一时辰举行，灾祸便可以避免。他把一个底部有孔的杯子放入水中，让水从孔中慢慢渗入。杯子沉没之时，就是女儿的吉日。遗憾的是，当女儿等待着"时刻杯"中的水平面下落时，一颗珍珠从其头饰上掉下来，堵在杯孔上，以致杯子不能再下沉了。为了安慰爱女，婆什迦罗教她算术，并以其名字命名自己的著作。

《莉拉沃蒂》分为 13 章，从一个信徒向神祈祷开始展开全书。第 1 章给出了几个计算表；第 2 章讲述整数和分数运算，包括计算平方根和立方根，使用了十进制计数法；第 3 章介绍算术中的反演法、试位法等技巧；第 4 章讲解来自希腊和中国的应用问题；第 5 章给出某些算术级数的求和法；第 6 ~ 11 章是几何学，主要讲面积和体积的计算和可化为一次方程的实际问题；第 12 章讲述不定方程；第 13 章涉及组合学的内容。

《莉拉沃蒂》中的一个算术问题：带着微笑眼睛的美丽少女，请按照你理解的正确反演法计算，什么数乘以 3，加上这个乘积的 3/4，然后除以 7，减去此商的 1/3，自乘，减去 52，取平方根，加上 8，除以 10，得 2？（根据反演法，易知其答案是 28。）

同其他印度著作一样，该书用诗的语言来表达数学问题。如"平平湖水清可鉴，面上半尺生红莲；出泥不染亭亭立，忽被强风吹一边。渔人看见忙上前，花离原位二尺远；能算诸君请解题，湖水如何知深浅？"（利用勾股定理，易算出答案为 3.75。）

《算法本源》主要探讨代数问题，由 8 章组成。第 1 章讲述正负数法则；第 2、3 章讲整系数一次和二次不定方程的解法；第 4 章讲线性方程组；第 5 章研究二次方程，并给出勾股定理的两个证明；第 6 章包含一些线性不定方程组的实例；第 7、8 章补充了二次不定方程的内容。

由于印度屡屡被其他民族征服，使得印度古代天文学和数学受外来文化影响较深，但印度数学始终保持东方数学以计算为中心的实用化特点。现代初等算术运算方法的发展，始于印度，可能在大约 10、11 世纪被阿拉伯人采用，后传到欧洲而被改造成现在形式。

4.2　阿拉伯数学

阿拉伯国家是指以阿拉伯民族为主体的国家，大多分布在亚洲西部和北非一带，一般使

用阿拉伯语，信奉伊斯兰教。然而"阿拉伯数学"并非指阿拉伯国家的数学，而是指 8 ~ 15 世纪阿拉伯帝国统治下的中亚、西亚地区的数学，是穆斯林、希腊人、波斯人和基督徒等所撰写的阿拉伯文数学著作。

阿拉伯帝国的兴盛与先知穆罕默德（Mohammed，570—632 年）的传奇经历有关。穆罕默德出生在阿拉伯半岛西南部的麦加，在极其艰苦的条件下长大成人。25 岁时因娶了一位富商的遗孀为妻，经济状况才得到改善。至 40 岁左右，穆罕默德领悟到有且只有一个全能的神主宰世界，并确信真主安拉选择了他作为使者，在人间传教。穆罕默德于 610 年在麦加创立了伊斯兰教，至 632 年一个以伊斯兰教为共同信仰、政教合一、统一的阿拉伯国家出现在阿拉伯半岛。伊斯兰教在阿拉伯语里的意思是"顺从"，其信徒称其为穆斯林，即信仰安拉、服从先知者。

穆斯林在默罕默德死后不到半个世纪的时间内征服了从印度到西班牙，乃至北非和南意大利的大片土地，至 7 世纪初，阿拉伯半岛基本统一。661 年，叙利亚总督摩阿维亚（Muawiyah）被选为哈里发后改为世袭制，开始了倭马亚王朝（Umayyads，661—750 年）。755 年阿拉伯帝国分裂为两个独立王国。750 年阿布尔·阿拔斯（Abū'l-abbās，722—754 年）推翻倭马亚王朝，建立了东部王国阿拔斯王朝，762 年迁都巴格达。756 年，逃亡到西班牙的倭马亚王朝后裔阿卜杜·拉曼（Abdal-Rahmān）宣告建立西部阿拉伯王国，定都西班牙的哥尔多华。

阿拔斯王朝前期（750—850 年）的 100 年是阿拉伯文化的飞速发展时期，同时也是译述活动的繁荣时期，希腊语占首位，其次是古叙利亚语、波斯语、梵语、希伯来语和奈伯特语，许多重要的学术著作在政府的规划下有组织、有领导地被译成阿拉伯文，史称"百年翻译运动"。在曼苏尔哈里发时期，婆罗摩笈多等印度天算家的著作在 766 年左右传入巴格达，并译成阿拉伯文，8 世纪末到 9 世纪初的兰希哈里发时期，包括《原本》和《大汇编》在内的希腊天文数学经典先后都被译成阿拉伯文字。9 世纪最著名翻译家，阿拉伯学者伊本·科拉（Tabit Ibn Qorra，836—901 年）翻译了欧几里得、阿波罗尼乌斯、阿基米德、托勒玫、狄奥多修斯等著作。到 10 世纪丢番图、海伦等著作也被译成阿拉伯文。

909 年，伊斯兰什叶派脱离巴格达，在北非突尼斯建立一个新的哈里发国家，973 年迁都埃及开罗。11 世纪开始，阿拉伯帝国受到外民族的侵略，11 世纪初东亚突厥人一支的塞尔柱（Seljuk）人入侵阿拉伯，并于 1055 年在巴格达建立素丹政权；1097 年十字军东征，开始了欧洲基督教对亚洲穆斯林的征服；1258 年，蒙古人旭烈兀（Hulagu，1219—1265 年）占领巴格达，建立伊儿汗国，从此阿拉伯帝国灭亡。

4.2.1　阿拉伯代数学

（一）花拉子米和代数学

阿拉伯数学的突出成就首先表现在代数学方面。花拉子米（Mohammed Ibn Musa Al-khowarizmi，约 783—850 年）是中世纪对欧洲数学影响最大的阿拉伯数学家。他于 783 年出生于花拉子模。花拉子模是中亚地区的古国，位于咸海之南。花拉子米的意思是"祖籍花拉子模的人"。他早年在家乡接受初等教育，后到中亚地区的古城默夫深造，并到阿富汗、印度等游学，很快成为该地区远近闻名的学者。813 年阿拔斯王朝的哈利发马蒙聘请花拉子米到首都巴格达工作。830 年马蒙在巴格达创办了著名的"智慧馆"，花拉子米是该馆的主要学术负责人之一。他在这里一直工作到 850 年去世。

花拉子米的著作《还原与对消计算概要》（al-kitāb al-mukhta sar fī hisāb al-jabr wa'l-muqābala）（约 820 年前后）在 12 世纪被译成拉丁文，在欧洲产生了巨大影响。阿拉伯语"al-jabr"，意为还原移项，"a'l-muqābala"即对消之意，传入欧洲后，到 14 世纪"al-jabr"演变为拉丁语"algebra"，也就成了今天的英文 algebra，故该书也译为《代数学》。《代数学》有多种版本流传下来。比较重要的有两种；一是抄录于 1342 年的阿拉伯文手稿，现存牛津大学图书馆，1831 年由罗森（Rosen）译成英文，在伦敦出版了其阿－英对照本；另一部是卡平斯基（Karpinski）根据翻译家罗伯特（Robert of Chester）1145 年翻译的《代数学》拉丁文译本编译的。

Algebra 一词传入我国，最初音译为"阿尔热巴拉"。1761 年梅珏成（1681—1763 年）在《赤水遗珍》中译为"阿尔热八达"，《数理精蕴》则把 algebra 意译为"借根方比例"即"假借根数、方数以求实数之法"。1845 年，俄国政府赠送给我国的图书中有译名为《阿尔喀布拉数书》一本，其中"阿尔喀布拉"是俄文音译。1847 年，英国人伟烈亚力（A. wylie，1815—1887 年）来到上海学习中文。1853 年，他用中文写了一本《数学启蒙》，在序中说："有代数、微分诸书在，余将续梓之。"这是中文中第一次用"代数"一词作为这个数学分支的名称。1859 年，伟烈亚力和李善兰（1811—1882 年）合译《代微积拾级》，李善兰在序中正式使用了"代数"术语："中法之四元，即西法之代数也。"同年，两人又合译德摩根的书，正式定名为《代数学》，这是我国第一本以代数学为名的书。

花拉子米《代数学》的内容主要是算术问题，尽管所讨论的数学问题比丢番图和印度人的问题简单，但讨论一般性解法而比丢番图的著作更接近于近代初等代数。该书的数学问题都是由根（x）、平方（x^2）和数（常数）三者组成的。分别叙述 6 种类型的一、二次方程求解问题：第一章讨论"平方等于根"的方程，即 $ax^2 = bx$ 型方程；第二章讨论"平方等于数"的方程，即 $ax^2 = b$ 型方程；第三章讨论"根等于数"的方程，即一次方程 $ax = b$ 型方程；第四、五、六章是分别讨论了三种类型的方程

$$x^2 + px = q, x^2 + q = px, x^2 = px + q$$

均给出了相应的求根公式。这 6 种方程的系数都是正数，可统一为一般形式

$$x^2 + px + q = 0$$

故花拉子米相当于获得一般的求根公式

$$x = -\frac{p}{2} \pm \sqrt{\left(\frac{p}{2}\right)^2 - q}$$

每一问题求出正根 x 后，花拉子米又求出根的平方 x^2。他明确指出，二次方程可能有两个正根，也可能有负根，但他不取负根与零根。

在以上六章内容之后，花拉子米又以几何方式证明上述各种解法的合理性。他指出，任何二次方程都可通过"还原"与"对消"（即移项与合并同类项）的步骤化成他所讨论的六种类型方程。可见，《代数学》关于方程的讨论已超越传统的算术方式，具有初等代数性质，不过在使用代数符号方面，相对丢番图和印度人的工作有了退步。花拉子米用几何方式证明代数解法的传统被阿拉伯其他数学家所继承，这种几何证明方式的来源今天尚不清楚，它似乎源于希腊人的传统，但更接近于中国宋元数学中的"条段法"。

花拉子米的另一著作《印度计算法》（Algoritmi De Numero Indorum）系统介绍了印度数码和十进制计数法，以及相应的计算方法。尽管在 8 世纪印度数码和计数法随印度天文表传

入阿拉伯，但并未引起人们的广泛注意，正是花拉子米的这本书使它们在阿拉伯世界流行起来。更值得称道的是，它后来被译成拉丁文在欧洲传播，为欧洲近代数学的发生提供了科学基础，所以欧洲一直称这种数码为阿拉伯数码。该书在欧洲传播后，"algoritmi"也演变为"algorithm"。

印度 – 阿拉伯数码用较少的符号，方便地表示一切数和运算，给数学的发展带来了很大方便。虽该数码 13 世纪就传入我国，但并未采用。16 世纪，西洋历算书大量输入我国，原著上的印度 – 阿拉伯数字，我国一律用中国数码一、二、三等改译出来。1885 年上海出版了一部用上海口音译出的西算启蒙书，其中正式出现了印度 – 阿拉伯数字通用原型。1892年，美国传教士狄考文（W. M. Calvin，1836—1908 年）和清代邹立文合译《笔算数学》一书，首次正式采用了印度 – 阿拉伯数字，数字是按书籍直写的。直到 1902—1905 年，中国数学教科书或数学用表才普遍使用印度 – 阿拉伯数字，并且一律与西洋算书一样横排。

（二）海亚姆和三次方程

奥马·海亚姆是 11 世纪最著名且最富成就的数学家、天文学家和诗人，受命在伊斯法罕（今伊朗境内）天文台负责历法改革工作，制定了精密的哲拉里历。在代数学方面的成就集中反映于《还原与对消问题的论证》一书中，其中有开平方、开立方算法，最杰出的贡献是用圆锥曲线解三次方程。据海亚姆所说，这些方法来源于印度算法，但后人将其与印度的相关方法相比较，发现相去甚远，而与中国宋元时期的增乘开方法十分接近，且在取实数根的近似分数时，采用与秦九韶、朱世杰相同的公式。

海亚姆把不高于三次的代数方程分为 25 类（系数为正数），找到 14 类三次方程，缺一、二次项的 $x^3 = a$；缺二次项的 3 类：$x^3 + bx = a, x^3 + a = bx, x^3 = bx + a$；缺一次项的 3 类：$x^3 + cx^2 = a, x^3 + a = cx^2, cx^2 + a = x^3$；不缺项的 7 类：$x^3 + cx^2 + bx = a, x^3 + cx^2 + a = bx, x^3 + bx + a = cx^2, cx^2 + bx + a = x^3, x^3 + cx^2 = bx + a, x^3 + bx = cx^2 + a, x^3 + a = cx^2 + bx$。

对每类方程海亚姆都给出了几何解法，即用两条圆锥曲线交点确定方程的根。如解 $x^3 + ax = b$ 首先将其化为 $x^3 + c^2 x = c^2 d$（这里 $c^2 = a, c^2 d = b$ 按照希腊人的数学传统，a，b 是线段，c^2 为正方形，$c^2 d$ 为长方体），方程 $x^3 + c^2 x = c^2 d$ 的解就是抛物线 $x^2 = cy$ 与半圆 $y^2 = x(d - x)$ 交点的横坐标。这一创造使代数与几何的联系更加密切。

海亚姆曾探索过三次方程的代数解法，但没有成功。他在书中写道："对于那些不仅含有常数项、一次项、二次项的方程，也许后人能够给出算术解法"。经过几百年的努力，三、四次方程的一般代数解法直到 16 世纪才由意大利数学家给出，五次以上方程的可解性问题至 19 世纪才解决。

4.2.2　阿拉伯三角学

由于数理天文学的需要，阿拉伯人继承并推进了希腊的三角术，其学术思想主要来源于印度的《苏利耶历数全书》等天文历表及希腊托勒玫的《大汇编》、梅尼劳斯（Menelaus，约公元世纪）的《球面论》等古典著作。

阿尔·巴塔尼（al-battānī，858—929 年），出生于哈兰（今土耳其东南部），对希腊三角学做了系统化工作，在其著作《历数书》中发现地球轨道是一个经常变动的椭圆，并创立了系统的三角学术语，如正弦、余弦、正切、余切。他称正弦为 jiba，来源于阿耶波多的印度语术语 jīva，拉丁语译作 sinus，后演变成为英语 sine；称正切为 umbra versa，意即反阴影；余切为 umbra recta，意即直阴影；后分别演变为拉丁语 tangent 和 cotangent，首见于丹麦数学家芬克（Thomas Fink，1561—1656 年）的《圆的几何》（1583 年）一书中。而正割、余割是阿拉伯另一天文学家艾布·瓦法（abū'l-wafā，940—997 年）最先引入的，他还发现了一些三角函数关系式及球面三角形的余弦定理。

艾布·瓦法和比鲁尼（al-bīrūnī，973—1050 年）等进一步丰富了三角学公式。艾布·瓦法曾在巴格达天文台工作，其重要的天文学著作《天文学大全》继承并发展了托勒玫的《大汇编》。其中除一些精粹的三角函数表外，还证明了与两角和、差、倍角和半角的正弦公式等价的关于弦的一些定理，证明了平面和球面的正弦定理。

比鲁尼在乌尔根奇建造天文台并从事天文观测，其《马苏德规律》一书，在三角学方面有一些创造性的工作，他给出一种测量地球半径的方法，其做法首先用边长带有刻度的正方形测出一座山高，再于山顶悬一直径可转动的圆环，从山顶观测地平线上一点，测得俯角，从而算出地球半径。比鲁尼算得 1° 子午线长为 106.4 ~ 124.2 公里。比鲁尼还证明了正弦公式、和差化积公式、倍角公式和半角公式。后阿尔·卡西利用这些公式计算了 sin1° 的值。阿尔·卡西首先求出 sin72° 和 sin36° 的值，以求 sin12° = sin(72° − 60°) 的值，再用半角公式求 sin3° 的值，由三倍角公式得出 sin3° = 3sin1° − 4sin³1°，即 sin1° 是三次方程 sin3° = 3x − 4x³ 的解，最后用牛顿迭代法求出 sin1° 的近似值。

纳西尔·丁生活于十字军和蒙古人的侵占时代，是位知识渊博的学者。由于蒙古伊儿汗帝国的君主旭烈兀十分重视科学文化，纳西尔·丁受到其礼遇，他建议在马拉盖建造大型天文台得到旭烈兀的允许和支持，其后他一直在这里从事天文观测与研究。其天文学著作《伊儿汗天文表》（1271 年）是历法史上的重要著作，书中测算出岁差 51″/年。其《天文宝库》对托勒玫的宇宙体系加以评注，并提出新的宇宙模型，对后世天文学理论的形成具有一定的启发作用。其《论完全四边形》是一脱离天文学的系统三角学专著。此前，三角学知识只出现于天文学的论著中，是附属于天文学的一种计算方法，纳西尔·丁的工作使得三角学成为纯粹数学的一个独立分支，对 15 世纪欧洲三角学的发展起到了重要的推动作用。正是在这部书里，他首次陈述了著名的正弦定理。

阿尔·卡西出生于卡尚（今属伊朗），在撒马尔罕（帖木儿王国都城，今属乌兹别克）创建天文台，并出任第一任台长，其百科全书《算术之钥》（1427 年），在数学上取得了两项世界领先的成就，一是圆周率的计算，1424 年给出 π 的 17 位精确值，二是给出 sin1° 的精确值。人们常以其卒年作为阿拉伯数学的终结。

在世界文明史上，阿拉伯民族对世界文化的贡献，概括起来主要是：

（1）保存并传播了古代文化。在西罗马帝国灭亡前后的长期动乱中，许多希腊、罗马古典作品毁坏流失，一部分通过拜占廷流传到阿拉伯帝国。阿拉伯学者们做了认真研究，还把许多古代作品译成阿拉伯文。这些精神财富对文艺复兴后欧洲科学的进步有着深刻影响。

（2）沟通东西方文化。阿拉伯人足迹遍布亚、欧、非三大洲，成为东西方文化沟通的媒介。他们把古代印度、中国的文化成就介绍到西方；又把阿拉伯的科学成就和伊斯兰教传播到东方。

（3）发展了一些科学理论。阿拉伯人在消化希腊科学，吸收印度科学的基础上，发展了一些新的科学理论，在数学、天文学、医学、物理学、化学、建筑学、文学等方面，都取得了巨大成就。

思 考 题

1. 印度数学对世界数学发展所做最重要的贡献是什么？
2. 简述有关零号"0"的历史。
3. 比较印度数学同中国传统数学的相似处和平行处。
4. 论述阿拉伯数学对保存希腊数学、传播东方数学的作用。
5. 简述阿尔·花拉子米的数学贡献。
6. 简述阿拉伯数学的主要成就及其在数学发展史上的地位。
7. 阿拉伯数学家在三角学方面的贡献是什么？
8. 阿拉伯数学中近似计算的代表作及其成就是什么？
9. 从海亚姆探索三次方程的代数解法中受何启示？
10. 古典代数学的主要研究问题是什么？您对当代代数学有何了解，其主要研究问题是什么？

下讲学习内容提示

主要介绍 15～17 世纪初的欧洲数学，内容为三次和四次代数方程的求解、对数的发明和解析几何的创立。

阅 读 材 料

1. Mathematics in (central) Africa before colonization

2. Kellermeier, John (2003). "How Menstruation Created Mathematics". Ethnomathematics. Tacoma Community College. http://www. tacomacc. edu/home/jkellerm/Papers/Menses/Menses. htm. Retrieved on 2006-05-06.

3. Williams, Scott W. (2005). "The Oledet Mathematical Object is in Swaziland". MATHEMATICIANS OF THE AFRICAN DIASPORA. SUNY Buffalo mathematics department. http://www. math. buffalo. edu/mad/Ancient－Africa/lebombo. html. Retrieved on 2006-05-06.

第5讲 中世纪的欧洲数学

主要解决问题：

    （1）天文学革命对近代数学兴起有何影响？

    （2）16 世纪的意大利数学家如何求解三、四次代数方程？

    （3）斐波那契数列和黄金分割。

    （4）对数的发明。

    （5）解析几何的创立。

5.1 斐波那契和斐波那契数列

从公元 476 年西罗马帝国灭亡到 14 世纪文艺复兴长达 1000 多年的欧洲历史称为欧洲中世纪。公元 5～11 世纪，是欧洲历史上的黑暗时期，教会成为欧洲社会的绝对势力，宣扬天启真理，追求来世，淡漠世俗生活，对自然科学不感兴趣。

中世纪基督教日益封建化，整个社会以宗教和神学为核心，科学思想是异端邪说。由于罗马人偏重于实用而没有发展抽象数学，对罗马帝国崩溃后的欧洲数学也有一定的影响，终使黑暗时代的欧洲在数学领域毫无成就。造成数学落后的原因虽是多方面的，但主要是战火连绵，神学一统天下。《圣经》是最根本的知识，教徒整日研读圣经，视科学是神学的婢女，神学被誉为"科学的皇后"，甚至反对数学的学习与研究。如公元 529 年公布的《查士丁尼法典》中的条款规定："绝对禁止应受到取缔的数学艺术"。数学科学的发展受到沉重的打击。

因宗教教育的需要，也出现了一些水平低下的初级算术与几何教材。博埃齐（A. M. S. Boethius，约 480—524 年）的哲学是古希腊罗马哲学到中世纪经院哲学的过渡。他根据希腊材料用拉丁文选编了《几何学》（《原本》第 1、3、4 卷部分内容）、《算术入门》等教科书，成为中世纪早期欧洲人了解希腊科学的唯一来源。

999 年，法国人热尔拜尔（Gerbert，938—1003 年）当选为罗马教皇，提倡学习数学，翻译了一些阿拉伯科学著作，把印度 - 阿拉伯数码带入欧洲。

随着贸易与旅游的发展，欧洲出现了新兴城市，欧洲人开始与阿拉伯人、拜占庭人发生接触，了解阿拉伯、希腊的文化，并创立了大学（1088 年，波罗尼亚大学；1160 年，巴黎大学；1167 年，牛津大学；1209 年，剑桥大学；1222 年，帕多瓦大学；1224 年，那不勒斯大学）。

十字军东征给地中海沿岸国家和人民带来了深重灾难，西欧各国人民也损失惨重。几十万十字军死亡，而教廷和封建主却取得了大量的财富。从科学发展角度看，十字军东征也促进了东西方文化的交流，使西欧人大开眼界，进入了阿拉伯科学世界。从此，欧洲人了解到希腊及东方古典学术，对这些学术著作的搜求、翻译和研究，使得科学开始复苏，并加速了西欧手工业、商业的发展。整个 12 世纪是欧洲数学的大翻译时期，希腊人的著作从阿拉伯文被译成拉丁文后，"在惊讶的西方面前展示了一个全新的世界"。

　　欧洲黑暗时期过后第一位有影响的数学家是斐波那契。其父是阿尔及利亚的海关征税员，虽是基督教徒，但为了做生意的需要，他请回教徒教师来教儿子，学习当时较罗马计数法先进的"印度－阿拉伯数字计数法"及东方的乘除计算法，故斐波那契儿时就接触到了东方的数学。后斐波那契随父亲到印度、埃及、阿拉伯和希腊等地旅行，通过广泛学习和认真研究，掌握了许多计算技术。回意大利后，编著了其代表作《算盘书》，主要是一些源自古代中国、印度和希腊的科学问题的汇集，书中系统介绍了印度－阿拉伯数码，对改变欧洲数学的面貌产生了很大影响，是欧洲数学在经历了漫长黑夜之后走向复苏的号角。

　　1228 年，《算盘书》修订后载有著名的"兔子问题"：

　　某人在一处有围墙的地方养了一对小兔子，假定每对兔子每月生一对小兔子，而小兔子出生后两个月就能生育。问从这对兔子开始，一年内能繁殖成多少对兔子？

　　这是一个有趣的算术问题，但却不能用普通的算术公式计算出来。若用 A 表示一对成长的兔子，B 表示一对出生的兔子，可得表 5-1。

表 5-1　兔子问题

月　　份	1 月	2 月	3 月	4 月	5 月	6 月	7 月	8 月	9 月	10 月	11 月	12 月
A 的数目	1	1	2	3	5	8	13	21	34	55	89	144
B 的数目	0	1	1	2	3	5	8	13	21	34	55	89
总　　数	1	2	3	5	8	13	21	34	55	89	144	233

　　故在第二年的 1 月 1 日应该有 144 对新生小兔子。后数学家把数列

$$1,1,2,3,5,8,13,21,34,55,89,144,233,\cdots$$

称为斐波那契数列，用 F_n 表示数列的第 n 项。该数列具有性质：

$$F_n = F_{n-1} + F_{n-2}, (n \geqslant 3)$$

其通项公式为

$$F_n = \frac{1}{\sqrt{5}} \left(\left(\frac{1+\sqrt{5}}{2} \right)^n - \left(\frac{1-\sqrt{5}}{2} \right)^n \right)$$

由敏聂（Jacques Phillipe Marie Binet，1786—1856 年）发现，故称之敏聂公式。斐波那契数和贾宪三角形也有密切关系。

　　斐波那契数列有个有趣的性质：以某数除以所有斐波那契数，把每个斐波那契数的余数写下来，就会发现到这些余数组成的数列具有周期（Period）现象（如被 4 来除，获得 1,1,2,3,1,1,1,1,2,3,1,0,1,1,2,3,…）。

　　鲁卡斯（E. Lucas）在研究数论的素数分布问题时发现和斐波那契数有些关系，而又发现一个新数列：

$$1,3,4,7,11,18,29,47,76,123,199,322,521,\cdots$$

该数列和斐波那契数列具有相同性质，第二项以后的项是前面两项的和。鲁卡斯数和斐波那契数有密切的关系，如对于任何整数 n，若用 L_n 表示第 n 个鲁卡斯数，则有 $L_n \times F_n = F_{2n}$。而鲁卡斯数的一般项也有类似敏聂公式的公式。

　　若一棵树苗在一年后长出一条新枝，然后休息一年，再在下一年又长出一条新枝，并且

每一条树枝都按照这个规律长出新枝，则第 1 年它只有主干 1 枝，第 2 年有 2 枝，第 3 年有 3 枝，第 4 年有 5 枝，第 5 年有 8 枝……每年的分枝数顺次组成的数列为斐波那契数列。

"尼姆"游戏的玩法是：由两个人轮流取一堆粒数不限的砂子。先取的一方可取任意粒，但不能把这堆砂子全部取走。后取的一方，取数也多少不拘，但最多不能超过对方所取砂子数的 1 倍。然后又先取的一方再来取，但也不能超过对方所取砂子数的 1 倍。如此交替进行，直到全部砂子被取光为止，拿到最后一粒砂子者，为胜利者。在这个游戏中，若所有砂子的粒数是斐波那契数，则后取的一方稳操胜券，而若所有的砂子不是斐波那契数，则先取的一方稳胜。

在物理学上也有斐波那契数出现。假定现在有一些氢原子，一个电子最初所处位置是最低的能级（Ground levet of energy），属于稳定状态。它能获得一个能量子或两个能量子（Quanta of energy）而使它上升到第 1 能级或第 2 能级。但是在第一级的电子如果失掉一个能量子就会下降到最低能级，而获得一个能量子就会上升到第 2 级来。现在研究气体吸收和放出能量的情形，假定最初电子是处在稳定状态即零能级，然后让它吸收能量，这电子可以跳到第 1 能级或第 2 能级。然后再让该气体放射能量，这时电子在第 1 能级的就要下降到 0 能级，而在第 2 能级的可能下降到 0 能级或第 1 能级的位置去。电子所处的状态可能情形是：1、2、3、5、8、13、21…种。这是斐波那契数列的一部分。

更令人惊讶的是，斐波那契数列相邻两项相除所得的商竟然无限趋近于 1.618！故斐波那契数列与黄金分割也有着密切联系。

5.2　文艺复兴时期的欧洲数学

近代科学始于对古典时代的复兴，正是这场复兴，带来了一个崭新的时代。文艺复兴时期，数学的许多分支发生了巨大变化，在此仅介绍在代数学、三角学、射影几何、对数等方面的进步科学。

5.2.1　代数学

（一）三、四次代数方程的求解

欧洲人在数学上的推进始于代数学，对三、四次代数方程的求解，拉开了近代数学的序幕。

1515 年，波罗尼亚大学数学教授费罗（S. Ferro，1465—1526 年）发现了形如

$$x^3 + mx = n$$

的三次方程的代数解法，密传给其学生费奥（A. M. Fior）。费奥的数学水平其实很差，得到费罗的秘传后便吹嘘自己能够解所有的三次方程。

塔塔利亚（Tartaglia，1499—1557 年）所发表的《论数字与度量》（1556—1560 年），被称为数学百科全书和 16 世纪最好的数学著作之一，其中关于二项展开式系数排成的"塔塔利亚三角形"，比帕斯卡的发表时间（1665 年）早 100 多年。塔塔利亚最重要的数学成就是发现了三次方程的代数解法，宣称可解形如

$$x^3 + mx^2 = n$$

的三次方程。

当时意大利，两个数学家进行解题比赛成了风气，方式是两人各拿出赌金，给对方出若

干道题，30 天后提交答案，解出更多道题者获胜，胜者赢得全部赌金。塔塔利亚很热衷于参加这种比赛，并多次获胜。

1535 年 2 月 22 日，费奥与塔塔利亚在威尼斯公开竞赛，各出 30 个问题。塔塔利亚给费奥的 30 道三次方程题，把费奥给难住了。费奥则给塔塔利亚出了 30 道清一色的"三次加一次"方程题，认定塔塔利亚也都解不出来。塔塔利亚在接受挑战时，的确还不知道如何解这类方程题。据说是在比赛最后一天的早晨，塔塔利亚突然来了灵感，发现了其解法，用了不到两个小时就全部解答了比赛题目，因此扬名整个意大利。

当时担任米兰官方数学教师的卡尔达诺（G. Cardano，1501—1576 年）闻听此事，希望能够知道三次方程的解法，但遭到塔塔利亚的断然拒绝。于是他给塔塔利亚写信，暗示可向米兰总督推荐塔塔利亚。

在威尼斯当穷教师的塔塔利亚一见有高升的机会，态度大变，于 1539 年 3 月动身前往米兰，受到了卡尔达诺的热情招待。在卡尔达诺苦苦哀求，并向上帝发誓绝不泄密后，塔塔利亚终于向卡尔达诺传授了用 25 行诗歌暗语写成的解法。塔塔利亚无心在米兰求发展，匆忙赶回威尼斯。在那一年卡尔达诺出版了两本数学著作，塔塔利亚都细细研读，一方面很高兴卡尔达诺没有在著作中公布三次方程的解法，一方面又觉得自己受了卡尔达诺的欺骗，在给卡尔达诺的信中把这两本书嘲笑了一番，断绝了与卡尔达诺的交情。

在获得塔塔利亚的解法后，卡尔达诺很快就发现了所有三次方程的解法。次年，卡尔达诺 18 岁的秘书费拉里（Ferrari Lodovico，1522—1565 年）在三次方程解法的基础上又发现了四次方程的解法。卡尔达诺与塔塔利亚不同，热衷于通过著书立说发布新发现来赢得名利。但是他和费拉里发现的解法都是建立在塔塔利亚的解法基础上，根据卡尔达诺所立誓言，只要塔塔利亚不公布其解法，他们的解法就不得公布。

1543 年，卡尔达诺和费拉里前往波罗尼亚，见到接替费罗数学教授的费罗之女婿，后者向他们出示了费罗的手稿，证明费罗在塔塔利亚之前就已经发现了三次方程的解法。这使卡尔达诺如释重负，觉得没有必要再遵守誓言，于是在 1545 年出版的著作《大术》中公布了三次方程和四次方程的解法。为避免被指控剽窃，卡尔达诺在书中特别提到了费罗和塔塔利亚的贡献，但这并没有减轻塔塔利亚对他的憎恨。塔塔利亚在第二年出版了一本书，其中揭露了卡尔达诺背信弃义行为，淋漓尽致地对卡尔达诺进行了人身攻击。

卡尔达诺此时由于《大术》一书已名满天下，不想和塔塔利亚计较，但费拉里决定要为主人讨回公道，在公开信中对塔塔利亚反唇相讥，向塔塔利亚提出比赛挑战。塔塔利亚对此很不情愿。塔塔利亚在给费拉里的回信中，要求由卡尔达诺来应战。塔塔利亚和费拉里来来回回打了一年的笔墨官司，仍然没有解决争端。到 1548 年事情出现转机，塔塔利亚的家乡布雷西亚向塔塔利亚提供了一份报酬不薄的教职，条件是塔塔利亚必须和费拉里比赛解决争端。

1548 年 8 月 10 日，比赛在米兰总督的主持下于米兰教堂举行。费拉里带了众多支持者助阵，而塔塔利亚只带了一位同胞兄弟，费拉里可谓占尽了天时地利人和，而且在开场白中就表现出他对三次和四次方程的理解要比塔塔利亚透彻。争论从上午 10 点持续到晚饭时间，结果不了了之。后双方各自都宣布获胜。直至 8 年后，塔塔利亚才在其名著《论数字与度量》中的一篇插文里叙述了整个论战过程。

费拉里在比赛后名声大震，甚至连皇帝都请他给太子当老师。但费拉里选择给米兰总督当估税员发财。1565 年，年仅 43 岁的费拉里已成了富翁，提前退休回波罗尼亚，不幸当年就去世了，据说是被他的妹妹毒死的，目的是为了继承其财产。

卡尔达诺于 1545 年在纽伦堡出版的《大术》系统给出了代数学中的许多新概念和新方法，主要内容是三次、四次方程的解法。其中方程的负根被采用，并专门讨论了解方程中所遇到的虚根问题，首次把虚根当做一般的数进行运算，认识到如果一个方程有一个虚根，则应该有与之共轭的另一个虚根。下以三次方程

$$x^3 + px = q$$

的求解说明卡尔达诺的思想。设方程解可写成 $x = a - b$ 的形式（a 和 b 为待定参数），代入方程，则有

$$a^3 - 3ab(a-b) - b^3 + p(a-b) = q$$

整理得

$$a^3 - b^3 + (a-b)(p - 3ab) = q$$

令 $p = 3ab$，则有 $a^3 - b^3 = q$，式子两端同乘 $27a^3$，得

$$27a^6 - 27a^3 q - p = 0$$

这是一个关于 a^3 的二次方程，可以解得 a，同理可解出 b，

$$a = \sqrt[3]{\frac{q}{2} + \sqrt{\left(\frac{q}{2}\right)^2 + \left(\frac{p}{3}\right)^3}}, b = \sqrt[3]{-\frac{q}{2} + \sqrt{\left(\frac{q}{2}\right)^2 + \left(\frac{p}{3}\right)^3}}$$

进而求得根 x。

费拉里所发现的一元四次方程的解法如下：和三次方程中的做法一样，可用一个坐标平移来消去四次方程一般形式中的三次项。故只要考虑如下形式的一元四次方程

$$x^4 = px^2 + qx + r$$

即可，其关键是利用参数把等式两边配成完全平方形式。考虑一个参数 a 有

$$(x^2 + a)^2 = (p + 2a)x^2 + qx + r + a^2$$

等式右边是完全平方式当且仅当其判别式为 0，即

$$q^2 = 4(p + 2a)(r + a)^2$$

这是关于 a 的三次方程，利用上面一元三次方程的解法，可解出参数 a。这样原方程两边都是完全平方式，开方后是关于 x 的一元二次方程，就可解出原方程的根 x。

（二）符号代数的建立

符号系统的建立是代数学从常量数学到变量数学的标志，反映了数学科学的高度抽象性与简洁美。

修道士帕乔利（Luca Pacioli，1445—1517 年），曾受雇于威尼斯商人，并从此起研究数学。大约在 1470 年，他成了方济各会修道士，成功地讲授数学和撰写数学著作，这使得他在胴鲁贾大学、那不勒斯大学和罗马大学获得讲师职务。帕乔利在米兰的公卢多维科·斯福尔札的庭院里遇到了达芬奇（L. da Vinci，1452—1519 年）。帕乔利教达芬奇学数学，达芬奇为帕乔利的著作画插图作为报答。帕乔利还完成了欧几里得著作的拉丁文译本和意大利文译本。1494 年，所出版的《算术、几何、比与比例集成》是继斐波那契之后第一部内容全面的数学书，其中采用了优越的记号及大量的数学符号（多为词语的缩写形式或词首字母），这是本书的特色之处。书中有"猫捉老鼠问题"：一只老鼠在 60 英尺高的白杨树顶上，一只猫在树脚下的地上。老鼠每天下降 1/2 英尺，晚上又上升 1/6 英尺；猫每天往上爬 1 英尺，晚上又滑下 1/4 英尺；这棵树在猫和老鼠之间每天长 1/4 英尺，晚上又缩 1/8 英尺。试

问猫要多久能捉住老鼠？

韦达是 16 世纪法国最有影响的数学家，他第一个引进系统的代数符号，并对方程论做了改进，被尊称为"代数学之父"；年轻时学习法律并当过律师，后从事政治活动，曾任议会议员；在对西班牙的战争中，曾为政府破译了敌军的密码。韦达第一个有意识地和系统地使用字母来表示已知数、未知数及其乘幂，带来了代数学理论研究的重大进步。他用"分析"这个词来概括当时代数的内容和方法，用字母代替未知数，创设了大量的代数符号。他还系统阐述并改良了三、四次方程的解法，指出了根与系数之间的关系，给出三次方程不可约情形的三角解法。著有《分析方法入门》、《论方程的识别与订正》等多部著作。

韦达从事数学研究只是出于爱好，然而却完成了代数和三角学方面的巨著。其《应用于三角形的数学定律》（1579 年）是韦达最早的数学专著之一，可能是西欧第一部论述 6 种三角形函数解平面和球面三角形方法的系统著作。韦达还专门写了一篇论文"截角术"，初步讨论了正弦、余弦、正切和余切的一般公式，首次把代数变换应用于三角学中。他考虑了含有倍角的方程，具体给出将 $\cos(nx)$ 表示成 $\cos x$ 的函数，并给出当 $n \leqslant 11$ 等于任意正整数的倍角表达式。

《分析方法入门》是韦达最重要的代数著作，也是最早的符号代数专著。书中第 1 章应用了两种希腊文献：帕波斯的《数学文集》第 7 篇和丢番图的《算术》，认为代数是一种由已知结果求条件的逻辑分析技巧，并相信希腊数学家已经应用了这种分析术，他只不过将这种分析方法重新组织。韦达不满足于丢番图对每个问题都用特殊解法的思想，试图创立一般的符号代数。他引入字母来表示量，用辅音字母 B、C、D 等表示已知量，用元音字母 A（后用 N）等表示未知量 x，而用 A quadratus，A cubus 表示 x^2，x^3，并称为"类的运算"以区别确定数目的"数的运算"。这就规定了代数与算术的分界，由此代数就成为研究一般的类和方程的学问。在《分析引论》的结尾写下其座右铭"没有不能解决的问题"（Nullum non problema solvere）。

1593 年，韦达出版了另一部代数学专著《分析五篇》（5 卷，约 1591 年完成）。该书讨论了尺规作图求作某些二次方程几何解问题。同年其《几何补篇》（Supplementum geometriae）出版，其中给出了尺规作图问题所涉及的一些代数方程知识。此外，韦达最早明确给出有关圆周率 π 值的无穷运算式，而且创造了一套十进分数表示法，促进了计数法的改革。后韦达用代数方法解决几何问题的思想由笛卡儿继承，发展成为解析几何学。

1615 年《论方程的整理与修正》用代数方式推出了一般的二次方程的求根公式，记载了韦达定理，即方程的根与系数的关系式。他的著作内容深奥，言辞艰涩，其理论在当时并没有产生很大影响，直到 1646 年韦达文集出版才使其理论渐渐流传开来。

最早在印刷图书中用" + "作加、用" - "作减的是维德曼（1460—约 1499 年），1489 年所出版的《各种贸易的最优速算法》（又译《简算与速算》）创造" + "、" - "号用于表示剩余和不足，但未引起人们的注意。1544 年施蒂费尔（E. Stiefel，1487—1567 年）及其他数学家相继采用了这两个抽象数学语言符号才正式得到公认和使用。

施蒂费尔在 1544 年出版的《算术大全》中指出：符号使用是代数学的一大进步。

乘号曾经用过十几种，现在通用两种。一个是" × "，最早由英国数学家奥屈特 1631年提出；另一个是" · "，由英国数学家赫锐奥特首创。莱布尼茨认为：" × "号像拉丁字母" X "，加以反对，而赞成用" · "号。他自己还提出用"n"表示相乘。至 18 世纪，美国数学家欧德莱确定，把" × "作为乘号。他认为" × "是" + "斜起来写，是另一种表示增加的符号。"÷"最初作为减号，在欧洲大陆长期流行。直到 1631 年英国数学家奥屈特用"："表示除或比，另外有人用"－"（除线）表示除。后瑞士数学家拉哈在其所著的《代数学》里，正式将"÷"作为除号。

《算术、几何、比与比例集成》中用 ae（来自 aequalis）表示相等。16 世纪法国数学家维叶特用"＝"表示两个量的差别。可是英国牛津大学数学、修辞学教授列考尔德觉得：用两条平行而又相等的直线来表示两数相等是最合适不过的了，于是符号"＝"就从 1540 年开始使用起来。

发明现代小数点者是德国数学家克拉维斯（Kravis，1537—1612 年），1593 年在罗马出版的《星盘》中他首次使用了现代意义上的小数点，即把小数点作为整数部分与小数部分分界的记号，1608 年出版的《代数学》中更明确地使用这种小数点。这是用点表示小数计法的开始。

1629 年吉拉德（J. Girard，1593—1632 年）出版的《代数的新发现》中用有限线段解释方程的负根，并第一个提出用减号"－"表示负数。从此，负数符号逐渐得到人们的认识。

平方根号曾经用拉丁文"Radix"（根）的首尾两个字母合并起来表示，17 世纪初，笛卡儿在其《几何学》中，第一次用"√"表示根号。"√"是由拉丁字线"γ"变化而来，"——"是括线。

大于号"＞"和小于号"＜"，是 1631 年英国代数学家赫锐奥特创用的。至于"≯"、"≮"、"≠"这三个符号的出现，是很晚的事。大括号"｛｝"和中括号"［］"是代数创始人之一魏治德创造的。任意号"∀"源于英语中的 any 一词，因小写和大写均容易造成混淆，故将其单词首字母大写后倒置。

5.2.2　三角学

13 世纪始，包含于天文学中的三角知识传入欧洲，并在欧洲得以发展。1450 年前，三角学主要内容是球面三角。15、16 世纪德国学者从意大利人那里获得了阿拉伯天文学著作中的三角学知识，如阿尔·巴塔尼（Albategnius，858—929 年）的《历数书》、纳西尔·丁的《论完全四边形》。在 16 世纪，三角学已从天文学中分离出来，成为一个独立的数学分支。

雷格蒙塔努斯（J. Regiomontanus，1436—1476 年），在维也纳大学学习和讲授天文学，逐渐掌握了托勒密的天文学说，并努力钻研与之相关的几何学、算术与三角学，后到罗马，不断学习拉丁文和希腊文的经典学术著作，对数学的主要贡献是在三角学方面，其代表作是完成于 1464 年的《论各种三角形》（或称《三角学全书》，1533 年出版），是欧洲学者对平面和球面三角学所作的第一个完整、独立的阐述。其著作手稿在学者中广为传阅，成为 15 世纪最有能力、最有影响的数学家，对 16 世纪的数学发展也产生了相当大的影响，哥白尼的工作深受其影响，可惜 40 岁时英年早逝，死因是瘟疫，但有传闻说是被仇人毒害致死。雷格蒙塔努斯出版的《星历表》给出了 1475—1506 年间每天的天体位置，有趣的是，哥伦布（C. Columbus，1451—1506 年）在第四次航海探险时随身携带了一份《星历表》，并利用它预示的 1504 年 2 月 29 日的月食吓唬牙买加的土著印第安人，终于使他们屈服。

1595 年，德国学者皮蒂斯楚斯（Pitiscus，1561—1613 年）著《三角学，解三角形的简明处理》，首次将拉丁文"trigonon（三角形）"和"metron（测量）"组合成 trigonametriae，即"三角形"。

14 ~ 16 世纪，三角学曾一度成为欧洲数学的主要研究内容，包括三角函数值表的编制，平面三角形和球面三角形的解法，三角恒等式的建立和推导，其主要方法源于几何观点。

1748 年，欧拉在其《无穷分析引论》中对三角函数和三角函数线做出明确区分，使所有三角公式能从三角函数的定义中推导出来，从而使三角函数与几何脱钩。

1807 年，傅里叶（J. B. J. Fourier, 1768—1830 年）在研究热传导问题时，提出把函数看做三角函数的无穷级数之和，三角函数就成为调和分析的基石，于是三角学又成为了分析学的一部分。

1631 年，三角学传入中国。同年，德国传教士邓玉函（Johann Schreck, 1576—1630 年）、汤若望和明朝学者徐光启编译成《大测》一书。"大测者，观三角形之法也。"可见"大测"与当时的"三角学"的意义一样。不过，"大测"的名称并不通行，三角在中国早期比较通行的名称是"八线"和"三角"。"八线"是指在单位圆上的八种三角函数线：正弦线、余弦线、正切线、余切线、正割线、余割线、正矢线、余矢线，如 1894 年上海美华书馆出版的《八线备旨四卷》和 1906 年方克猷（1870—1907 年）撰写的《八线法衍》等都有所记载。

"三角"术语最早见之于 1653 年薛凤祚（1600—1680 年）和穆尼阁（Nikolaus Smo-gulecki, 1611—1656 年）合著的《三角算法》。"三角"一词指"三角学"或"三角法"或"三角术"。事实上，直到 1956 年中国科学院编译出版委员会编订《数学名词》时，仍将这三者同义。

5.2.3　射影几何

自然界中的物体都是立体的，而画家作画、建筑师绘图都是使用画布、墙壁、纸张这样的平面，如果要让画在平面上的物体具有凹凸不平的立体感，就得探讨人的视觉规律。为此，数学家和艺术家从不同角度研究投影的性质。达·芬奇首先提出了聚焦透视法，确切、形象地阐述了透视原理的基本思想。他强调，画画要画一只眼睛看到的景物，从景物的每个能看到的点发出的光线进入人的眼睛，经过瞳孔的折射，最后在视网膜上形成物体的影像。假如在人们眼睛与景物之间放一片透明薄膜，从景物的各点进入眼睛的每一条光线，穿过这张薄膜时形成点，所有这些点的集合就形成了景物在薄膜上的像。整个过程就叫透视，几何学上称之中心射影。射影几何就是研究图形在中心射影下位置关系的学科。

阿尔贝蒂（L. B. Alberti, 1404—1472 年）于 1435 年所发表的《论绘画》，阐述了最早的数学透视法思想，他引入了投影线和和截景概念，提出在同一投影线下和景物的情况下，任意两个截景间有何种数学关系或何种共同的数学性质等问题，这些问题是射影几何发展的起点。17 世纪初，开普勒最早引进了无穷远点概念。而为这门学科建立做出重要贡献者是两位法国数学家——德沙格（G. Desargues, 1591—1661 年）和帕斯卡。

德沙格原是法国陆军军官，后成为工程师和建筑师。他自学成才，很不赞成为理论而搞理论，决心用新的方法来证明圆锥曲线定理。于 1636 年发表了第一篇关于透视法的论文"关于透视绘图的一般方法"，主要著作是 1639 年《试论锥面截一平面所得结果的初稿》，其中充满了创造性的新思想、新方法，是射影几何早期发展的代表作。他提出一个新观点：由中心射影可推出，两条平行线应在无穷远处相交，称平行线的交点为理想点，并把添进了理想点的欧氏空间（直线或平面）叫做射影空间。他认为，在射影空间里，无论是抛物线、椭圆，还是双曲线都能由最简单的圆锥曲线——圆经中心射影得到，故只需从圆出发便能了解所有圆锥曲线的性质。他所发现的定理："如果两个三角形对应边的交点共线，则这两个三角形的对应顶点的连线共点"，被认为是射影几何中最漂亮的定理。德沙格把直线看做是具有无穷大半径的圆，而曲线的切线被看做是割线的极限，这些概念都是射影几何学的基础。其朋友笛卡儿、帕斯卡、费马都很推崇他的著作，费马甚至认为他是圆锥曲线理论的真正奠基者。

帕斯卡也为射影几何学的早期工作做出了重要贡献。从 14 岁起，帕斯卡经常随父亲参加巴黎一群数学家的每周聚会，耳濡目染使帕斯卡在科学之路上迅速成长。1639 年当德沙格构造的射影空间遭非议时，只有帕斯卡为其新思想所吸引。他用德沙格的射影观点研究圆锥曲线，得到许多令人欣喜的新发现。1640 年 16 岁的帕斯卡发表了《试论圆锥曲线》的 8 页论文，其中一个定理被认为是射影几何上最重要的定理："圆锥曲线的内接六边形，延长相对的边得到三个交点，这三点必共线"。该定理命名为帕斯卡定理，定理中的六边形叫做"神秘六边形"。帕斯卡定理向人们展示了射影几何深刻、优美的直观魅力。1658 年出版了《圆锥曲线论》，书中很多定理都是射影几何方面的内容。作为笛卡儿的学生，在解析法风靡一时，同时代人都不愿意接受射影观点的潮流下，帕斯卡独树一帜，用纯几何的方法发现了神秘六边形，取得了自古希腊阿波罗尼斯以来研究圆锥曲线的最佳成果，为射影几何大厦奠定了基石。

遗憾的是，德沙格等把他们所使用的投影分析方法和获得的结果，仍视为欧几里得几何的一部分。因而在 17 世纪人们对这两种几何学并不加任何区分。但不可否认的是，在当时由于这一方法而诱发了一些新的思想和观点。那就是一个数学对象可从一个形状连续变化到另一形状；所关心的是几何图形的相交与结构关系，而不涉及度量。

5.2.4　对数的发明

16 世纪前半叶，欧洲人把实用的算术计算放在数学首位。由于天文和航海计算的需要，计算技术最大的改进是对数的发明与应用。

史蒂文（Simon Stevin，1548—1620 年）曾是荷兰军队的军需总监，领导过许多公共建筑工程的建设，在数学方面最重要的著作《十进算术》，系统地探讨了十进制计数及其运算理论，并提倡用十进制小数来书写分数，虽阐述的思想很简单，却在西方产生了深远的影响。在西方史蒂文是第一个系统论述十进分数及其算术的人，其动机是简化计算，把它献给天文学家、测量人员和商人。在文明史上，史蒂文是工程师和技术专家的典范，他用科学的方式去处理实际问题，极为注重理论与实践的结合，总是像一个数学家那样思考。

纳皮尔（John Napier，1550—1617 年）年轻时正值欧洲掀起宗教革命，他行旅其间，颇有感触。苏格兰转向新教，他也成了写文章攻击旧教（天主教）的急先锋。其时传出天主教的西班牙要派无敌舰队来攻打，纳皮尔就研究兵器（包括挈炮、装甲马车、潜水艇等）准备与其拼命。虽纳皮尔的兵器还没制成，英国已把"无敌舰队"击垮，但他还是成了英雄人物。纳皮尔为数学的发展做了许多有价值的工作。受三角公式积化和差，几何级数指数等启发，纳皮尔在对数的理论上至少花了 20 年的时间，于 1590 年左右开始写关于对数的著作，1614 年发表《奇妙对数规则的说明》。纳皮尔的惊人发明被整个欧洲所采用，尤其是天文学界，简直为这个发现沸腾起来了。

当然，纳皮尔所发明的对数，在形式上与现代数学中的对数理论并不完全一样。在纳皮尔那个时代，"指数"概念尚未形成，故纳皮尔并不是像现行代数课本中那样，通过指数来引出对数，而是通过研究直线运动得出对数概念。在那个时代，计算多位数之间的乘积，还是十分复杂的运算，因此纳皮尔首先发明了一种计算特殊多位数间乘积的方法。例如：

0、1、2、3、4、5、6、7、8、9、10、11、12、13、14、……

1、2、4、8、16、32、64、128、256、512、1024、2048、4096、8192、16 384、……

这两行数字之间的关系极为明确：第一行表示 2 的指数，第二行表示 2 的对应幂。如果要计算第二行中两个数的乘积，可通过第一行对应数字的和来实现。例如，计算 64×256 的值，可先查询第一行的对应数字：64 对应 6，256 对应 8；然后再把第一行中的对应数字加起来：$6 + 8 = 14$；第一行中的 14，对应第二行中的 16 384，故 $64 \times 256 = 16\ 384$。

纳皮尔的对手是瑞士仪器制造者比尔吉（J. Biirgi，1552—1632 年）。比尔吉独立设想并造出了对数表，于 1620 年出版了《算术和几何级数表》。虽然两个人都在发表之前很早就有了对数的概念，但纳皮尔的途径是几何的，比尔吉的途径是代数的。

1620 年冈特（Gunter，1581—1626 年）制成了第一把对数尺，后发展成为对数技术尺。

17 世纪中叶，对数传入我国，最初被译为"假数"。如 1653 年由波兰数学家穆尼阁和薛凤祚合编的《比例对数表》一书，是传入我国最早的对数著作。当时 $\lg 2 = 0.3010$ 中 2 叫"真数"（沿用至今），0.3010 叫"假数"，真数与假数列成表叫对数表，后改"假数"为"对数"。我国清代的数学家戴煦（1805—1860 年）发展了多种求对数的捷法，著有《对数简法》（1845 年）、《续对数简法》（1846 年）等。

5.3　解析几何的诞生

近代数学本质上可以说是变量数学。16 世纪对运动与变化的研究已成为自然科学的中心问题，导致了变量数学的亮相，变量数学的第一个里程碑就是解析几何的发明。

解析几何的基本思想是在平面上引进坐标系，建立平面上点和有序实数对之间的一一对应关系。这种思想古代曾经出现过，如阿波罗尼奥斯《圆锥曲线论》中引进了一种斜角坐标系，奥马·海雅姆通过圆锥曲线交点解三次方程的研究，斐波那契在《实用几何》（1220 年）中用代数方法去解几何问题，奥雷斯姆（N. Oresme，1323—1382 年）《论形态幅度》讨论了物体运动中用曲线表示函数的图像。

奥雷斯姆提出了形态幅度原理，借用"经度"、"纬度"的术语来描述其图线，该学说在欧洲产生了广泛的影响，启发笛卡儿创立了解析几何，给伽利略力学研究提供了线索。

解析几何的真正发明要归功于笛卡儿和费马。

笛卡儿是法国科学家、哲学家和数学家，西方近代资产阶级哲学奠基人之一，其哲学与数学思想对历史有深远的影响。其墓碑上刻下了这样一句话："笛卡儿，欧洲文艺复兴以来，第一个为人类争取并保证理性权利的人。"

笛卡儿 1616 年获法学博士学位后，背离家庭的职业传统，开始探索人生之路。1618 年始，他投笔从戎，想借机游历欧洲，开阔眼界。然而军旅生活又使笛卡儿感到疲惫，他于 1621 年回国，时值法国内乱，于是就去荷兰、瑞士、意大利等地旅行。1625 年返回巴黎，1628 年移居荷兰。在荷兰长达 20 多年的时间里，笛卡儿潜心研究和写作，对哲学、数学、天文学、物理学、化学和生理学等领域进行了深入的研究，并通过数学家梅森（1588—1648 年）神父与欧洲主要学者保持密切联系，先后发表了许多在数学和哲学上有重大影响的论著。1649 年，他勉强接受了克利斯蒂娜女王的邀请来到瑞典，几个月后因患肺炎死于斯德哥尔摩。笛卡儿的著作在生前就遭到教会的指责，1663 年，被列入梵蒂冈教皇颁布的禁书目录之中。

笛卡儿的自然哲学观同亚里士多德的学说是完全对立的，对经院哲学奉为教条的亚里士多德"三段论"法则给出尖锐的批判，其哲学名言："我思故我在"，即要想追求真理，我们必须在一生中尽可能地把所有的事物都来怀疑一次，以我在怀疑，证明我在思考。

1619 年 11 月 10 日，笛卡儿陷入了对"在我的一生中，我该走哪条路（Ausonius：Quod vitae sectabor iter）"的思索中，随后，他产生了一系列幻觉和梦幻，这促使他进一步明确了自己的生活、工作。他做了三个梦：第一个梦，他看到自己在旋风里蹒跚，而这股旋风对其他人似乎没有什么影响。他被惊醒后祈求保护，在重新入睡前，对善恶沉思了大约两个时。一阵刺耳的喧闹又把他惊醒，他看到了房间里充满了亮光，眨了眨眼，又睡着了。第三个梦是几本书，还有一个陌生人给了他一首以"是与否"开始的诗。其中有一本书是百科全书，笛卡儿认为它代表了众多科学的统一，那首以"是与否"开头的诗，代表了真理与谬误。

笛卡儿将这些梦理解为一种启示，即他的著作应根据几何学原理将所有知识统一起来。这一发现使他认为自己掌握了一门非凡的新科学，从此，笛卡儿便开始寻找能够揭开宇宙奥秘并展示科学统一的方法。1628 年，他结束《探求真理的指导原则》的写作，但 1701 年才发表。1637 年 6 月 8 日，笛卡儿出版了著名的哲学著作《更好的指导推理和寻求科学真理的方法论》，（简称《方法论》），揭示了在科学中正确运用理性和追求真理的方法论。该书有三个附录：《折光学》、《气象学》、《几何学》。

在《几何学》中笛卡儿创立了解析几何。他以著名的帕波斯问题为出发点，改变了自古希腊以来代数和几何分离的趋向，提出了坐标系和曲线方程的思想，把相互对立着的"数"与"形"统一了起来，使几何曲线与代数方程相结合，把古典几何处于代数学支配之下。

笛卡儿解析几何的基本思想为：

（1）引入坐标观念。认为"静"的曲线是点的轨迹，引入了用数对表示点的坐标方法，给出 (x,y) 相当于一种坐标系的坐标，并指出平面上的点和实数对的对应关系。

（2）运用变量思想。提出用曲线表示方程，揭示了二元方程 $F(x,y)=0$ 的性质，满足该方程的 x,y 值有无限多，当 x 变化时，y 值也随着变化。x,y 不同的数值所确定的平面上许多不同点，便构成了一条曲线。这样，一个方程就可以通过几何直观的方法来处理。

（3）用代数方法改造几何学。利用代数方法提出了用方程表示曲线的思想，即具有某种性质点的运动变化，它们之间有某种关系，这种关系可用一个方程表示，进而建立了利用代数方程来表示几何曲线的一般方法。

笛卡儿提出了著名的笛卡儿符号法则，还改进了韦达创造的符号系统，用 a，b，c，…表示已知量，用 x，y，z，…表示未知量。

克莱因认为，笛卡儿把代数提高到重要地位，其意义远远超出了他对作图问题的洞察和分类。这个关键思想使人们能够认识典型的几何问题，并且能够把几何上互不相关的问题归纳在一起。代数给几何带来最自然的分类原则和最自然的方法层次。因此，体系和结构就从几何转移到代数。

费马是 17 世纪法国最伟大的数学家之一，其关于解析几何的工作始于竭力恢复失传的阿波罗尼奥斯的著作《论平面曲线》，于 1629 年出版的《平面和立体轨迹引论》中也阐述了解析几何的原理。

费马的解析几何思想以阿波罗尼奥斯的《圆锥曲线论》为出发点，主要是对古希腊思想的继承，故有着显著的古典色彩。他从希腊数学中所使用的立体图发现曲线特征，通过引进坐标的方法，以惯常的方式译成了代数语言，这不仅使得圆锥曲线从圆锥的附属地位解放出来，而且使得不同的曲线有了代数方程的一般表示方法和统一的研究手段。

笛卡儿和费马的解析几何思想的区别是：

（1）研究的方法不同。笛卡儿是从研究轨迹开始，然后寻找它对应的方程，试图将代数、几何和算术统一起来，建立一种普遍的数学。费马却从方程出发，然后借助代数研究轨迹。这正是解析几何基本原则的两个相反方面，前者是从几何到代数，后者则是从代数到几何。

（2）创新和守旧的区别。费马的工作主要体现在对古希腊几何学的继承，仅限于一般技术性工作，没能完全克服阿波罗尼奥斯静态研究几何曲线的影响。笛卡儿则是从批判古希腊传统出发，主张同这种传统决裂。他为几何学注入了新的活力，将变量引入了数学，从而完成了数学史上一次划时代的变革。

笛卡儿、费马之后，解析几何得到很大的发展。如沃利斯（J. Wallis，1616—1703 年）1655 年的《圆锥曲线》，抛弃综合法，引进解析法，引入负坐标；雅各布·伯努利（Jakob Bernoulli，1654—1705 年）1691 年引入极坐标；约翰·伯努利（Johann Bernoulli，1667—1748 年）1715 年引入空间坐标系；欧拉 1736 年引入平面曲线的内在坐标等。

思 考 题

1. 经院哲学对数学发展有何影响？
2. 阐述天文学革命对近代数学兴起的影响。
3. 试述斐波那契的主要成就。
4. 说明 16 世纪的意大利数学家求解三、四代数方程的基本思想。
5. 简述对数发明的意义。
6. 简述射影几何的实际意义。
7. 推导斐波那契数列的通项公式。
8. 试述尼科尔·奥霍斯姆的主要成就。
9. 欧洲文艺复兴时期科学发展的历史背景如何？
10. 初等数学为什么会在文艺复兴时期得到特别发展？
11. 试述数学符号的发展对数学发展的意义。
12. 试述韦达对数学科学发展的主要贡献。
13. 解析几何产生的时代背景是什么？
14. 平面解析几何的产生与形数结合的思想的联系。
15. 笛卡儿和费马的解析几何思想的主要区别是什么？

下讲学习内容提示

主要内容：微积分诞生的条件、微积分的创立、微积分的基本思想。

阅读材料

1. Grant, Edward and John E. Murdoch (1987), eds. , Mathematics and Its Applications to Science and Natural Philosophy in the Middle Ages, (Cambridge: Cambridge University Press)

2. Clagett, Marshall (1961) The Science of Mechanics in the Middle Ages, (Madison: University of Wisconsin Press), pp. 421-40.

3. Murdoch, John E. (1969) "Mathesis in Philosophiam Scholasticam Introducta: The Rise and Development of the Application of Mathematics in Fourteenth Century Philosophy and Theology", in Arts libéraux et philosophie au Moyen Age (Montréal: Institut d'études Médiévales), at pp. 224-27.

4. Clagett, Marshall (1961) The Science of Mechanics in the Middle Ages, (Madison: University of Wisconsin Press), pp. 210, 214-15, 236.

5. Clagett, Marshall (1961) The Science of Mechanics in the Middle Ages, (Madison: University of Wisconsin Press), p284.

第 6 讲　微积分的酝酿和创立

主要解决问题：

1. 对哪些问题的研究催生了微积分理论？
2. 牛顿的微积分基本思想。
3. 莱布尼茨的微积分基本思想。
4. 牛顿和莱布尼茨的微积分思想之区别。

微积分的创立是人类精神的最高胜利。微积分学是微分学和积分学的总称。它是一种较深刻的数学思想，"无限细分"就是微分，"无限求和"就是积分。微积分是描述物体运动过程的数学理论，其产生为力学、天文学及后来的电磁学等提供了必不可少的科学工具。微积分理论的建立聚集了许多科学家和数学家的努力，最后集大成者是牛顿和莱布尼茨，他们分别从不同角度相互独立地建立了微积分学。

6.1　微积分先驱者

对微积分的创立起着直接推动作用的是现代科技的发展。17 世纪，开普勒观测归纳出行星运行三大定律，从数学上推证这些定律成了当时自然科学的中心课题，伽利略的自由落体定律、动量定律、抛物体运动性质等也激起了人们用数学方法研究动力学的热情。凡此一切都归结为一些基本问题：确定非匀速运动物体的速度和加速度需要研究瞬时变化率问题；望远镜的设计需要确定透镜曲面上任意点的法线因而需要研究曲线的切线问题；确定炮弹的最大射程等需要研究最大、最小值；确定行星运行的路程、向径扫过的面积等又需要计算曲线长、曲边图形的面积等。这一切都在呼唤着一种新计算工具的诞生。

6.1.1　近代科学之父——伽利略

哥伦布发现了新大陆，伽利略发现了新宇宙。伽利略是意大利物理学家和天文学家，是科学革命的先驱。他首先在科学实验的基础上融会贯通了数学、物理学和天文学三门知识，扩大、加深并改变了人类对物质运动和宇宙的认识。为证实和传播哥白尼的日心说，伽利略献出了毕生精力。由此他受到教会迫害，而被终身监禁。伽利略以系统的实验和观察推翻了以亚里士多德为代表的、纯属思辨的传统自然观，开创了以实验事实为根据并具有严密逻辑体系的近代科学。于 1638 年出版的《关于力学和位置运动的两种新科学的对话与数学证明》，建立了自由落体定律、动量定律等，为动力学奠定了基础。

历史往往非常巧合，伽利略去世的那一年，牛顿出生了。

6.1.2　天空立法者——开普勒

在第谷遗留下来的观测资料中火星的资料占有很大篇幅。开普勒先从火星资料开始研究，发现没有任何一种圆的复合轨道能与其相符。尽管圆轨道的计算值与第谷的观测值之间只有 8 弧分的偏离，但他没有忽略这小小的偏离值。按其说法，"就凭这 8 弧分的差异，引发了天文学的全部革新"。经过大量的试验和计算后，终于发现火星的轨道是一个椭圆。开普勒把这一发现推广到了所有行星。1609 年，他在《新天文学》中公布了行星运行三大定律的前两条：

（1）行星绕太阳运行的轨道是椭圆，太阳在一个焦点上（轨道定律）。

（2）从太阳中心到行星中心的连线（向径）在相等的时间里，扫过的面积相等（面积定律）。

又经过 10 年的努力，在《宇宙和谐论》中公布了第三条：

（3）行星绕太阳一周的时间的平方与其到太阳的平均距离的立方成正比（周期定律）。

后他把这些结果集中在《哥白尼天文学概要》一书中，并把这些定律推广到月球和木星的卫星上。在开普勒公布了前两条行星运行定律后，伽里略用自己制成的第一架天文望远镜对准星空，所观察到的一些现象成了开普勒定律的重要佐证，后来牛顿用数学方法进行计算的一些结果（万有引力）使这三大定律具有更强的逻辑说服力。

开普勒在 1615 年出版的《测量酒桶的新立体几何》中，论述了求圆锥曲线围绕其所在平面上某直线旋转而成的立体体积的积分法，揭示了无穷小量方法和无穷小求和思想。例如

（1）球体的体积：把球体体积看成无数个以球心为顶点的小圆锥的体积和。于是球体积应该是半径乘以球面积的三分之一。

（2）圆环体积：半径为 R 的圆围绕其所在平面上与圆心距离为 d 的垂直轴旋转而形成的圆环体积。他证明该圆环的体积等于该圆的面积与圆心经过的路程之积。

6.1.3　解析几何奠基者——笛卡儿

16 世纪，对运动与变化的研究已经变成自然科学的中心问题，这就需要有一种新的数学工具，从而导致了变量数学也就是近代数学的诞生。变量数学的第一个里程碑是解析几何的发明。笛卡儿在 1637 年出版的《几何学》中提出圆法并讨论了光折射时法线的构造方法，由此而导入切线的构造。该方法实质是一种代数方法，推动了微积分的早期发展，牛顿就是以笛卡儿圆法为起跑点而踏上研究微积分之道路的。

6.1.4　不可分量原理的建立者——卡瓦列里

1616 年，卡瓦列里（F. B. Cavalieri, 1598—1647 年）在比萨修道院内潜心学习欧几里得、阿基米德、帕普斯等著作，后结识伽利略，在交往中颇受教益，自称是伽利略的学生。1620 年到米兰圣吉罗拉莫修道院讲授神学，以渊博的知识得到好评。1623—1629 年间，在洛迪和帕尔马等地担任修道院院长。他希望在大学里取得一个数学教席。后在伽利略的大力推荐下终于如愿以偿。从 1629 年起任波罗尼亚大学数学教授直到去世。1635 年在《用新方法促进的连续不可分量的几何学》中提出了线、面、体的不可分量原理，用无穷小方法计算面积和体积，该书成为研究无穷小问题被引用最多的书籍。卡瓦列里求得相当于曲线 y =

x^n 下的面积，解决了很多现在可以用更严密的积分法所解决的问题。

6.1.5　不可分量原理的普及者——托里拆利

托里拆利（E. Torricelli，1608—1647 年），幼年时就表现出数学才能，20 岁时到罗马，在伽利略早年的学生卡斯提利指导下学习数学，毕业后成为其秘书，1641 年写了第一篇论文"论自由坠落物体的运动"，发展了伽利略关于运动的想法，经卡斯提利推荐做了伽利略的助手。

托里拆利进一步发展了卡瓦列里的"不可分量原理"。在《几何运算》（Opera geometrica）中提出了许多新定理，如由直角坐标转换为圆柱坐标的方法，计算有规则几何图形板状物体重心的定理，还成功地结合力学问题来研究几何学。如研究了在水平面内的以一定速度抛出物体所描绘的抛物线上作切线的问题，还研究了物体所描绘的抛物线的包络线。曾测定过抛物线弓形内的面积，抛物面内的体积等几何难题。托里拆利将卡瓦列里的不可分原理以通俗易懂的方式写出，对其普及起到了推动作用。

6.1.6　业余数学王子——费马

费马的极大极小方法（1629 年）和曲边梯形面积（1636 年），给出了增量方法及矩形长条分割曲边形并求和的方法，该方法几乎相当于现今微分学中所用方法。费马还应用其方法来确定切线、求函数的极大值极小值及面积、求曲线长度等问题。遗憾的是，他能在如此广泛的各种问题上从几何分析的角度应用无穷小量，而竟然没有注意这两类问题之间的基本联系。

6.1.7　首届卢卡斯教授——巴罗

巴罗（Issac Barrow，1630—1677 年）1643 年入剑桥大学三一学院，1648 年获学士学位，1649 年当选为三一学院院委，1662 年任伦敦格雷沙姆几何教授，1664 年任剑桥首届卢卡斯教授，1672 年任三一学院院长。巴罗最先发现了牛顿的杰出才能，并于 1669 年自动辞去卢卡斯教授之职，举荐牛顿继任。巴罗精通希腊文和阿拉伯文，曾编译过欧几里得、阿基米德、阿波罗尼奥斯等希腊数学家的著作，其中所编译的欧几里得的《原本》作为英国标准几何教本达半个世纪之久。

巴罗最重要的科学著作是《光学讲义》和《几何学讲义》，后者包含了他对无穷小分析的卓越贡献。形成于 1664 年，给出求切线方法的关键概念是"特征三角形"或"微分三角形"，$\Delta y/\Delta x$ 对于决定切线的重要性。微积分基本定理是架设在切线问题和求积问题之间的桥梁，揭示了两者的互逆关系，巴罗在《几何学讲义》的第 10、11 讲中用几何形式给出面积与切线的某种关系，已得到基本定理的要领。

6.1.8　萨魏里几何讲座教授——沃利斯

沃利斯将分析方法引入了微积分，是当时最有能力、最有创造力的数学家之一。他推动了英国数学界的发展长达半个世纪。1649 年他被任命为牛津大学的萨魏里几何讲座教授直至逝世。

沃利斯一生著述颇丰。1655 年出版《无穷算术》（Arithmetica infinitorum），因而作为一个数学家享誉四方。该书来自对托里拆利的《几何运算》的深入研究，其中有分数幂积分公式、无穷小分析的算术化等内容，引进了现在用的无穷大符号∞，最先完整地说明了零指数、负指数和分数指数意义，为牛顿创立微积分开辟了道路。

沃利斯的创造性精神表现在很多方面。在《无穷算术》中，根据一个大胆而聪明的插入程序，得出其著名结论

$$\frac{4}{\pi} = \frac{3}{2} \times \frac{3}{4} \times \frac{5}{4} \times \frac{5}{6} \times \frac{7}{6} \times \cdots$$

尽管这个方法不为诸如费马和惠更斯（Christiaan Huygens，1629—1695 年）等所接受，但结果还是被数字计算证实是正确的。沃利斯的主要兴趣不在于演示算法，而在于深入研究其思想。

沃利斯的最后一部数学著作是《代数学历史及应用》（Treatise of algebra, both historical and practical）。该书写于 1673 年，但一直到 1685 年才用英文出版，是第一部严格叙述英国数学史的著作，首次把有关代数学的详尽评论和其历史相联系。全书分 100 章，在最后 28 章专门研究了穷竭法和不可分量法的问题，同样和《无穷算术》有一定关系。该书还包括无穷级数方法的解释，以及牛顿的一些开拓性成果。

17 世纪上半叶一系列先驱者的工作，沿着不同的方向向微积分的大门逼近，这还不足以标志微积分作为一门独立科学的诞生，因方法缺乏足够的一般性，没有一般规律性的提出，需要有人站在更高的高度将以往个别的贡献和分散的努力综合为统一的理论。

6.2　牛顿的微积分思想

波普（A. Pope，1688—1744 年）赞美牛顿道：Nature and Nature's laws lay hid in night; God said, let Newton be! and all was light. （天不生牛顿，万古如长夜。）

牛顿于 1661 年进入剑桥大学三一学院，受教于巴罗，同时钻研伽利略、开普勒、笛卡儿和沃利斯等著作，影响最深的是笛卡儿的《几何学》、沃利斯的《无穷算术》等。1665 年夏至 1667 年春剑桥大学因瘟疫流行而关闭，牛顿离校返乡，这段时间竟成为其科学生涯中的黄金岁月，如制定微积分、发现万有引力、提出光学颜色理论等，描绘了牛顿科学创造的蓝图。1669 年 26 岁的牛顿晋升为数学教授，并担任卢卡斯讲座的教授至 1701 年，1699 年任伦敦造币局局长，1703 年任皇家学会会长，1705 年封爵。

6.2.1　流数术

牛顿对微积分的研究始于 1664 年秋，而对微积分研究做出突破性进展的是在家乡躲避瘟疫的那两年。1665 年 11 月建立了"正流数术"，次年 5 月又建立了"反流数术"。1666 年 10 月牛顿将前两年的研究成果整理成一篇总结性论文"流数简论"在同事中传阅，这是历史上第一篇系统的微积分文献。

流数术的基本原理是把数学中的量看做是由连续轨迹运动而产生的，不再看做是由无穷小元素构成的。牛顿把生长中的量叫做流量，流量的生长率叫流数，流数在无限小的时间间隔内所增加的无限小部分叫流量的瞬。他假定一个量在变化时可连续减少直至其完全消失，达到可把其称为零的程度，或者说它们是比任何指定的量都小的无限小量。根据上述规定，牛顿认为，对于有固定的、可确定的关系的量，其生长时的相对速度一定有增有减，速度的这种变化可作为一个问题去求解。如果诸流量之间的关系已给出，确定这些量的流数之比的

方法就是微分。而把这种方法"倒过来"，即给出一个包含一些流数的方程，求流量之间的关系就是求积分，或叫积分。这两种运算之间是互逆关系。运用这些方法可解决求极值问题及求曲线上任一点的切线。

牛顿使用了无穷小增量，但对于这个概念，他没有给出明确的规定和严格的数学证明，故他不能解释为什么可以把含有无穷小增量的量全部当做零加以舍弃。他在这个问题上面临着严重困难并遭受了攻击。后他企图把这一概念从其方法中消除掉而代之以"基本的和最后的比"。这种改变不过是一种遁词，只要没有严格的极限概念就不可能认识无穷小量和零之间的正确关系。

牛顿在《流数简论》中提出并解决了基本问题：

（1）设有两个或更多个物体在同一时间内描画线段 $x, y, z, \cdots$，已知表示这些线段关系的方程，求它们的速度 $p, q, r, \cdots$

（2）已知表示线段 x 和运动速度之比 p/q 的关系方程式，求另一线段 y。

这两个问题实际上是对微积分可解决的一些特殊问题的一般化，如求瞬时速度、切线斜率就可归结为第一问题，而第二问题明显是第一问题的逆运算。

牛顿对多项式情形给出了问题（1）的一般解法。

例　已知方程 $x^3 - abx + a^3 - cy^2 = 0$，分别以 $x + po$ 和 $y + qo$ 代换方程中的 x，y 得
$$(x + po)^3 - ab(x + po) + a^3 - c(y + qo)^2 = 0$$

消去和为零的项
$$3pox^2 + 3p^2o^2x + p^3o^2 - abpo - 2cyoq - cq^2o^2 = 0$$

以 o 除之得
$$3px^2 + 3p^2ox + p^3o^2 - abp - 2cqy - cq^2o = 0$$

牛顿指出"其中含 o 的那些项为无穷小"，略去这些无穷小，得 $3px^2 - 2cqy - abp = 0$。其中 p、q 即是 x、y 的流数。牛顿还对所有多项式的情形给出了标准解法。即对多项式方程
$$\sum a_{ij}x^iy^j = 0$$

问题（1）的解是
$$\sum \left(\frac{ip}{x} + \frac{iq}{y} \right) a_{ij}x^iy^j = 0$$

对于问题（2），牛顿把它看成问题（1）的逆运算，并给出了标准解法。《流数简论》中讨论了如何借助于逆运算来求面积，从而建立了"微积分基本定理"。例如，求曲线 $y = x^n$ 下的面积。即求一式使按（1）计算后的结果为 $x^n - q = 0$，而 $p = 1$，于是由（1）中对于多项式的一般解法知
$$\left(\frac{n+1}{x} + \frac{0 \cdot q}{y} \right) \frac{x^{n+1}}{n+1} y^0 - \left(\frac{0}{x} + \frac{1 \cdot q}{y} \right) x^0 y^1 = 0$$

所以原式应为 $y = \frac{x^{n+1}}{n+1}$，于是得曲线 $y = x^n$ 下面积是 $\frac{x^{n+1}}{n+1}$。反之，曲线 $y = \frac{x^{n+1}}{n+1}$ 的切线斜率则为 x^n。

在牛顿之前，面积总是被看成无限小不可分量之和，牛顿则从确定面积的变化率入手通过反微分计算面积。牛顿将面积计算与求切线问题的互逆关系明确地作为一般规律揭示出来，并将其作为建立微积分普遍算法的基础。这样，牛顿就将自古希腊以来求解无限小问题的各种特殊技巧统一为两类普遍的算法——正、反流数术，并证明了两者的互逆关系。正是

在这个意义下，我们说牛顿发明了微积分。

在《流数简论》中，牛顿将其所建立的统一算法应用于求曲线切线、曲率、拐点、曲线求长、求积、求引力与引力重心等 16 类问题，展示了其算法的普遍性与系统性。《流数简论》标志着微积分的诞生，但在许多方面还是不成熟的。

6.2.2　曲线求积术

牛顿在 1667—1693 年之间，始终努力改进和完善着自己的微积分学说，先后发表了三篇微积分论文：《运用无限多项方程的分析》，完成于 1669 年；《流数法与无穷级数》，完成于 1671 年；《曲线求积术》，完成于 1691 年。

《曲线求积术》是牛顿最成熟的微积分著述。其中他改变了对无限小量的依赖并批评自己过去那种随意忽略无限小瞬 o 的做法："在数学中，最微小的误差也不能忽略。……在这里，我认为数学的量不是由非常小的部分组成的，而是用连续的运动来描述的。"在此基础上定义流数概念之后，牛顿写道："流数之比非常接近于在相等但却很小的时间间隔内生成流量的增量比。确切地说，它们构成增量的最初比。"然后，牛顿借助于几何解释把流数理解为增量消逝时获得的最终比，并用例子说明了自己的新方法。

为求 $y = x^n$ 的流数，设 x 变为 $x + o, x^n$ 则变为

$$(x + o)^n = x^n + nox^{n-1} + \frac{n(n-1)}{2}o^2 x^{n-2} + \cdots$$

构建两变化的"最初比"

$$\frac{(x + o) - x}{(x + o)^n - x^n} = \frac{1}{nx^{n-1} + \frac{n(n-1)}{2}x^{n-2}o + \cdots}$$

然后"设增量 o 消逝，它们的最终比就是 $\frac{1}{nx^{n-1}}$"，这也就是 x 的流数与 x^n 的流数之比。这就是所谓的"首末比方法"，它相当于求函数自变量与因变量变化之比的极限，因而成为极限方法的先导。

6.2.3　自然哲学的数学原理

1684 年，哈雷（Edmond Halley，1656—1742 年）到剑桥拜访牛顿。在哈雷的敦促下，1686 年底，牛顿写成划时代的伟大著作《自然哲学的数学原理》（Mathematical Principles of Natural Philosophy）。皇家学会经费不足，出不了这本书，后来靠哈雷的资助，这部科学史上最伟大的著作之一方能在 1687 年出版。该书运用微积分工具，严格证明了包括开普勒行星运动三大定律、万有引力定律在内的一系列结果，将其应用于流体运动、声、光、潮汐、彗星及宇宙体系，把经典力学确立为完整而严密的体系，把天体力学和地面上的物体力学统一起来，实现了物理学史上第一次大综合，充分显示了微积分的威力。《自然哲学的数学原理》由导论和三部分组成。

导论：定义、基本定理和定律及相关的说明（绝对时空概念、运动合成法则、运动三定律、力的合成与分解法则、伽利略相对性原理）。

第一篇：解决引力问题；

第二篇：讨论物体在介质中的运动；

第三篇：论宇宙体系。

　　牛顿通过论证开普勒行星运动定律与其引力理论间的一致性，展示了地面物体与天体的运动都遵循着相同的自然定律，从而消除了对太阳中心说的最后一丝疑虑。

　　牛顿墓碑上的拉丁铭文是：此地安葬的是艾萨克·牛顿勋爵，他用近乎神圣的心智和独具特色的数学原则，探索出行星的运动和形状、彗星的轨迹、海洋的潮汐、光线的不同谱调和由此而产生的其他学者以前所未想到的颜色特性。以在研究自然、古物和圣经中的勤奋、聪明和虔诚，依据自己的哲学证明了至尊上帝的万能，并以其个人的方式表述了福音书的简明至理。人们为此欣喜：人类历史上曾出现如此辉煌的荣耀。他生于 1642 年 12 月 25 日，卒于 1727 年 3 月 20 日。

6.3　莱布尼茨的微积分思想

　　莱布尼茨是个举世罕见的科学天才，他博览群书，涉猎百科，对丰富人类的科学知识宝库做出了不可磨灭的贡献。

　　1661 年，莱布尼茨进入莱比锡大学学习法律，开始接触伽利略、开普勒、笛卡儿、帕斯卡及巴罗等学者的科学思想；1664 年，完成了论文《论法学之艰难》，获哲学硕士学位；1665 年，向莱比锡大学提交了博士论文《论身份》，次年审查委员会以其太年轻为由而拒绝授予法学博士学位；1667 年，阿尔特多夫大学授予其法学博士学位，还聘请他为法学教授。

　　1667 年，莱布尼茨被推荐给选帝候迈因茨，从此登上了政治舞台，投身于外交界，1672—1676 年留居巴黎。期间他见到了惠更斯，深受其启发，决心钻研高等数学，并研究了笛卡儿、费马、帕斯卡等大师的著作，研究兴趣越来越集中在数学和自然科学方面。1677 年 1 月，莱布尼茨抵达汉诺威，在布伦兹维克公爵府中任职，后汉诺威成了其永久居住地，莱布尼茨热心从事于科学院的筹划、建设事务。1700 年所建立的柏林科学院，他出任首任院长。当时全世界的四大科学院：英国皇家学会、法国科学院、罗马科学与数学科学院、柏林科学院都以莱布尼茨作为核心成员。俄罗斯的圣彼得堡科学院、意大利的维也纳科学院都是在莱布尼茨的建议下成立的。据传他还建议康熙皇帝（1654—1722 年）建立北京科学院。

　　莱布尼茨的科学奋斗目标是寻求一种可以获得知识和创造发明的普遍方法，这种努力导致许多数学的发现。莱布尼茨的博学多才在科学史上罕有所比，其研究领域遍及数学、物理学、力学、逻辑学、生物学、化学、地理学、解剖学、动物学、植物学、气体学、航海学、地质学、语言学、法学、哲学、神学、历史和外交等诸多学科。

　　莱布尼茨微积分思想的产生首先是出于几何的考虑，尤其是特征三角形的研究，如帕斯卡的特征三角形，在《关于四分之一圆的正弦》中"突然看到了一束光明"，关注自变量的增量 Δx 与函数的增量 Δy 为直角边组成的直角三角形。莱布尼茨看到帕斯卡的方法可以推广，对任意给定的曲线都可以做这样的无限小三角形，由此可"迅速地、毫无困难地建立大量的定理"。

　　莱布尼茨把自己创建的微积分叫做求差的方法和求和的方法，其基本思想是把一条曲线下的面积分割成许多小矩形，矩形与曲线之间微小的直角三角形的两边分别是曲线上相邻两点的纵坐标和横坐标之差。当这两个差无限减小时，曲线上的相邻两点便无限接近。联结这样的两点就得出曲线在该点的切线。这就是求差的方法。求差的反面就是求和。当曲线下的矩形分割得无限小时，矩形上面的那个三角形可以忽略不计，此时就用这些矩形之和代表曲线下的面积。莱布尼茨认为，一个变量可变小到比任何指定的量都小的程度，以致可忽略不计。但是这时两个变量之比仍保持与两个有限量相同的比值。对于怎样克服有限量与无限量之间的鸿沟，莱布尼茨没有给予回答，他和牛顿一样没有真正的极限概念。

从莱布尼茨的《数学笔记》可以看出，其微积分思想源于对和、差可逆性的研究。这一问题可追溯到他于 1666 年发表的论文"论组合的艺术"（De Art Combinatoria）。在这篇文章中他对数列问题进行了研究。如他给出自然数的平方数列，又给出其一阶差序列及二阶差序列。莱布尼茨注意到：自然数列的二阶差消失而平方序列的三阶差消失；如果原数列从 0 开始，则一阶差的和等于原数列的最后一项；一阶差序列中每项是自然数的平方数列中相邻两项之差，而自然数的平方数列中每项是一阶差序列中左边各项之和。这些事实对他后来发明微积分很有启发。

1673 年初，莱布尼茨已熟悉了费马、巴罗等人的数学著作，他对切线问题及求积问题也有了某些研究。在惠更斯的劝告下，他开始攻读帕斯卡的著作。他发现在帕斯卡三角形中，任何元素是上面一行左边各项之和，也是下面一行相邻两项之差。他立即同自己在 1666 年的研究联系起来，洞察到这种和与差之间的互逆性，正和依赖于坐标之差的切线问题与依赖于坐标之和的求积问题的互逆性相一致。所不同的是，帕斯卡三角形和平方序列中的两元素之差是有限值，而曲线的纵坐标之差则是无穷小量。

要把一个数列的求和运算与求差运算的互逆关系同微积分联系起来，必须把数列看做函数的 y 值，而把任何两项的差看做两个 y 值的差。莱布尼茨用 x 表示数列的项数，而 y 表示这一项的值，用 dx 表示数列相邻项的序数差，而用 dy 表示相邻项值的差。这时 dx 显然为 1。借助于数学直观，莱布尼茨把在有限序列表现出来的和与差之间的可逆关系表示成 $y = \int dy$，符号 $\int$ 表示求和。如在莱布尼茨的平方序列中，若 $x = 4$，则 $y = (9 - 4) + (4 - 1) + (1 - 0)$。莱布尼茨进一步用 d$x$ 表示一般函数的相邻自变量的差，用 dy 表示相邻函数值的差，或者说表示曲线上相邻两点的纵坐标之差。于是 $\int dy$ 便表示所有这些差的和。这说明莱布尼茨已经把求和问题与积分联系起来了。

至 1675 年 10 月，莱布尼茨已推导出分部积分公式，即

$$\int u dv = uv - \int v du$$

在 1675 年 10 月 29 日的笔记中，他以原来的符号记录了这一公式，但接着便改用符号 $\int$ 代替了 omn，并指出："$\int$ 意味着和，d 意味着差。" 1675 年 11 月 11 日，他开始采用 dx 表示两个相邻 x 值的差，用 dy 表示相邻 y 值的差，即曲线上相邻两点的纵坐标之差，莱布尼茨称其为"微差"。从此，他一直采用符号 $\int$ 和 dx，dy 来表示积分与微分（微差）。由于这些符号十分简明，逐渐流行于世，沿用至今。

莱布尼茨深刻认识到 $\int$ 与 d 的互逆关系，在 1675 年 10 ~ 11 月的笔记中断言：作为求和过程的积分是微分的逆。这一思想的产生是莱布尼茨创立微积分的标志。

从 1675 年 11 月 11 日的笔记可以看出，莱布尼茨认为 dy 和 dx 可以任意小，他在帕斯卡和巴罗工作的基础上构造出一个包含 dx，dy 的"特征三角形"，借以表述其微积分理论。这是莱布尼茨公开发表的第一篇微积分论文。莱布尼茨在论文中所给微分定义为："横坐标 x 的微分 dx 是一个任意量，而纵坐标 y 的微分 dy 则可定义为它与 dx 之比等于纵坐标与次切线之比的那个量。"用现代标准来衡量，这个定义是相当好的，因为 y 与次切线之比就是切线的斜率，所以该定义与现在的导数定义一致。不过莱布尼茨没有给出严格的切线定义，只是说"求切线就是画一条连接曲线上距离为无穷小的两点的直线。"莱布尼茨还给出微分法则

$$dx^n = nx^{n-1}dx$$

的证明及函数的和、差、积、商的微分法则证明。莱布尼茨十分注重微分法的应用，讨论了用微分法求切线、极大值、极小值及求拐点的方法。他指出，当纵坐标 y 随 x 增加而增加时，dy 是正的；当 y 减少时，dy 是负的；"当 y 既不增加也不减少时，就不会出现这两种情况，这时 y 是平稳的。"所以 y 取得极值的必要条件是 $dy = 0$，这对应于水平切线。他还说明了拐点的必要条件是 $d(dy) = 0$，即二阶微分为 0。

　　上述论文发表在 1684 年 10 月《教师学报》上，题为"一种求极大与极小值和求切线的新方法"，虽内容并不丰富，说理也颇含糊，但却有着划时代的意义。对于光的折射定律的推证特别有意义，莱布尼茨在证完这条定律后，夸耀微分学方法的魔力说："凡熟悉微分学的人都能像本文这样魔术般做事情，这却曾使其他渊博的学者百思不解。"

　　1686 年，莱布尼茨又在《博学学报》上发表了一篇题为"深奥的几何与不可分量及无限的分析"（De Geometria Recon-dita Et Analysi Indivisibilium Atque Infinitorum）的论文，它与"一种求极大与极小值和求切线的新方法"是姊妹篇，前者以讨论微分为主而本文以讨论积分为主。文中的积分号∫ 是在出版物中首次出现的。莱布尼茨强调说，不能在∫ 下忽略乘以 dx，因积分是无穷小矩形 ydx 之和。他在文中用积分方法导出了摆线方程，并写道："这个方程完全表示出纵坐标 y 同横坐标 x 间的关系，并能由此推出摆线的一切性质。"他还通过积分计算圆在第一象限的面积，从而得到 π 的一个十分漂亮的表达式

$$\pi = 1 - \frac{1}{3} + \frac{1}{5} - \frac{1}{7} + \frac{1}{9} - \cdots$$

　　1686 年后，莱布尼茨继续研究微积分。在求曲线曲率、曲线族包络、判断级数收敛和求解微分方程方面都取得出色成果。

　　1679 年，莱布尼茨发现中国古老的卦易图结构可用二进制数学予以解释，并用二进制数学来理解古老的中国文化。他是第一位全面认识东方文化尤其是中国文化的西方学者，收藏了关于中国的书籍 50 多册，曾在 200 多封信件中谈到中国。他还认为自己有办法用其创造二进制时的灵感让整个中国信基督教，因为上帝可用 1 表示，而无可用 0 表示。1697 年莱布尼茨著《中国新事萃编》（Novissima Sinica）："我们从前谁也不信这世界上有比我们的伦理更美满，立身处事之道更进步的民族存在，现在从东方的中国，给我们以一大觉醒！东西双方比较起来，我觉得在工艺技术上，彼此难分高低；关于思想理论方面，我们虽优于东方一筹，而在实践哲学方面，实在不能不承认我们相形见绌。"

　　莱布尼茨也受到中国学术界重视。在 1859 年李善兰和伟烈亚力合译的《代微积拾级》的序言中写到："我国康熙时，西国来本之（莱布尼茨）、奈瑞（牛顿）创微分、积分二术。"1898 年清末黄仲骏所编的《畴人传》中也列有"来本之"。莱布尼茨的主要哲学著作已陆续翻译成中文出版。近年来，中国和欧洲的学术交流，像莱布尼茨曾经期望的那样，正日趋兴旺。

　　莱布尼茨终生未婚，从未在大学当教授。他平时从不进教堂，故人们送他绰号：Lovenix，即什么也不信者。他去世时教士以此为借口不予理睬，而宫廷也无人前来吊唁。弥留之际，陪伴他的只有所信任的大夫和其秘书艾克哈特（Eckhark）。艾克哈特发出讣告后，巴黎科学院秘书封登纳尔（Fontenelle）在科学院例会时向这位外国会员致了悼词。1793 年左右，在汉诺威为莱布尼茨建立了纪念碑；1883 年，莱比锡的一个教堂附近竖起了他的立式个人雕像；1983 年，汉诺威重修了毁于第二次世界大战中的"莱布尼茨故居"，供后人瞻仰。

6.4　牛顿和莱布尼茨微积分思想的比较

牛顿和莱布尼茨的微积分思想区别主要表现在：

（1）研究切入点不同。牛顿微积分的出发点是力学，他以速度为模型建立起微分学，运用集合方法研究微积分，其应用上更多地结合了运动学，造诣高于莱布尼茨。而莱布尼茨的工作则从几何问题出发，运用分析学方法引进微积分概念、得出运算法则，其数学的严密性与系统性是牛顿所不及的。

（2）研究侧重点有异。在积分学方面，牛顿偏重于不定积分，即由给定的流数来确定流量。他把面积和体积问题当做变化率的反问题来解决。而莱布尼茨则偏重于把积分看做微分的无穷和，称这种算法为"求和计算"。故莱布尼茨的积分研究主要是定积分。

（3）对无穷小的理解有异。莱布尼茨把无穷小理解为离散的，可分为不同层次，而给出高阶微分的概念及符号。他认为一阶微分是横坐标或纵坐标的序列差的序列，二阶微分则是这些差的差所组成的序列。反复取差，便可得到 k 阶微分。而牛顿则认为无穷小量无层次可言，把导数定义为增量比的极限。故牛顿的极限概念比莱布尼茨较清楚，但却未能进入高阶微分领域。

（4）微积分符号的制定不同。牛顿比莱布尼茨更重视微积分的应用，但对于采用何微积分符号却不大关心。莱布尼茨认识到，好的数学符号能节省思维劳动，运用符号的技巧是数学成功的关键之一。他对精心设计每个数学符号，反复改进，尽量选用能反映微积分实质的、既方便又醒目的符号。故所创设的微积分符号远远优于牛顿的符号，这对微积分的发展有极大影响。

（5）治学风格迥然有别。牛顿较为谨慎而莱布尼茨较为豪放；牛顿注重经验而莱布尼茨富于想象。牛顿之所以迟迟不愿发表其微积分成果，就是担心因自己的理论不够完善，而受到别人的反对；莱布尼茨一旦取得理论上的进展就给予推广，曾说："我不赞成因过分的缜密而阻碍了创造的技巧。"这种差异好似与俩人的哲学倾向有关——牛顿强调经验而莱布尼茨更重视理性。

正是德丢勒（N. F. Duillier，1664—1753 年）1699 年所说"牛顿是微积分的第一发明人"，而莱布尼茨作为"第二发明人"，"曾从牛顿那里有所借鉴"，而引发了微积分发明权的争议。

1712 年，英国皇家学会成立"微积分优先权争论委员会"。1713 年，英国皇家学会裁定"牛顿为微积分第一发明人"。1713 年，莱布尼茨发表了"微积分的历史和起源"一文，总结了自己创立微积分学的思路，说明了自己成就的独立性。莱布尼茨对牛顿十分佩服，早在 1701 年就说，"综观有史以来的全部数学，牛顿做了一多半的工作"。

牛顿在《自然哲学的数学原理》的第一版和第二版也写道："十年前在我和最杰出的几何学家莱布尼茨的通信中，我表明已经知道确定极大值和极小值的方法、作切线的方法及类似的方法，但在交换的信件中隐瞒了这种方法，……这位最卓越的科学家在回信中写道，他也发现了一种同样的方法，并诉述了其方法，我们的方法几乎没有什么不同，除了其措辞和符号外"。

因此，后来人们公认牛顿和莱布尼茨各自独立地创建了微积分理论。

6.5　微积分的重大意义

微积分是数学史上的分水岭和转折点，是人类智慧的伟大结晶。恩格斯曾说："在一切理论成就中，未必再有什么像 17 世纪下半叶微积分的发现那样被看做人类精神的最高胜利了。"当代数学权威柯朗指出："微积分乃是一种震撼心灵的智力奋斗的结晶。"微积分的重大意义主要表现在：

（1）促进了数学科学自身的发展

由古希腊继承下来的数学是常量的数学，是静态的数学。自从有了解析几何和微积分，就开辟了变量数学的时代，是动态的数学。数学开始描述变化、描述运动，改变了整个数学世界的面貌。数学也由几何时代而进入分析时代。

微积分给数学科学注入了旺盛的生命力，使数学获得了极大的发展，取得了空前的繁荣。如微分方程、无穷级数、变分法等数学分支的建立，以及复变函数、微分几何的产生。严密的微积分逻辑基础理论进一步显示了其在数学领域的普遍意义。

（2）为自然科学和工程技术提供了新的科学工具

有了微积分，人类把握了运动的过程，微积分成了物理学的基本语言，寻求问题解答的有力工具。有了微积分就有了工业大革命，有了大工业生产，也就有了现代化的社会。航天飞机、宇宙飞船等现代化的交通工具都是微积分的直接后果。在微积分的帮助下，牛顿发现了万有引力定律，发现了宇宙中没有哪个角落不在这些定律所包含的范围内，强有力地证明了宇宙的数学设计。现在化学、生物学、地理学等学科都必须同微积分打交道。

（3）为人文社会科学提供了发展空间

现代工程技术直接影响人们的物质生产，而工程技术的基础是数学，都离不开微积分。如今微积分不但成了自然科学和工程技术的基础，而且还渗透到了经济、金融及社会活动中，即微积分在人文社会科学领域中也有着其广泛的应用。

（4）推进了人类文化的进程

如今无论是研究自然规律，还是社会规律都离不开微积分，因为微积分是研究运动规律的科学。现代微积分理论基础的建立是认识上的一个飞跃。极限概念揭示了变量与常量、无限与有限的辩证的对立统一关系。从极限的观点看，无穷小量不过是极限为零的变量。即在变化过程中，它的值可以是"非零"，但它的趋向是"零"，可以无限地接近于"零"。因此，现代微积分理论的建立，一方面，消除了微积分长期以来带有的"神秘性"，使得对微积分的攻击彻底破灭，而且在思想上和方法上深刻影响了近代数学的发展。这就是微积分对哲学的启示，对人类文化的启示和影响。

思　考　题

1. 开普勒对微积分的主要贡献是什么？
2. 阐述天文学革命对微积分创立的影响。
3. 笛卡儿的圆法对牛顿有何启示？
4. 对哪些问题的研究导致了微积分的诞生？
5. 试述关于牛顿"站在巨人们肩膀上"的启示。

6. 简述莱布尼茨关于微积分的工作。

7. 怎样理解恩格斯所说的"微积分是由牛顿、莱布尼茨大体完成的，而不是由他们发明的"这句话？

8. 分析费马积分法与现代定积分概念的异同点。

9. 简述积分概念与方法的发展线索。

10. 牛顿和莱布尼茨微积分思想的主要区别是什么？

11. 微积分创立的科学意义主要体现在哪些方面？

下讲学习内容提示

主要内容：微积分的发展、数学新分支的形成、18 世纪的中国数学、第二次数学危机，介绍泰勒、麦克劳林、欧拉、拉格朗日、拉普拉斯等数学家。

阅读材料

1. Eves, Howard, An Introduction to the History of Mathematics, Saunders, 1990, ISBN 0-03-029558-0.

2. Howard Eves, An Introduction to the History of Mathematics, Saunders, 1990, ISBN 0030295580 p141："No work, except The Bible, has been more widely used…."

3. O'Connor, J. J. and Robertson, E. F. (February 1996). "A history of calculus". University of St Andrews. http://www-groups. dcs. st-and. ac. uk/ ~ history/HistTopics/The_rise_of_calculus. html. Retrieved on 2007-08-07.

4. The History of Algebra. Louisiana State University.

第 7 讲　18 世纪的微积分发展

主要解决问题：

  （1）18 世纪数学科学发展特点。

  （2）微积分的理论基础对于微积分的进一步发展有何作用？

  （3）18 世纪产生的数学分支。

  （4）欧拉对数学的主要贡献。

  （5）泰勒公式在数学分析中的地位。

18 世纪的数学可谓是分析时代，也是向现代数学过渡的重要时期。微积分得到了进一步深入发展，驱动其不断发展的动力是解决物理问题的需要和自身理论的发展。物理问题的数学表达一般都是微分方程的形式。牛顿和莱布尼茨之后的数学家，逐渐将重点从研究曲线和与之相关的几何变量转移到研究一个或多个变量及某些常量的解析表达式。微积分理论不断严格、完善，并向多元演化，同时又被迅速而广泛地应用到其他科学领域。这种发展与广泛应用交织在一起，刺激和推动了许多数学新分支的产生，从而形成了"分析"这样一个在观念和方法上都具有鲜明特点的数学领域。

7.1　牛顿微积分理论的传承者

微积分的分析化，在英国和欧洲大陆国家是循着不同的路线进行的。大不列颠的数学家们在剑桥、牛津、伦敦和爱丁堡等大学里教授和研究牛顿的流数术，其中的优秀代表有泰勒（B. Taylor，1685—1731 年）、麦克劳林（C. Maclaurin，1698—1746 年）、棣莫弗（Abraham De Moivre，1667—1754 年）、斯特林（J. Stirling，1692—1770 年）等。

7.1.1　有限差分理论的奠基者——泰勒

泰勒出生于英格兰富裕且有贵族血缘的家庭，全家人（尤其是其父）都喜欢音乐和艺术，经常在家里接待艺术家。从泰勒的两个主要研究课题：弦振动问题和透视画法，可以看出艺术修养和艺术熏陶对泰勒的科学影响。

1701 年，泰勒进剑桥大学的圣约翰学院学习，很快就显示出其数学才华。1714 年获法学博士学位，1712 年进入牛顿和莱布尼茨发明微积分优先权争论委员会，1714—1718 年任英国皇家学会秘书。也许是为了把更多时间用于科学研究，也许是对这一受约束的工作不太感兴趣，34 岁时他以健康为由辞去这一职务。

1721 年，泰勒同一出身名门但几乎毫无财产的女人结婚，遭到父亲的严厉反对，只好离开家庭，两年后妻子因难产死去，才又回到家中。1725 年在征得父亲同意后第二次结婚，其后继承了父亲的部分财产。1730 年第二个妻子也在生产中死去，但生下了一个女儿小伊莉莎白。妻子的死深深刺激了他，第二年他也随之而去。

泰勒以微积分学中将函数展开成无穷级数的定理著称于世。1715 年出版的《正和反的增量法》，陈述了他早在 1712 年给梅钦（J. Machin，1680—1751 年）的信中就已获得的著名定理

$$f(x+h)=f(x)+hf'(x)+\frac{h^2}{2!}f''(x)+\cdots$$

当时他没有考虑到级数的收敛性，其理论也没有引起数学家多大注意。该定理的重要价值后由拉格朗日发现，他把这一定理刻画为微积分的基本定理，并将其作为自己工作的出发点。18 世纪末，拉格朗日给出了泰勒公式的余项表达式（通常称为拉格朗日余项），并指出，不考虑余项就不能用泰勒级数。至于泰勒定理的严格证明由柯西给出。

泰勒定理开创了有限差分理论，使任何单变量函数都可展成幂级数。同时也使泰勒成了有限差分理论的奠基者。泰勒还讨论了微积分对一系列物理问题的应用，其中有关弦的横向振动之结果尤为重要。他通过求解方程导出了基本频率公式，开创了研究弦振问题之先河。

1715 年，泰勒出版了《线性透视论》，后再版为《线性透视原理》（1719 年）。其中他以极严密的形式展开其线性透视学体系，最突出的贡献是提出和使用"没影点"概念，这对摄影测量制图学的发展有一定影响。

7.1.2　数学奇才——麦克劳林

麦克劳林展开式不过是泰勒展开式的特殊情形，而且这种情形已由泰勒明确指出，但人们将其作为一条独立的定理而归于麦克劳林，这也算是对麦克劳林的补偿。克莱姆法则被冠以瑞士数学家克莱姆（G. Cramer，1704—1752 年）的大名，其实麦克劳林比克莱姆要早几年发表这个定理。

麦克劳林是牧师之子，半岁丧父，9 岁丧母，由其叔父抚养成人。11 岁就考上格拉斯哥大学，15 岁取得硕士学位，并且为自己关于重力做功的论文做了非常出色的公开答辩。19 岁主持阿伯丁的马里沙学院数学系工作，并于 21 岁出版其第一部重要著作《构造几何》，书中描述了作圆锥曲线的一些新的巧妙方法，精辟地讨论了圆锥曲线及高次平面曲线的种种性质。27 岁成为爱丁堡大学数学系教授的代理和助理。当时要给助理支付薪金很困难，是牛顿私人提供了这笔花费，才使该大学能得到如此杰出的青年人的服务。麦克劳林恰好继承了他所助理的教授之职。

1742 年，麦克劳林撰写的《流数论》以泰勒级数为基本工具，对牛顿的流数法给出了系统解释。他以熟练的几何方法和穷竭法论证了流数学说，还把级数作为求积分的方法，并以几何形式给出了无穷级数收敛的积分判别法。他得到了麦克劳林级数展开式，并用待定系数法给予了证明。此书旨为牛顿流数法提供一个几何框架，以答复伯克莱（G. BerkeLey，1685—1753 年）大主教等对牛顿微积分学原理的攻击，该书写得相当审慎周到，以致在 1821 年柯西的著作问世之前，一直是比较严密的微积分标准教材。

麦克劳林终生不忘牛顿的栽培，并为继承、捍卫、发展牛顿的微积分学说而奋斗。可惜仅活了 48 岁。逝世前，他要求在其墓碑上刻上"曾蒙牛顿推荐"，以表达对牛顿的感激之情。

7.1.3　做家庭教师糊口者——棣莫弗

棣莫弗，法国加尔文派教徒，在新旧教派斗争中被监禁，释放后 1686 年移居英国。牛

顿刚出版的《自然哲学的数学原理》深深吸引了棣莫弗。后他曾回忆学习这部巨著的过程：因靠做家庭教师糊口，他必须给多个家庭的孩子上课，由于时间很紧就把这部书拆开，当教完一家的孩子而去另一家的路上，他赶紧阅读几页。尽管他在学术研究方面颇有成就，但自到伦敦直至晚年，他一直做数学方面的家庭教师。他不时撰写文章，还参与研究确定保险年金的实际问题，但获得的收入却极其微薄。他经常抱怨说，周而复始从一家到另一家给孩子们讲课，单调乏味地奔波于雇主之间，纯粹是浪费时间。他曾做了许多努力，试图改变自己的生活处境，但都无济于事。

1692 年，棣莫弗拜会了英国皇家学会秘书哈雷，哈雷将棣莫弗的第一篇数学论文"论牛顿的流数原理"（On New-ton's doctrine of fluxions）在英国皇家学会上宣读，引起了当时学术界的注意。1697 年，在哈雷的努力下，棣莫弗当选为英国皇家学会会员。棣莫弗的天才及成就逐渐受到了学者们广泛的关注和尊重。哈雷将棣莫弗的重要著作《机会的学说》（The doctrine of chances）呈送牛顿，牛顿对棣莫弗十分欣赏。据说，后来遇到学生向牛顿请教概率方面的问题时，他就说："这样的问题应该去找棣莫弗先生，他对这些问题的研究比我深入得多"。1710 年，棣莫弗被委派参与英国皇家学会调查牛顿 – 莱布尼茨关于微积分优先权的委员会。1735 年，被选为柏林科学院院士。1754 年，被接纳为法国巴黎科学院会员。

在 1730 年出版的《分析杂论》中，棣莫弗首先给出了所谓的斯特林公式，1707—1730 年建立了棣莫弗定理的最初形式，完整的棣莫弗定理由欧拉 1748 年给出。

数学家的死也具有浓厚的数学色彩：临终前，棣莫弗发现，他每天需要比前一天多睡 1/4 小时，各天睡眠时间构成了一个等差级数，当此级数数值达到 24 时，他便在贫寒中离开了人世。

7.2　莱布尼茨微积分理论的推广者

麦克劳林之后，英国数学陷入了长期停滞的状态。微积分发明权的争论滋长了大不列颠数学家的民族保守情结，使他们不能摆脱牛顿微积分学说中弱点的束缚。与此相对照，在英吉利海峡的另一边，新分析却在莱布尼茨后继者们的推动下蓬勃发展起来。

从 17 世纪到 18 世纪的过渡时期，由雅各布·伯努利和约翰·伯努利两兄弟的研究构成了初等微积分的大部分内容。18 世纪微积分最重大的进步归功于欧拉。他所出版的《无限小分析引论》、《微分学》和《积分学》是微积分史上里程碑式的著作，在很长时间里被当做分析课本的典范而普遍使用着。此外，法国学派的代表人物克莱洛（Alexis-Claide Clairaut，1713—1765 年）、达朗贝尔、拉格朗日、蒙日（Gaspard Monge，1746—1818 年）和勒让德等也为微积分及其应用在欧洲大陆的推广做出了卓越贡献。

7.2.1　醉心于对数螺线者——雅各布·伯努利

雅各布是牛顿和莱布尼茨之后最先发展微积分者，其研究涉及解析几何、微积分、变分法、概率论等领域。

雅各布出身于商人世家，毕业于巴塞尔大学，1671 年获艺术硕士学位，后遵照父亲的意愿又取得神学硕士学位，但他却不顾父亲的反对，自学了数学和天文学。在 1678 年和 1681 年两次遍游欧洲学习旅行，使他接触了许多数学家和科学家。1682 年重返巴塞尔，开始讲授力学。1687 年，雅各布成为巴塞尔大学的数学教授，直至逝世，他一直执掌着巴塞尔大学的数学教席。所写书信卷帙浩繁，是当时欧洲科学界一位颇有影响的人物。

伯努利家族是个数学家辈出的家族。在 17 ~ 18 世纪期间，伯努利家族共产生了 11 位数学家。其中比较著名者，除了雅各布，还有其弟弟约翰和侄子丹尼尔（Bernoulli Daniel，1700—1782 年）。

在寻找最速降线问题上，雅各布和约翰曾有过激烈的争论，而这场辩论结果诞生了变分法。雅各布在悬链线的研究中也做出重要贡献，他把这方面的成果用到了桥梁设计之中。1694 年他首次给出直角坐标和极坐标下的曲率半径公式，这也是系统地使用极坐标的开始。雅各布对微积分学的特殊贡献在于，指明了应当把这一技术运用到应用数学的广阔领域中去，"积分"术语也是他于 1690 年首先使用的。

雅各布一生最有创造力的著作就是 1713 年出版的《猜度术》，其中给出伯努利大数定理，把概率论建立在较为稳固的理论基础之上。书中他还给出了"伯努利数"。

为求 $\sum n$，$\sum n^2$，$\sum n^3$，$\cdots$，$\sum n^{10}$ 的表达式，雅各布引进了"伯努利数"概念，并给出通式

$$\sum_{i=1}^{n} i^c = \frac{n^{c+1}}{c+1} + \frac{n^c}{2} + \frac{c}{2}B_2 n^{c-1} + \frac{c(c-1)(c-2)}{2 \times 3 \times 4}B_4 n^{c-3} +$$

$$\frac{c(c-1)(c-2)(c-3)(c-4)}{2 \times 3 \times 4 \times 5 \times 6}B_6 n^{c-5} + \cdots$$

其中，$B_2 = 1/6$，$B_4 = -1/30$，$B_6 = 1/42$，$\cdots$，就是所谓的"伯努利数"。其计算方法为，该数与其前边 n 的幂次的各项系数和等于 1。如由于

$$\sum_{i=1}^{n} i^4 = \frac{1}{5}n^5 + \frac{1}{2}n^4 + \frac{1}{3}n^3 + B_4 n$$

故

$$B_4 = 1 - 1/5 - 1/2 - 1/3 = -1/30$$

据说借助上述公式，雅各布只花七八分钟时间就算出了前 1000 个数 10 次方相加之和为 91，409，924，241，424，243，424，241，924，242，500。而他人为了验证此结果竟花了三天三夜的时间，对此雅各布感到很自豪。

雅各布特别醉心于对数螺线的研究，发现该曲线经过多种变换后仍是对数螺线，如对数螺线的渐屈线和渐伸线仍是对数螺线，从极点引切线的垂线其垂足的轨迹也是对数螺线，以极点为发光点经对数螺线反射后得到无数根反射线，和所有这些反射线相切的曲线还是对数螺线。雅各布非常赞叹对数螺线的美妙特性，以致在遗嘱里要求把对数螺线刻在其墓碑上，其后人加以双关语词"我虽然变了，但却和原来一样。"暗含雅各布在天堂依然在研究其挚爱的数学之意义。

7.2.2　欧拉的老师——约翰·伯努利

在 17 世纪下半叶到 18 世纪上半叶，产生了数学的一些重要分支，如微分方程、无穷级数、微分几何、变分法等。18 世纪数学家的主要任务是致力于这些学科分支的发展，而要完成这些任务，首先必须发展、完善微积分本身。约翰就是一个对微积分和与其相关的许多数学分支都做出重要贡献者，是 18 世纪分析学的重要奠基者之一。

约翰在巴塞尔大学学习期间，怀着对数学的热情，跟哥哥雅各布秘密学习数学，并开始研究数学。两人都对无穷小理论产生了浓厚的兴趣，他们首先熟悉了莱布尼茨的微积分学

说。正是在莱布尼茨的影响和激励下，约翰走上了研究微积分之路。1705 年雅各布去世后，约翰继任巴塞尔大学的数学教授职务，致力于数学教学，直到去世。

1742 年约翰出版了《积分学教程》（Lections Mathe-maties De Method Integralium），该书中汇集了他在微积分方面的研究成果，不仅给出了各种不同的积分方法的例子，还给出了曲面的求积，曲线的求长和不同类型的微分方程的解法，使微积分更加系统化。这部著作成为了微积分学发展中的一部重要著作，在当时对于推动微积分的发展和普及微积分的知识都起了积极的推动作用。

约翰首先使用"变量"术语，并使函数概念公式化。1698 年他从解析角度提出了函数概念："由变量 x 和常数所构成的式子叫做 x 的函数"，记做 X 或 ξ，1718 年他又改用 φx 表示 x 的函数。约翰对一些具体函数进行过研究，除一般的代数函数外，还引入了超越函数及某些用积分表达的函数。约翰对微积分的贡献主要是对积分法的发展。他曾采用变量替换求某些函数的积分，在 1699 年的《教师学报》上给出了用变量替换计算积分的方法和相关理论。

在约翰的科学生涯中，他采用通信等方式与其他科学家交流学术成果，讨论和辩论一些问题。他与 110 位学者有通信联系，进行学术讨论的信件大约有 2500 封，这极大促进了学术的发展。约翰一生致力于教学和培养人才的工作，培养出一批出色的数学家，其中包括 18 世纪数学界中心人物欧拉。

7.2.3　数学物理方法的奠基者——丹尼尔·伯努利

丹尼尔是约翰·伯努利的第二个儿子，曾在圣彼得堡工作 8 年（1725—1733 年），1727 年他与欧拉在一起工作，欧拉作为其助手，期间丹尼尔讲授医学、力学、物理学，显露其富有创造性才能。由于哥哥的暴死及严酷的天气等原因，1733 年回到巴塞尔。他先任解剖学和植物学教授，1743 年成为生理学教授，1750 年成为物理学教授，在 1750—1777 年间他还担任哲学教授。

自 1733 年回到巴塞尔，丹尼尔开始了与欧拉之间最受人称颂的科学通信。丹尼尔向欧拉提供最重要的科学信息和前沿科研动态，欧拉则运用杰出的分析才能和丰富的工作经验，给以最迅速的帮助。

丹尼尔的研究领域极为广泛，其工作几乎对当时数学和物理学的研究前沿问题都有所涉及。1738 年他出版了一生中最重要的著作《流体动力学》，是第一个把牛顿和莱布尼茨的微积分思想连接起来的人。在纯数学方面，其工作涉及代数、微积分、级数理论、微分方程、概率论等方面，但他最出色的研究是将微积分、微分方程应用到物理学，而研究流体问题、物体振动和摆动问题。

丹尼尔的学术著作非常丰富，其全部数学和力学著作、论文超过 80 种。1725—1757 年的 30 多年间他曾因天文学（1734 年）、地球引力（1728 年）、潮汐（1740 年）、磁学（1743 年，1746 年）洋流（1748 年）、船体航行的稳定（1753 年，1757 年）和振动理论（1747 年）等成果，获得了巴黎科学院 10 次以上的奖赏。特别是 1734 年，他与父亲约翰以"行星轨道与太阳赤道不同交角的原因"的佳作，获得了巴黎科学院的双倍奖金。

1747 年丹尼尔成为柏林科学院成员，1748 年成为巴黎科学院成员，1750 年被选为英国皇家学会会员，他还是波伦亚（意大利）、伯尔尼（瑞士）、都灵（意大利）、苏黎世（瑞士）和慕尼黑（德国）等科学院或科学协会的会员。

7.2.4 分析的化身——欧拉

欧拉是 18 世纪最伟大的数学家，被誉为"数学家之英雄"。

欧拉 13 岁进入巴塞尔大学学习文科。约翰时任该校数学教授，每天讲授基础数学课程，同时给对科学研究有兴趣的少数高材生开设更高深的数学、物理学讲座，欧拉是约翰的最忠实听众。

自 1727 年 5 月 24 日抵达圣彼得堡后，欧拉的科学工作就紧密地同圣彼得堡科学院和俄罗斯联系在一起。可就在欧拉踏上俄罗斯领土的那天，叶卡捷琳娜一世去世了。这位立陶宛女子在仅两年多的在位时间里，实现了丈夫彼得大帝（Peter I The Great，1672—1725 年）建立科学院的夙愿。

动荡的时局引起了科学院的混乱。科学院混乱的管理正好带给欧拉进入数学部的机会。欧拉先作为丹尼尔的助手，后接替了其数学教授职位。1740 年秋，欧拉也因与舒马赫尔不和，就应普鲁士腓特烈大帝（Frederick the Great of Prussia，1714—1786 年）的邀请，前往柏林科学院。

彼得大帝之女伊丽莎白在位期间对欧拉也很青睐，得知俄罗斯军队抢劫了欧拉的农场时，则严令加倍赔偿损失。虽远在柏林，但圣彼得堡科学院委托欧拉负责编撰《圣彼得堡科学院通讯》的数学部分。欧拉借机介绍西欧先进的科学思想，推荐研究人员和研究课题。在沙皇叶卡捷琳娜二世（Catherine II the Great，1729—1796 年）的诚恳敦聘下，欧拉于 1766 年重返圣彼得堡。

在柏林的 25 年间，欧拉曾担任政府关于安全保险、退休金和抚恤金等问题的顾问，研究了一系列有关赌博理论、人口统计学及保险理论问题。他第一次试图通过编制死亡率考察人类寿命，给出一些保险金和年金计算方法，对有关机遇游戏的概率计算方面也做了一定研究，其相关文章主要是：

（1）1760 年发表的"关于死亡率和人口增长问题的研究"；

（2）1760 年发表的"关于年金保险计算"；

（3）1762 年发表的"关于孤儿保险金问题"；

（4）1769 年发表的"对概率计算中一些困难问题的解答"。

欧拉在概率论研究最著名的工作涉及分析彩票方案的各种情况。腓特烈大帝试图通过发行彩票来集资以偿还战争债务，因而他聘请欧拉研究相关问题。欧拉研究了在各种彩票中赢利的可能性，以及提供大量奖金而蒙受损失的风险。他至少给腓特烈大帝写了两份报告，论述各种方案的风险。

欧拉整理了由伯努利家族继承、发扬的莱布尼茨学派的微积分学学说。先后发表了《无穷小分析引论》（1748 年）、《微分学原理》（1755 年）、《积分学原理》（1768 年）等著作。欧拉对函数概念进行了系统的探讨。给出了函数的新定义，定义了多元函数概念，引入了超越函数概念。1770 年前后，欧拉对由弧围成的有界区域上的二重积分已有清楚的概念，并给出了用累次积分计算这种积分的程序。欧拉把实函数的许多结果形式地推广到复数域，推动了复变函数理论的发展。欧拉终生致力于数学的应用研究，为解决力学、天文学、物理学、航海学、地理学、大地测量学、流体力学、弹道学、保险业和人口统计等问题提供数学方法。

欧拉渊博的知识，无穷无尽的创作精力和空前丰富的著作，都令人惊叹不已！他从 19 岁开始发表论文，直到 76 岁，半个多世纪写下了浩如烟海的书籍和论文。据统计他共写下了 856 篇论文，专著 32 部，圣彼得堡科学院为了整理他的著作，足足忙碌了 47 年。至今几乎每个数学领域都可看到欧拉的名字。

欧拉可在任何环境中工作，常常抱着孩子在膝上完成论文。28 岁时一只眼睛失明，56 岁时双目失明、晚年又有火灾和丧偶的沉重打击，他仍不屈不挠地奋斗，丝毫没有减少科学活动。在失明后的 17 年间，他还口述了几本书和 400 篇左右的论文。正如高斯所言，研究欧拉的著作永远是了解数学的最好方法。

欧拉的著作在其生前已有多种传入中国，包括 1748 年的《无穷分析引论》。这些著作有一部分曾藏于北京北堂图书馆，它们是 18 世纪 40 年代由圣彼得堡科学院赠给北京耶稣会或北京南堂耶稣学院的。李善兰和伟烈亚力合译的《代数学》（1859 年）、赵元益译的《光学》（1876 年）、黄钟骏的《畴人传四编》（1898 年）等著作也记载了欧拉学说或欧拉的事迹。

7.2.5　数学分析的开拓者——达朗贝尔

达朗贝尔没有受过正规的大学教育，靠自学掌握了牛顿和同时代著名数理科学家们的著作。1741 年进入巴黎科学院，1754 年提为终身院士，1772 年被选为科学院的终身秘书，成为影响最大的院士。

达朗贝尔对理论力学的大量课题进行了研究，并于 1743 年底出版了历史性名著《动力学》，其中第二部分阐述了著名的达朗贝尔原理，达朗贝尔的研究工作和论文写作都以快速闻名，他进入科学院后，就以克莱洛院士作为竞争对手，克莱洛研究的每一个课题，达朗贝尔几乎都要研究，而且发表很快，多数情况下，达朗贝尔胜过了克莱洛，这种竞争一直到克莱洛去世为止。

1751—1757 年间，达朗贝尔与狄德罗（Denis Diderot，1713—1784 年）共同主编《百科全书》。自 1751 年开始，达朗贝尔中断了数理研究工作，加入了"百科全书派"，与启蒙运动成员一起编辑出版宣传启蒙思想的《百科全书》。由狄德罗主编，达朗贝尔任科学副主编，但工作已超出了科学范围。达朗贝尔为《百科全书》写的长篇序言，成为启蒙运动的主要文件。在序言中，全面讨论了科学和道德问题，并用唯物主义观点阐明了科学史和哲学史。达朗贝尔还撰写了不少数学和其他知识条目，刊载于《百科全书》。《百科全书》的序言中写道："科学处于 17 世纪的数学时代到 18 世纪的力学时代，力学应该是数学家的主要兴趣"。达朗贝尔的数学成果后来全部收入 8 卷巨著《数学手册》。作为数学分析的重要开拓者之一，达朗贝尔的成就仅次于欧拉、拉格朗日、拉普拉斯和丹尼尔·伯努利等分析学家。

7.2.6　数学世界高耸的金字塔——拉格朗日

18 世纪末，法国大革命期间政府曾颁布一道驱逐令："凡是一切在敌国境内出生的人将被驱逐出境并没收其全部财产，但尊贵的拉格朗日先生除外。"拉格朗日是 18 ~ 19 世纪承前启后的数学大师，是仅次于欧拉的分析开拓者，对 18 世纪所创立的主要数学分支都有开拓性贡献。25 岁时被公认为是欧洲最伟大的数学家，拿破仑赞其为"高耸在数学世界的金字塔"。

拉格朗日的科学研究为高斯、阿贝尔等一代数学家成长提供了丰富营养，在其后一百余年里，数学中很多重大发现几乎都与拉格朗日的研究有关。

拉格朗日的学术生涯主要在 18 世纪后半期。当时数学的主流是由微积分发展起来的数学分析，以欧洲大陆为中心，物理学的主流是力学；天文学的主流是天体力学。数学分析的发展使力学和天体力学深化，而力学和天体力学的课题又成为数学分析发展的动力。

（1）变分法。拉格朗日以欧拉的思路和结果为依据，从纯分析方法出发，得到更完善的结果，其第一篇论文"极大和极小的方法研究"是他研究变分法的序幕。1760 年发表的"关于确定不定积分式的极大极小的一种新方法"是用分析方法建立变分法的代表作。欧拉肯定其研究结果，并在自己的论文中将此方法命名为"变分法"。

（2）方程论。18 世纪的代数学从属于分析，方程论是其中的活跃领域。拉格朗日在柏林的前 10 年，大量时间花在代数方程和超越方程的解法上。

（3）数论。拉格朗日到柏林初期开始研究数论，第一篇论文"二阶不定问题的解"和送交都灵《论丛》的"一个算术问题的解"中，讨论了欧拉研究多年的 Fermat 方程。

1797 年拉格朗日出版了《解析函数论》，其中第一次得到微分中值定理，并用它推导出泰勒级数，给出余项具体表达式，还着重指出，泰勒级数不考虑余项是不能用的。

1790 年 5 月 8 日的制宪大会上通过了十进位的公制法，法国科学院建立了相应的"度量衡委员会"，拉格朗日为委员之一，后任委员会主席。1799 年雾月政变后，拿破仑提名拉格朗日等科学家为上议院议员及新设的勋级会荣誉军团成员，1808 年被封为伯爵，1813 年 4 月 3 日被授予帝国大十字勋章。

拉格朗日曾说，我此生没有遗憾，死亡并不可怕，它不过是我要遇到的最后一个函数。1813 年 4 月 10 早晨，拉格朗日等到了其"最后一个函数"。然而这并非"最后一个函数"，因意大利百科全书称他是意大利数学家，法国百科全书说他是法国数学家，而德国数学史上却说其主要科学成就是在柏林完成的。

7.2.7　法兰西牛顿——拉普拉斯

拉普拉斯（P. – S. M. de Laplace，1749—1827 年）是天体力学的主要奠基人，是天体演化学的创立者之一，是分析概率论的创始人，是应用数学的先驱。所发表的天文学、数学和物理学的论文有 270 多篇，专著合计达 4000 多页，其中最有代表性是《天体力学》、《宇宙体系论》和《分析概率论》。

拉普拉斯青年时期就显示出卓越的数学才能，18 岁离家赴巴黎，决定从事数学工作。于是去找达朗贝尔，但遭到拒绝接见。拉普拉斯就寄给达朗贝尔一篇力学论文。该论文出色至极，以致达朗贝尔要做其教父，并推荐拉普拉斯到军事学校任教。

后拉普拉斯同拉瓦锡（L. A. Lavoisier，1743—1794 年）在一起工作了一个时期，他们测定了许多物质的比热。拉普拉斯的研究主要集中在天体力学上，尤其是太阳系天体摄动及太阳系的普遍稳定性问题。他把牛顿的万有引力定律应用到整个太阳系。1773 年解决了难题：木星轨道为什么不断收缩，而土星的轨道又不断膨胀。拉普拉斯用数学方法证明了行星平均运动的不变性，从此开始研究太阳系稳定性问题。

1784—1785 年，拉普拉斯求得天体对其外任意质点的引力分量可用一个势函数来表示，该势函数满足某偏微分方程，即著名的拉普拉斯方程。1786 年证明了行星轨道的偏心率和倾角总保持很小和恒定，能自动调整，即摄动效应是守恒和周期性的，既不会积累也不会消解。1787 年发现了月球的加速度同地球轨道的偏心率有关，从理论上解决了太阳系动态中观测到的最后一个反常问题。1796 年其著作《宇宙体系论》问世。在这部书中，他提出了第一个科学的太阳系起源理论——星云说。康德（Immanuel Kant，1724—1804 年）的星云说是从哲学角度提出的，而拉普拉斯则从数学、力学角度充实了星云说。

　　拉普拉斯长期从事大行星运动理论和月球运动理论方面的研究，在总结前人研究的基础上取得大量重要成果，并汇集在 1799—1825 年出版的 5 卷 16 册巨著《天体力学》之内。在这部著作中第一次提出了天体力学这一名词，是经典天体力学的代表作。

　　拉普拉斯的学术思想和哲学观点很明朗，是较彻底的唯物论者。他把一切物理现象甚至化学现象都归结为力的作用，这是机械论观点。

　　拉普拉斯对法国的高等教育也有重大贡献。他是巴黎高等师范学校和巴黎综合工科学校的第一批教授和组织者，强调学校要系统地教授数学和物理学知识，并应严格挑选学生。19 世纪前半期著名的数学家、物理学家如安培（A. M. Ampère，1775—1836 年）、卡诺（S. Carnot，1796—1832 年）、菲涅耳（A. J. Fresnel，1788—1827 年）、马吕（L. Malus，1775—1812 年）和泊松（S. – D. Poisson，1781—1840 年）等都毕业于这两所学校。

　　拉普拉斯与拉格朗日有着经常的学术联系，但他们的个性与工作却不尽相同。由于显赫的政治地位使拉普拉斯的虚荣心很强，因而他往往不能充分肯定对手的工作。事实上，他利用了拉格朗日的不少概念而未作声明。拉格朗日写作时很精心，写得很清楚、很优美。相比之下，拉普拉斯解决问题几乎是很随便的。当在物理学研究中遇到一个数学问题时，他仅仅说，"容易看出……"，从不耐心解释是如何得出结果的。但他也承认，要重新建立这些结果是很不容易的。后人在翻译《天体力学》时，曾深有感触，只要一碰到"容易看出……"这句话，就知道需要花几个小时的苦工夫去填补这个空白。

　　拉普拉斯几乎对纯粹数学不感兴趣，尽管他创造了许多数学方法，且后来发展成为数学分支。他从不关心数学，除非有助于研究自然规律。至于他在数学方面的贡献不过是他在自然哲学中伟大著作的副产品。他认为，数学是一种手段，而不是目的，是人们解决科学问题而必须精通的工具。

　　根据傅里叶在 1829 年所撰纪念文章中的描述，拉普拉斯的记忆力一直到垂老时都非常好，虽然饮食很少，但不显得衰弱。

　　拉普拉斯的著作可分三部分：一是专题报告或论文，有 276 篇，分散发表在各种刊物上，或在科学院记录中；二是长篇专著；三是同其他科学家的学术通信，发表过一部分（作为科学史资料）。拉普拉斯去世后，由其妻出版了《拉普拉斯文集》（Oeuvres de Laplace）共 7 卷，前 5 卷即《天体力学》，第 6 卷为《宇宙体系论》；第 7 卷为《分析概率论》。1843 年出版第一卷，至 1847 年全部出齐。

7.3　第二次数学危机

　　18 世纪微积分的发展主要表现在：积分技术、多元函数、无穷级数、函数概念、分析严格化的尝试、形式化观点、极限观点等。由于微积分理论建立在无穷小分析之上，而对无穷小量理解与运用的混乱导致微积分诞生时就遭到一些人的反对与攻击，其中攻击最猛烈者是英国大主教伯克莱。

　　1734 年，伯克莱出版《分析学家，或致一位不信神的数学家》，提出审查近代分析学的对象、原则及论断是不是比宗教的神秘、信仰的要点有更清晰的表达，或更明显的推理。对于无穷小量，他质疑道："这些消失的增量究竟是什么呢？它们既不是有限量，也不是无限小，又不是零，难道我们不能称它们为消逝量的鬼魂吗？"

　　数学史上把伯克莱的问题称为"伯克莱悖论"。该悖论可表述为"无穷小量究竟是否为

0"的问题：就无穷小量在当时实际应用而言，它必须既是 0，又不是 0。从形式逻辑而言，这无疑是一个矛盾。伯克莱悖论的提出在当时的数学界引起了一定的混乱，而导致了第二次数学危机。

伯克莱对牛顿的微积分理论进行了猛烈抨击。如他指责牛顿，在计算 x^2 导数时，先给 x 一个不为 0 的增量 Δx，得到函数增量为 $2x\Delta x + (\Delta x)^2$，后再被 Δx 除，得 $2x + \Delta x$，最后突然令 $\Delta x = 0$，求得导数为 $2x$。这是"依靠双重错误得到了不科学却正确的结果"。伯克莱的攻击虽出自维护神学的目的，但却抓住了牛顿微积分理论的缺陷。

针对伯克莱的攻击，牛顿与莱布尼茨都曾试图通过完善自己的相关理论来解决，但都没有获得完全成功。这使数学家陷入了尴尬境地：一方面微积分在应用中大获成功，另一方面其自身却存在着逻辑矛盾。

18 世纪的数学家开始不顾分析基础的不严格，论证的不严密，而是更多依赖于直观去开创新的数学领地。于是一套套新方法、新结论及新分支纷纷涌现出来。经过一个多世纪的漫漫征程，微积分理论获得了空前丰富。然而，不严密的工作也导致谬误越来越多的局面。下面仅举一无穷级数为例：

对于 $S = 1 - 1 + 1 - 1 + 1 - \cdots$，一方面，$S = (1-1) + (1-1) + (1-1) + \cdots = 0$；另一方面，$S = 1 - (1-1) - (1-1) - (1-1) - \cdots = 1$。则有 $0 = 1$？

这一矛盾竟使傅里叶困惑不解，甚至连欧拉也犯了错误。他在得到

$$1 + x + x^2 + x^3 + \cdots = \frac{1}{1-x}$$

令 $x = -1$，得出

$$S = 1 - 1 + 1 - 1 + 1 - \cdots = \frac{1}{2}$$，则有 $0 = \frac{1}{2}$。难怪意大利数学家格兰弟（G. Grandi）称之为"无中生有"。

问题的严重性在于当时分析中任何一个比较细致的问题，如级数、积分的收敛性、微分积分的换序、高阶微分的使用及微分方程解的存在性等问题都几乎无人过问。尤其到 19 世纪初，傅里叶理论直接导致了数学逻辑基础问题的彻底暴露。这样，消除不和谐，把分析重新建立在逻辑基础之上就成为数学家们迫在眉睫的任务。

7.4   数学新分支的形成

微积分理论的发展，催生了一系列新的数学分支。如常微分方程、偏微分方程、变分法、微分几何、概率论等。

7.4.1   常微分方程

微分方程差不多和微积分同时产生。牛顿在建立微积分的同时，对简单的微分方程用级数来求解。后来雅各布、欧拉、克雷洛、达朗贝尔、拉格朗日等又不断地研究和丰富了微分方程的理论。

常微分方程的形成与发展是和力学、天文学、物理学，以及其他科学技术的发展密切相关的。牛顿研究天体力学和机械力学时，利用了微分方程这个工具，从理论上得到了行星运动规律。后勒维烈和亚当斯使用微分方程各自计算出那时尚未发现的海王星位置。这些都使

数学家更加深信微分方程在认识自然、改造自然方面的巨大力量。

17～18 世纪，无穷级数成为研究微积分和微分方程不可缺少的工具。现代求解微分方程的幂级数解法正是沿用了牛顿的方法。牛顿在使用级数求解微分方程方面迈出了第一步也是最关键的一步，其思想方法为常微分方程理论的深入研究拉开了帷幕。

1690 年，雅各布提出悬链线问题：求一根柔软但不能伸长的绳子自由悬挂于两定点而形成的曲线方程。莱布尼茨、惠更斯、约翰·伯努利都给出了问题的解。

参数变值思想为常微分方程求解提供了重要思路。约翰·伯努利、欧拉等都用参数变易法求解微分方程，欧拉还由此获得法国科学院的奖金。

克莱洛把牛顿的结果应用于哈雷彗星的的运动；拉格朗日的《分析力学》（Mécanique analytique）扩大并完善了牛顿的力学工作；拉普拉斯在其《天体力学》中，对三体问题的特殊情形和某些精确解做出了研究，对摄动理论做出了重大贡献。

拉格朗日的相关研究被誉为 18 世纪常微分方程求解的最高成就。早在都灵时期，拉格朗日就对变系数常微分方程研究做出重大成果。他在降阶过程中提出伴随方程，并证明了非齐次线性变系数方程的伴随方程，就是原方程的齐次方程。他把欧拉关于常系数齐次方程的结果推广到变系数情况，证明了变系数齐次方程的通解可用一些独立特解乘上任意常数相加而成；而且在知道方程的 m 个特解后，可把方程降低 m 价。

在柏林时期，拉格朗日对常微分方程的奇解和特解做出了历史性贡献，在 1774 年完成的"关于微分方程特解的研究"中系统地研究了奇解和通解的关系，明确提出了由通解及其对积分常数的偏导数消去常数求出奇解的方法；还指出了奇解为原方程积分曲线族的包络线。

拉格朗日在 1772 年完成的"论三体问题"中，找出了三体运动的常微分方程组的五个特解：三个是三体共线情况；两个是三体保持等边三角形，在天体力学中称为拉格朗日平动解。他同拉普拉斯一起完善的任意常数变易法，对多体问题方程组的近似解有重大作用，促进了摄动理论的建立。

7.4.2　偏微分方程

一般来说，达朗贝尔 1747 年发表的论文"张紧弦振动时形成的曲线研究"作为微分方程论的发端。该文提议证明多种和正弦曲线不同的曲线是振动模式，这样对弦振动的研究开创了偏微分方程这门学科。

丹尼尔·伯努利研究了数学物理问题，提出了解弹性系振动问题的一般方法，对偏微分方程的发展起了较大的推动作用。拉格朗日也讨论了一阶偏微分方程的相关理论，丰富了这门学科的内容。

弦振动是一种机械运动，但弦并不是质点，故质点力学的定律并不适用于弦振动的研究。然而若把弦分成若干个极小极小的小段，每一小段抽象地看做是一个质点，就可应用质点力学的基本定律。

弦系又细又长的弹性物质，如弦乐器所用的弦就是细长的、柔软的、带有弹性的。演奏时，弦总是绷紧着具有一种张力，这种张力大于弦的质量几万倍。当演奏者用薄片拨动或者用弓在弦上拉动时，虽只因其所接触的一段弦振动，但由于张力的作用，使整个弦都振动起来。

用微分方法分析可得到弦上一点的位移就是该点所在的位置和时间为自变量的偏微分方

程。偏微分方程一般分为椭圆型、抛物型和双曲型。弦振动方程，属于数学物理方程中的波动方程，即双曲型偏微分方程。

就弦振动而言，对同样弦的弦乐器，若一种是以薄片拨动弦，另一种是以弓在弦上拉动，则它们发出的声音是不同的。其原因就是由于"拨动"或"拉动"的那个"初始"时刻的振动情况不同，故导致后来产生的振动情况也就不同。

天文学中也有类似情况，若要通过计算预言天体的运动，必须要知道这些天体的质量，同时除了牛顿定律的一般公式外，还必须知道所研究天体系统的初始状态，即在某个起始时间，这些天体的分布及其速度。

随着物理科学所研究的现象在广度和深度两方面的扩展，偏微分方程的应用范围更加广泛。从数学角度看，偏微分方程的求解促使相关理论在函数论、变分法、级数展开、常微分方程、代数、微分几何等诸方面的应用和发展。故偏微分方程现已变成了数学科学的中心。

7.4.3 变分法

变分法源于 1696 年和 1697 年约翰·伯努利所提出的最速降线问题。

在 1696 年 6 月号的《教师学报》（Acta Eruditorum）上，约翰·伯努利以"新问题——向数学家们征解"为题，向当时数学界提出挑战：

"已知垂直平面上两点 A、B，欲求一条路径 AMB，使质点 M 在自身重力作用下沿此路径由点 A 下滑至点 B 所用时间最短。"

这就是数学史上非常著名的最速降线问题，该问题与通常微积分的极值问题的根本区别在于其所求的是一条曲线（即函数），使得沿这条曲线某个积分量取极值，而不是寻求一个普通函数的极值点。正确答案是连接两个点上凹的一段旋轮线。

问题提出半年之后，除莱布尼茨寄来的解答外，"未出现获解的迹象"，于是约翰·伯努利于 1697 年元旦在格罗宁根又发表了有关此问题的著名"公告"。在公告中，他听从莱布尼茨的建议，将原来所设的期限推迟至复活节，并对问题做了进一步的解释。他指出，如果到了复活节，还没有人能成功地解决此问题，他就将自己和莱布尼茨的答案公诸于世。并且在公告的最后，约翰还暗示向牛顿挑战：

"因目前出场的、能够解决这一非凡问题的人寥寥无几，即使是那些对他们的方法自视甚高的人也不例外，这些人曾夸口说运用他们所发明的方法，不仅深入到了几何学最隐藏的秘密，且还以一种奇妙的方式拓广了几何学的疆界；尽管他们自以为曲高和寡的重要定理，却早已有人发表过。"

约翰提出这个挑战之后，当时欧洲许多数学家被这个问题的新颖和别出心裁所吸引，纷纷投入到对该问题的求解队伍中。约翰、莱布尼茨、雅各布、牛顿、洛必达（L'Hospital，1661—1704 年）等在规定的期限内都获得了正确的解答。除洛必达和莱布尼茨之外，其他三人的解法都发表在 1697 年 5 月号的《教师学报》上。

事实上，牛顿早在 1697 年 1 月 29 号已经解决了这个问题，并将结果写成短文匿名发表在 1697 年的《哲学汇刊》上，后在《教师学报》上又重新发表出来。而洛必达的解法当时没有发表，直到将近 300 年后的 1988 年才由珍妮·培佛（Jeanne Peiffer）收录在其著作的附录 1 中。

此外，莱布尼茨在 1696 年 6 月 9 日的回信中还建议将此问题取名为"Tachystoptotam"，由于拉丁文 Tachystos 的含义是"最快地、迅速地"，piptein 的含义是"下落"，因而组合起来应为"最速降线"问题。而约翰当时更喜欢把这一问题称为"Brachystochrone",拉丁文 brachys-tos 的含义是"最短的",chronos 的含义为"时间",因而组合起来应为"最短时间"问题。

变分法成为一门学科应归功于欧拉。1728 年欧拉解决了测地线问题,1736 年提出欧拉方程,1744 年所发表"寻求具有某种极大或极小性质的曲线的方法"标志着变分法的诞生。1760 年拉格朗日引入变分的概念,1786 年勒让德讨论了变分的充分条件。1900 年克内泽尔(A. Kneser,1862—1930 年)所出版的《变分法教程》给出该学科的较系统理论。

7.4.4　概率论

一般认为,概率论源于赌博问题,创立于 1654 年 7 月 29 日。

1494 年,意大利数学家帕乔利在其所著《算术、几何、比与比例集成》一书中提出,两个赌徒相约赌若干局,谁先赢 s 局就算赢。现在一个人赢了 a($a<s$)局,另一个人赢了 b 局($b<s$),如果赌博提前中断,如何公平分配赌金?

帕斯卡和费马把赌博问题转变成数学问题,用数学演绎法和排列组合理论得出正确解答。帕斯卡与费马的通信直至 1679 年才完全公布于世,故从某种意义讲,惠更斯的论著《论赌博中的计算》第一次对以前概率论知识系统化、公式化和一般化。该书写作方式很像一篇现代的概率论论文。先从关于公平赌博值的一条公理出发,推导出有关数学期望的三个基本定理,利用这些定理和递推公式,解决了点子问题及其他一些博弈问题。最后提出 5 个问题留给读者解答,并仅给出其中的 3 个答案。通常所谓的惠更斯的 14 个命题,指的就是书中 3 条定理加上 11 个问题。

任何人都能观察到在大量重复同一试验时,某事件出现的频率会越来越稳定于某一数值,这就是大数定理的思想所在。真正使概率论成为一门独立数学分支的奠基人是雅各布·伯努利,其兴趣不在这一定理的内容,而是证明它,找出理论依据。在《猜度术》中,他给出了"伯努利大数定理"。即随着试验次数的增加,某事件出现的频率会集中在该事件的概率附近。伯努利大数定理从理论上刻画了大量经验观测中呈现的稳定性,其意义在于揭示了因偶然性的作用而呈现的杂乱无章现象中的一种规律性。雅各布为这个发现而自豪:"这个问题我压了 20 年没有发表,现在我打算把它公诸于世了。它又难又新奇,但它有极大用处,以致在这门学问的所有其他分支中都有其高度价值和位置。"伯努利定理作为大数定理的最早形式,在概率论发展史上占有重要地位,因此,1913 年 12 月圣彼得堡科学院举行庆祝大会,纪念大数定理诞生 200 周年。

《猜度术》标志着概率概念漫长形成过程的终结与数学概率论的肇始。该书鼓舞了一些学者转向这门诱人的学科。棣莫弗、蒲丰(G. - L. L. Buffon,1707—1788 年)、拉普拉斯、泊松、高斯等对概率论做出了进一步的奠基性贡献。

棣莫弗在 1718 年把《抽签的计算》修改扩充为《机会论》,其中首次定义了相互独立事件的乘法定理,给出了二项分布公式,讨论了"赌徒输光"、"点数问题"等掷骰子问题。然而,棣莫弗考虑到游戏者具有不同技巧的情况,也考虑到有三个游戏者参加的情况,重要的是导出关于 $n!$ 的渐近公式,并以此证明了概率为 1/2 时的二项分布收敛于正态分布的棣莫弗 - 拉普拉斯定理。

突破有限个等可能事件的限制,把等可能思想应用于无穷多个事件的情形,就产生了几何概率。蒲丰于 1777 年出版的《或然性试验》,首先提出并解决了现在著名的"蒲丰投针问题"(用现代术语)。蒲丰对问题的解答暗含着概率假定,包含了现在对"随机地"这一短语的正确认识。后许多数学家把这该问题推广到投掷小薄圆片或投入到被分为若干个小正方形的矩形域中或连续曲线上。这些问题都被称之"蒲丰问题"，研究的是具有"等可能性"的事件，而其试验结果为无限个。

随着数学分析的蓬勃发展，微分方程、特征函数、反演公式、母函数和积分等分析工具逐步成为研究概率论的数学技术，其标志性著作是拉普拉斯于 1812 年出版的《分析概率论》。《分析概率论》开创了概率论发展的新阶段，实现了概率论研究由组合技巧向分析方法的过渡。该书明确地给出了概率的古典定义（事件的概率等于有利于事件的结果数与所有可能的结果数之比）；独立事件的加法、乘法法则；推广了大数定理理论；导出了二项分布渐近于正态分布的中心极限定理（后称棣莫弗－拉普拉斯定理）。

极限定理在概率论中占据很重要的地位。现实中影响事件结果的随机因素很多，虽每个因素对结果的影响都不大，若把这些因素综合起来就会有明显的作用，因而需要研究这些随机变量的和。中心极限定理就是随机变量的和渐近于正态分布的规律性，它可把许多无法了解或了解得很少的随机事件的概率分布归结为已知的正态分布，则可对知之甚少的事物做进一步的研究。拉普拉斯应用极限定理解释了某一国家注册结婚数目的稳定性，死信数目的稳定值，解决了和年金有关的问题。

拉普拉斯在人口统计、养老金、估计寿命、审判调查等诸方面广泛地应用了概率论。在《概率的哲学导论》中他提出：概率论终将成为人类知识中最主要的组成部分，因人类生活中最重要的问题绝大部分是概率问题。

泊松从法庭审判问题来研究概率论。在 1837 年的论文"关于刑事案件和民事案件审判概率的研究"中，他继续研究拉普拉斯曾考虑的问题，并提出了描述随机变量的泊松分布。泊松认识到了大数定理的重要性。他认为，大数定理的本质在于大量随机变量的算术平均值与它们的期望近似相等。

虽拉普拉斯、高斯已使用了随机变量的概念，但常常与观测误差理论的问题有关。泊松第一个尝试把该概念与这些问题相分离，他把随机变量看做与所有自然科学的一般概念同等重要。他提到以相应的概率分别取值 $a_1, a_2, \cdots, a_\lambda$ 的"任意事物"，这其实和现代离散随机变量概念相一致。在"论观测的平均结果的概率"中，他也尝试用同样的方法考虑连续随机变量，及其分布函数。但他的随机变量理论，本质上并没有与他的前辈或同代人所掌握的知识有何不同。

狄利克雷（P. G. L. Dirichlet，1805—1859 年）在概率论历史上很少被提及，可能是在其著作中极少的概率论注记不值得研究，但他对概率论的研究体现了当时用分析方法来研究概率论的特点。1829—1850 年间，狄利克雷在柏林讲授概率论课程，其内容包括误差理论和最小二乘法。

狄利克雷对概率问题的兴趣与其说源自在应用上的重要性，不如说是其解析特征。对他而言，概率论首先是积分的应用，因为它有助于"最终结果的表示"，尤其是有助于处理"大量事件"，因此他把概率论放在定积分课程里讲授。他所讨论概率问题的方式从某种程度上表明了从古典概率论转向分析概率论的趋势。

7.4.5　微分几何

虽然从微积分开始创立时，微分几何的研究就开始了，但作为一门完整的学科，微分几何却直到 18 世纪才独立出来。"微分几何"术语则迟至 1894 年才第一次为人们所使用。

由于惠更斯、牛顿、莱布尼茨、伯努利家族的研究，微分几何中平面曲线的理论如渐屈线、渐伸线、曲率、包络、曲率半径等问题在 17 世纪已基本上完成了。

空间曲线理论，作为三维微分几何中的重大理论，应归功于克莱洛。他把一条空间曲线看做是两个曲面的交线。他在空间曲线微分几何方面的贡献主要是，给出了空间曲线弧长的微积分表达式，以及部分曲面面积的求积公式。他还提出空间曲线有两个曲率的思想。

1774 年，欧拉开始了微分几何的研究，他用参数方程表示空间曲线得出空间曲线曲率半径的公式。他还给出密切平面方程。

17 世纪数学家对测地线的研究，也带动了微分几何曲面理论研究。18 世纪克莱洛、欧拉等都研究过测地线，1728 年欧拉还给出了曲面上测地线的微分方程。测地线在今天微分几何教材中构成了一个重要的内容——短程线。

1760 年，欧拉在《关于曲面上曲线的研究》（RecherchesSur la Courbure des Surfaces）中建立了曲面的理论，这部著作堪称微分几何发展史上的一个里程碑。欧拉引进并使用了主曲率、法曲率、法截线、法平面等一系列新的几何概念。

1776 年，蒙日的学生梅斯尼埃（J. Meusnier dela Place，1754—1793 年）得到了"梅斯尼埃定理"。随后他又证明了两个主曲率处处相等的曲面只有平面和球面。其论文使得 18 世纪许多微分几何研究成果变得直观了。

1771 年，欧拉在"论表面可以展平的立体"一文中，引进了曲面的参数表示，这些新的表示方法对微分几何的推进影响极大，直接为研究曲面的基本齐式等问题提供了有力工具。

欧拉和蒙日还讨论了可展曲面问题。在 1771 年欧拉得到了可展曲面的一个充分必要条件。1775 年，蒙日给出了可展曲面的另外三种条件。

蒙日是 18 世纪的几何大师，是继笛卡儿、德沙格后在几何方面的重要革新者，他在画法几何、解析几何、微分几何、射影几何等方面都有卓越的贡献。被人称为射影几何的集大成者，微分几何之父。16 岁时，由于数学方面的出众才华，被推荐到梅济耶尔皇家军事工程学院学习战场工事构筑。1769 年完成第一篇关于微分几何学的论文。1772 年，被巴黎科学院选为通信研究员，1775 年，皇家军事工程学校正式授予他"皇家数学和物理学教授"头衔，时年 29 岁。1780 年后定居巴黎，从事数学、科学研究和政治活动。他的广泛科学研究赢得了好评。拉格朗日在听了蒙日的一次讲演后对他说："我亲爱的同事，你刚才提出了许多第一流的成果，要是我能够做出来就好了。"

蒙日和近代化学之父拉瓦锡曾一起工作，取得了一些重要成果。他已经意识到了工业发展对科学的要求，因此主张大力发展科学，并且将工业化视为改善人民生活的重要途径。法国大革命期间，蒙日利用其丰富的数学知识，指导国民工会铸造火炮、生产弹药，深受年轻炮兵军官拿破仑的热爱和尊敬。1796 年，比拿破仑年长 23 岁的蒙日，成为这位法军总司令的军事顾问，开始了两人长达 22 年的亲密友谊。即使在法军兵败滑铁卢后，蒙日仍对拿破仑忠心耿耿。以致拿破仑说："蒙日爱我，就像一个人爱着其情人。"

蒙日十分注重科学技术教育，1794 年负责筹建法国第一流的高等科技学院，建成了法国多科工艺学校，他担任校长多年，还建议成立培养师资的专门学校，1795 年 1 月建成了世界上第一所高等师范学校——巴黎高等师范学校。他为法国乃至西方的高等科学技术教育、师范教育奠定了基础。蒙日在多科工艺学校和高等师范学校建立了几何学派。他巧妙地将微积分、微分方程与几何学结合起来，在微积分中引进了几何语言，在几何中引入了微积分工具。他在微分方程中引入了特征曲线、特征锥等一系列全新的概念，在微分几何中引进了三维空间的曲面曲率线的概念。

18 世纪微分几何的研究主要是受大地测量和地图绘制等问题的推动。在这些问题的研究中发现了保角映射等映射问题，拉格朗日、欧拉、兰伯特（J. G. Lambert，1728—1777年）等曾研究过这些问题，如兰伯特第一个研究了球面到平面的保角映射，并于 1772 年得到了这种映射的公式，1779 年拉格朗日得到了地球表面的一部分映射到一平面区域并且把纬圆和经圆都变为圆弧的全部保角变换，欧拉则利用映射知识绘制了一张俄国地图。

思 考 题

1. 简述欧拉的主要数学成就。
2. 微积分发明优先权的争论对 18 世纪的数学发展产生了什么影响？
3. 简述第二次数学危机的产生。
4. 简述函数概念的演化过程。
5. 泰勒公式有何重要理论意义？
6. 18 世纪创立的新数学分支有哪些？
7. 18 世纪数学发展有哪些特点？
8. 试分析 18 世纪末数学家的主导意见：数学的资源已经枯竭。
9. 简述常微分方程的发展历程。
10. 偏微分方程源于哪些问题？
11. 伯努利家族带给我们哪些启示？
12. 从偏微分方程的创立分析数学与音乐的关系。
13. 从概率论的创立中受何启发？
14. 简述微分几何的发展。
15. 最速降线问题和变分法有何联系？
16. 从雅各布的墓志铭中，您对数学家有何新的认识？

下讲学习内容提示

主要内容：代数学的新生，行列式与矩阵，布尔代数，代数数论等。

阅 读 材 料

1. Howard Eves, An Introduction to the History of Mathematics, Saunders, 1990, ISBN 0030295580 p141："No work, except The Bible, has been more widely used…."

2. O'Connor, J. J. and Robertson, E. F. (February 1996). "A history of calculus". University of St Andrews. http://www-groups. dcs. st-and. uk/ ~ history/HistTopics/The_rise_of_calculus. html. Retrieved on 2007-08-07.

3. The History of Algebra. Louisiana State University.

第三单元

现代数学史

第 8 讲　19 世纪的代数学发展

主要解决问题：

（1）虚数的历史地位是如何逐步确立的？

（2）如何理解伽罗瓦群理论的思想？

（3）高斯对数学的主要贡献。

（4）四元数创立的意义。

至 18 世纪后半叶，数学内部悄悄积累的矛盾已酝酿着新的变革。当时面临着一系列数学发展中自身提出而长期悬而未决的问题，其中最突出的是：高于四次代数方程的根式求解、欧几里得几何中平行公理的证明及微积分算法逻辑基础等问题。至 19 世纪初，这些问题已变得越发尖锐而不可回避。它们引起数学家集中关注和热烈探讨，导致了数学发展的新突破。与 18 世纪末部分数学家们的悲观预料完全相反，数学科学在 19 世纪跨入了一个前所未有、突飞猛进的发展时代。

在 19 世纪，代数学所发生的革命性变革主要是：阿贝尔证明了五次以上的一般代数方程不可能用根式求解；伽罗瓦（E. Galois，1811—1832 年）对高次方程是否能用根式求解问题给出更彻底的解答，并引进了置换群的正规子群、数域的扩域、群的同构等概念；皮科克（Geroge Peacock，1791—1858 年）的《代数通论》对代数运算基本法则进行研究，试图建立更一般的代数；哈密顿（Willian Rowan Hamilton，1805—1865 年）构造出四元数；格拉斯曼（Hermann Gunther Grassmann，1809—1877 年）得到具有 n 个分量的超复数理论。对整个代数学史而言，这些进展可谓代数学的革命性变化，具有划时代的理论意义。

8.1　代数方程根式解和群理论的建立

8.1.1　高斯和代数基本定理

19 世纪初代数学研究的注意力仍是解代数方程，关注于五次或高于五次的代数方程上。1799 年高斯提交了其博士论文《每个单变量有理整函数均可分解为一次或二次实因式积的新证明》，其中证明了代数基本定理：任一多项式都有根。进而可知，几次代数方程恰有几个根。

与前人不同的是，高斯将多项式的根与复平面上的点对应起来。当然高斯的第一个证明在逻辑上尚不完美，其中用到了与连续函数和代数曲线连续性有关的事实而未作证明。后高斯又给出代数基本定理的另外三个证明。

高斯幼年时就表现出超人的数学天才，11 岁发现了二项式定理，1795 年进入哥廷根大学学习，1796 年发现了正十七边形的尺规作图法。高斯用代数方法解决了 2000 多年来的几何难题，他视此为生平得意之作，还嘱托把正十七边形刻在其墓碑上。

高斯的科学研究几乎遍及数学所有领域，在数论、代数学、非欧几何、复变函数和微分几何等方面都做出了开创性的贡献，他还把数学应用于天文学、大地测量学和磁学的研究。高斯的治学遵循三条原则：宁肯少些，但要好些；不留下进一步要做的事情；极度严格的要求。其著作都是精心构思，反复推敲过，以最精炼的形式发表出来。高斯生前只公开发表过155 篇论文，还有大量著述没有发表。直到后来人们发现许多数学成果早在半个世纪以前高斯就已经知道了。也许由于过分谨慎和许多成果没有公开发表之故，高斯对当时一些青年学家的影响并不是很大。他称赞阿贝尔、狄利克雷等人的研究工作，却对他们的信件和文章表现冷淡。和青年数学家缺乏思想交流，故在高斯周围没能形成一个人才济济、思想活跃的学派。

高斯的墓碑朴实无华，仅镌刻"高斯"二字。为纪念高斯其故乡改名为高斯堡。哥廷根大学为他建立了一个以正十七棱柱为底座的纪念像。在慕尼黑博物馆高斯画像的题诗为：

他测量了行星路径、地球形状和自然力，

其思想深入数学、空间和大自然的奥秘。

其研究极大推动了数学科学的进展，

深远影响一直持续到下一个世纪。

8.1.2 拉格朗日的置换群

在解出三、四次方程后的整整两个半世纪内，很少有人怀疑五次或高于五次的代数方程根式解的可能性。历史上第一个明确宣布"不可能用根式解四次以上方程"的数学家是拉格朗日。

1770 年，拉格朗日发表了其长达 220 页的论文"关于代数方程解的思考"，讨论了解二次、三次、四次方程的一切解法，并指出这些解法所依据的理论对于五次及更高次方程是不可能发生的。拉格朗日发现三次方程有一个二次辅助方程，其解为原三次方程根的函数并且在根的置换下仅取两个值；四次方程则有一个三次辅助方程，其解在原方程根的置换下仅取三个不同值。他称这些辅助方程的解为原方程根的"预解函数"，并试图进一步将上述方法推广到五次和五次以上的方程。他继续寻找五次方程的预解函数并希望它是低于五次的方程的解，但没有成功，因而猜测高次方程一般不能根式求解并试图对这种不可能性做出证明，最后他不得不坦言这个问题"好像是在向人类的智慧挑战"。拉格朗日最有启发性的思想是研究根的对称函数并考虑一个有理函数当其变量发生置换时取值的个数，这蕴涵了置换群的概念。

1799 年，意大利的鲁菲尼用拉格朗日的方法证明了不存在一个预解函数能满足一个次数不低于五次的方程，并明确提出要证明高于四次的一般方程不可能用代数方法求解。在这一问题上，18 世纪的数学家已经走到了成功的边缘，他们虽然未能达到目标，却为下一世纪的最终冲刺指明了方向。

8.1.3 阿贝尔和代数方程

1824 年，年仅 22 岁阿贝尔自费出版了一本小册子《论代数方程：证明一般五次方程的不可解性》，严格证明了事实：若代数方程的次数大于等于 5，则任何以其系数符号组成的根式都不可能表示方程的一般解。这样五次和高于五次的一般代数方程的求解问题就彻底解决了。他还考虑了一些特殊的能用根式求解的方程，其中一类现称为"阿贝尔方程"。阿贝尔实际上引进了"域"的概念，虽然他尚未如此称之。

阿贝尔的父亲是个穷牧师，母亲非常美丽，她遗传给阿贝尔惊人的漂亮容貌。儿时由父兄教导识字，因请不起家庭教师，小学教育基本上是由父亲来教。

1817 年是阿贝尔一生的转折点。阿贝尔遇到了比自己大 7 岁的数学教师霍姆伯厄。霍姆伯厄很快就发现了阿贝尔的惊人数学天赋，开始给他教授高等数学，还介绍阿贝尔阅读泊松、高斯及拉格朗日的著作。在其热心指点下，阿贝尔很快掌握了经典数学著作中最难懂的部分。

1822 年 6 月，阿贝尔靠着霍姆伯厄等人的资助，在克里斯蒂安尼亚大学念完了必修课程，当时大学里人人都知道他是个数学天才。可父亲已于两年前去世，家里一贫如洗，无法继续从事数学研究。

1823 年夏，拉斯穆辛教授给阿贝尔一笔钱去哥本哈根见达根，希望他能在外面增加见识和扩展视野。从丹麦回来后阿贝尔重新考虑一元五次方程解的问题，最终正确解决了这个几百年来的难题：五次方程不存在代数解。后把这个结果称为阿贝尔－鲁芬尼定理。阿贝尔认为这结果很重要，便自掏腰包在当地印刷其论文。为减少印刷费，他把结果紧缩成只有 6 页的小册子。

阿贝尔满怀信心地把小册子寄给外国的一些数学家，其中包括高斯，希望能得到一些反应和支持。可惜文章太简洁了，几乎没有人能看懂。高斯也未重视这篇论文，因在其遗物中发现阿贝尔寄给他的小册子还没打开。阿贝尔的朋友们，请求挪威政府资助这个年轻人，作一次以学习数学为主要目的的欧洲之行。经过慎重考虑之后，政府让阿贝尔在克里斯蒂安尼亚学习法语和德语。在 1825 年 8 月，皇家从窘迫的财政中拨出一笔钱给阿贝尔，让他到法国和德国学习一年。

阿贝尔在德国并没有去找高斯，可能他觉得这个大数学家难以接近，也难以帮助他。不过这一年是他一生中最幸运、成果最丰硕的时期。在柏林，阿贝尔遇到克雷尔，并将其论文载入《纯粹和应用数学杂志》。阿贝尔一生最重要的工作——关于椭圆函数理论的研究就完成在这一时期。阿贝尔把这些丰富的成果整理成长篇论文"论一类极广泛的超越函数的一般性质"。后阿贝尔又写出若干篇类似论文，都发表在克雷尔所办杂志。

1826 年 7 月，阿贝尔来到法国，当时的法国皇家科学院正被柯西、泊松、傅里叶、安培和勒让德等把持，学术气氛非常保守，各自又忙于自己的研究课题，对年轻人的工作并不重视。阿贝尔留在巴黎期间觉得很难和法国数学家谈论其研究成果。他曾寄给法国科学研究院一篇论文，勒让德看不大懂，就转给柯西。柯西正忙着自己的工作，无暇理睬。

1827 年 5 月底，阿贝尔回到了克里斯蒂安尼亚。那时他不仅身无分文，还欠了朋友一些钱。他的弟弟无所事事，用他的名字借了一些钱，他还必须偿还。于是，阿贝尔靠给一些中、小学生补习初级数学、德语和法语赚点儿钱。后来阿贝尔很幸运地被推荐到军事学院教授力学和理论天文学，薪水虽不是很多，却可让他安心继续从事椭圆函数的研究。这时，阿贝尔的身体越来越衰弱。自 1828 年夏天起，他一直生病发烧咳嗽，人也变的消沉，感到前途暗淡无光，而且无法摆脱靠他养活家人的负担。但阿贝尔最终还算幸运，回挪威后一年，欧洲大陆的数学界渐渐了解了他，他已成为欧洲众所瞩目的优秀数学家之一。遗憾的是，他处境闭塞，对此情况竟一无所知，甚至连在自己的国家谋一个普通大学教职也不可得。1828 年挪威的冬天很冷，阿贝尔穿上了所有衣服，可还是觉得冷。他咳嗽、发抖，觉得胸部不适，但是在朋友面前他装作若无其事，而且常开玩笑，以掩饰身体的不舒服。1829 年 4 月 6

日，阿贝尔去世，身边只有未婚妻克里斯汀。阿贝尔死后两天，被任命为柏林大学数学教授的通知才来到。

阿贝尔在五次方程和椭圆函数研究方面远远的走在当时研究水平的前面，乃至其学术研究成果生前没有得到承认。埃尔米特曾感叹道："阿贝尔所留下的思想，可供数学家们研究150年。"通过阿贝尔的遭遇，我们认识到建立客观而公正的科学评价体制是至关重要的。科学界不仅担负着探索自然奥秘的任务，也担负着发现人才的任务。科学评价中的权威主义倾向往往有害于发现和栽培科学人才。科学权威意味着其在科学的某领域里曾做出先进工作，他可能是科学发现方面踌躇满志的权威，却不一定是评价、发现、培养科学人才的权威，尤其当科学新分支不断涌现，所要评价的对象连权威都陌生的新领域时，情况更是如此。

8.1.4 伽罗瓦和群理论

阿贝尔关于代数方程的工作只是证明对于一般的五次和五次以上方程根式解是不可能的，但并不妨碍寻求一些特殊的代数方程，如阿贝尔方程的根式解。在阿贝尔的工作之后，数学家所面临的基本问题变为：什么样的特殊方程能够用根式来求解？解决这一问题的是法国数学家伽罗瓦。伽罗瓦在1829—1831年间完成的几篇论文中，建立了判别方程根式可解的充要条件，从而解决了方程根式可解性这一经历了300年的难题。

伽罗瓦的基本思想是将一个高次方程的所有根作为一个整体来考察，并研究它们之间的排列或称"置换"。他在这种置换间定义了一种乘积运算，使得这些置换的全体构成一个集合，而其中任意两个置换的乘积仍在该集合中。伽罗瓦称为"群"。这是历史上最早"群"的定义，不过它只是针对具体置换群所作的定义，还不是抽象意义上群的一般定义。但伽罗瓦正是利用他所提出的群概念来解决方程根式可解性问题。

考虑一个方程的根形成的置换群中某些置换组成的"子群"，这个群，伽罗瓦称为"方程的群"，也就是今天所说的"伽罗瓦群"。其含义如下：考虑由方程系数的有限次加、减、乘、除四则运算可能得到的一切表达式的集合。这个集合现在叫方程的"基本域"，并记为 $F = Q(a_1, a_2, \cdots, a_n)$，是由方程系数 a_1，a_2，$\cdots$，a_n 所生成的一个有理数域。以 F 中的元素为系数，方程的根所形成的全部代数关系，在一些置换之下将保持不变，这些置换所形成的子群，就是伽罗瓦群。

需要指出，保持根的代数关系不变，就意味着在此关系中根的地位是对称的。因此，伽罗瓦群刻画了方程根的对称性。伽罗瓦指出，方程的群与方程是否根式可解存在着本质联系，对方程的群的认识，是解决全部根式可解问题的关键。伽罗瓦证得，当且仅当方程的群满足一定的条件（即方程的群是可解群）时，方程才是根式可解的，即他找到了方程根式可解的充分必要条件。

在伽罗瓦之前，拉格朗日已经讨论过根的置换并意识到置换理论是"整个问题的真正哲学"，但他却未能继续前进。只是伽罗瓦通过引进全新的群概念，才明确指出了其间的实质联系，从而解决了包括欧拉、拉格朗日等大数学家都感到棘手的问题。

像阿贝尔一样，伽罗瓦的研究成果在他生前完全被忽视了，而且和阿贝尔相比，伽罗瓦的身世更为悲惨。伽罗瓦出生在巴黎附近一个小镇的镇长家庭，家境本很优裕，但他生逢法国大革命的动荡时代，自18岁丧父之后，各种不幸便接踵而至。先是报考向往已久的巴黎综合工科大学而遭失败。后虽考进巴黎高等师范学校，但第二年却因参加反对波旁王朝的

"七月革命"而被校方开除，再后更因参加政治活动而两度被捕入狱。l832 年 3 月 16 日，由于官方宣布霍乱正在流行，伽罗瓦被转移到一家私人医院中服刑。他在那里与医院院长的女儿相恋，可不久又有了"第三者"，伽罗瓦出狱后挑战"第三者"。5 月 29 日，即决斗的前一天，伽罗瓦自知难以摆脱死亡的命运，连夜给朋友写信，仓促地把自己生平的数学研究成果扼要写出，并附以论文手稿。他在天亮之前几个小时写出的东西，为一个折磨了数学家们 3 个世纪的问题找到了真正的答案，并且开创了数学科学的新天地。第二天清晨，在冈提勒的葛拉塞尔湖附近，他与对手决斗，决斗场上被打穿了肠子。死之前，他对在他身边哭泣的弟弟说："不要哭，我需要足够的勇气在 20 岁的时候死去"。5 月 31 日，这位未满 21 岁的数学家与世长辞了。

伽罗瓦的数学研究，就是在这种激烈的动荡和遭受种种打击的情况下利用极为有限的时间进行的。他的研究可以看成是近世代数的发端。这不只是因为他解决了方程根式可解性这样一个难题，更重要的是群概念的引进导致了代数学在对象、内容和方法上的深刻变革。伽罗瓦的有关文章在他被杀 14 年后，才于 1846 年首次公开发表。在 1849—1854 年间，凯莱（A. Cayley，1821—1895 年）在其影响下指出矩阵在乘法下、四元数在加法下都构成群。人们还发现高斯在数论中研究过的具有同一判别式的二次型类对于型的合成运算也构成群。1868—1869 年间，约当（C. Jordan）在物理学家布拉维斯（A. Bravais）关于运动群理论的启发下开展了无限群的系统研究。约当的工作又影响克莱因（F. Klein，1849—1925 年）关于几何分类中无限变换群的研究。克莱因在 1872 年发表的《爱尔朗根纲领》正是基于这项工作，提出了几何学统一的思想。1874—1883 年间，挪威数学家李（S. Lie，1842—1899 年）又研究了无限连续变换群。至此，数学家们终于完全认识到了伽罗瓦群理论的重要意义，而且"群"不再被局限于"置换"的概念，而是具有了更加普遍的意义。

到 19 世纪 80 年代，关于各种不同类型群的研究使数学家有了足够的积累来形成抽象群的概念。群可以理解为一类对象的集合，这些对象之间存在着类似于加法或乘法那样的二元运算关系，这种运算使得该集合满足封闭性、结合性，并在其中存在着单位元和逆元素。

在抽象的群概念中，其元素本身的具体内容已无关紧要，关键是联系这些元素的运算关系。而且，这种运算关系不再仅仅局限于我们熟知的加法或乘法。这样建立起来的一般群论也就成了描写其他各种数学和物理现象的对称性质的普遍工具。事实上，在 19 世纪末，群论已被应用于晶体结构的研究，在现代物理中，群论更成为研究基本粒子、量子力学的有力武器。

伽罗瓦理论现已被公认为 19 世纪数学最突出的成就之一。群概念的划时代意义在于，代数学由于群概念的引进和发展而获得了新生，它不再仅仅是研究代数方程，而更多地是研究各种抽象"对象"的运算关系，一方面，数的概念有了极大推广；另一方面，许多抽象的对象，在更高层次上与数的概念获得了统一。19 世纪中叶以后，这种抽象的"对象"层出不穷，从而为 20 世纪代数结构观念的产生奠定了基础。这种观念向数学其他领域的渗透，催生了众多的数学分支，代数数论、超复数系、线性代数、群论、环论、域论等新方向构架起了代学数庞大的新体系。

附：伽罗瓦的遗书

我请求我的爱国同胞们，我的朋友们，不要指责我不是为我的国家而死。

我是作为一个不名誉的风骚女人和她的两个受骗者的牺牲品而死的。我将在可耻的诽谤中结束我的生命。噢！为什么要为这么微不足道的、这么可鄙的事去死呢？我恳求苍天为我作证，只有武力和强迫才使我在我曾想方设法避开的挑衅中倒下。

我亲爱的朋友，我已经得到分析学方面的一些新发现……

在我一生中，我常常敢于预言当时我还不十分有把握的一些命题。但是我在这里写下的这一切已经清清楚楚地在我的脑海里一年多了，我不愿意使人怀疑我宣布了自己未完全证明的定理。

请公开请求雅可比或高斯就这些定理的重要性（不是就定理的正确与否）发表他们的看法。然后，我希望有人会发现将这些整理清楚会是很有益处的一件事。

热烈地拥抱你。——伽罗瓦

8.2　数　系　扩　张

8.2.1　虚数的诞生

数系是在矛盾中不断扩展的，特别是运算能否得到实施方面。四则运算及开方是最为基本的运算，一旦受阻，原有数系就要扩展。如对正整数系来说，其对加法、乘法是封闭的，但对减法不封闭，其差有时不知为何数。因而从正整数系扩展到整数系，就需引进负整数和零。就实数系而言，四则运算及非负实数的开方是封闭的，但对负实数的开方不封闭，因此就需要引进新数。在扩充新系时须考虑下列原则：（1）新数系比旧数系更广；（2）新数系由旧数系得到；（3）新数系要保持旧数系的性质及运算。

笛卡儿最初也只承认正数，不承认负数和虚数，他认为虚数并不是数。在其《几何学》中使用"虚的数"与"实的数"来表示现在的实数和虚数，从此，"虚数"（imaginary number）才得以流传下来。

对复数的模糊认识，莱布尼茨的说法最具有代表性："圣灵在分析的奇观中找到了超凡显示，这就是那个理想世界的端兆，那个介于存在与不存在之间的两栖物。"

即使是对复数发展做出突出贡献的欧拉，也曾认为："它们既不是什么都不是，也不比什么都不是多些什么，更不比什么都不是少些什么，它们纯属虚幻。"哈密顿也质疑"在这样一种基础上，哪里有什么科学可言"。

1748 年，欧拉发现著名公式

$$e^{i\theta} = \cos\theta + i\sin\theta$$

1747 年，达朗贝尔指出，若按多项式的四则运算规则对虚数进行运算，则其结果总为 $a + \sqrt{-b}$ 形式（其中 a, b 皆为实数）。

1777 年，欧拉在递交给圣彼得堡科学院的论文"微分方程"中，首次使用符号 $i = \sqrt{-1}$，并系统建立了复数理论。

1797 年，挪威测量学家韦塞尔在递交给丹麦科学院的论文中，给出了复数的几何意义，正式提出把复数 $a + bi$ 用平面上的点 (a, b) 来表示，用平面上的向量来表示，初步建立了复平面的概念。

后来，瑞士数学家阿甘达给出复数的一个几何解释。他注意到负数是正数的一个扩张，它是将方向和大小结合起来得出的，其思路为：能否利用新增添某种新的概念来扩张实数系？

1806 年，高斯发现并公布了虚数的图像法，1831 年给出了复数几何表示的详细说明。

他采用有序数对 (a, b) 代表复数 $a + bi$，将平面上同一点的两种不同方法即直角坐标法和极坐标法加以综合，同时给复数以代数化，把复数的和与积用纯代数法定义，统一于表示复数的代数式和三角式两种形式之中，第一次深刻地揭示了复数性质。

1832 年，高斯首先使用"复数"术语。他认为，如果 1、-1 原来不称为正、负和虚单位，而称为直、反和侧单位，则对这些数就可能不会产生种种神秘印象。

哈米顿所关心的是算术逻辑，并不满足于几何直观。他指出：复数 $a + bi$ 不是 $2 + 3$ 意义上的一个真正的和，加号的使用是历史的偶然，而 bi 不能加到 a 上，并给出有序数对的四则运算，使得这些运算满足结合律、交换律和分配律。

首次应用复数的是史坦梅兹（C. P. Steinmetz），他发现在交流电的计算中，复数是不可或缺的。后来复数在电工学、流体力学、振动理论、相对论、量子力学、机翼理论中得到广泛的实际应用。

8.2.2　四元数的发明

任何实数或虚数都是一维的，因其本身只有一个部分表明其数量，且它们能图示在一条直线上。复数是二维数，由一个实数和一个虚数组成。复数仅能用于表示平面，若有不在同一平面上的力作用于同一物体，则需要寻找三维"复数"及相应运算体系。

早在 1828 年，哈密顿就想发明一种新代数，用来描述绕空间一定轴转动并同时进行伸缩的向量运动。他设想这种新代数应包含四个分量：两个来固定转动轴，一个来规定转动角度，第四个来规定向量的伸缩。但在构造新代数的过程中，由于受传统观念的影响，哈密顿不肯放弃乘法交换律，故屡受挫折。他相信，普通代数最重要的规律必定继续存在于其寻找的代数之中。

1843 年 10 月 16 日，哈密顿和妻子沿着都柏林的皇家运河散步时，突然灵感像闪电般出现，他是那么兴奋，立刻用小刀在布尔罕桥（Brougham Bridge）上的石头刻上最初出现的公式：

$$i^2 = j^2 = k^2 = -1, ij = k, jk = i, ki = j, ji = -k, kj = -i, ik = -j$$

哈密顿创造了四元数，将其描绘成有序四重实数：一个标量 a 和向量 $bi + cj + dk$ 的组合。四元数将复数作为特殊形式包含在自身之中，属于超复数。但这种新数对乘法交换律不再成立，哈密顿为此考虑了十余年，最后突然想到牺牲交换律，于是第一个非交换律的代数诞生了。

哈密顿的这个创造，把代数学从传统的实数算术束缚中解放出来，此前无论是实数或复数，四则运算都有其既定的规矩。四元数的乘法交换律不成立警示我们数学既可是现实世界的直接抽象也可源于人类思维的创造，正是这种创新思想引起了代数学领域质的飞跃，从此可通过减弱、放弃或替换普通代数学中的不同定律和公理，而自由构造新的数系。这样向量代数的观念及运算才变成可能，代数学的观念才变得更加自由和宽广。

哈密顿认为四元数与微积分一样重要，是数学物理的主要工具。从物理学上讲，四元数就是 pauli 矩阵，而有了 pauli 矩阵，才有了扭量。电磁理论与四元数的结合是微妙的，因电磁场在四维时空才是天然的。如果没有四元数的发明，就不会有现代量子物理学。只有在四维之上，霍奇算子能把曲率映为曲率；也只有在四维欧氏空间之上，唐纳森（S. Donaldson，1957—）发现了无穷多微分结构。后来麦克斯韦把四元数的数量部分和向量部分分开处理，从而创造了大量的向量分析。

8.2.3　八元数的提出

1845 年，凯莱用四元数的有序对定义了八元数。八元数是四元数的一个非结合推广，通常记为 O。任意八元数可表示为

$$a = a_0 + a_1 e_1 + a_2 e_2 + a_3 e_3 + a_4 e_4 + a_5 e_5 + a_6 e_6 + a_7 e_7$$

其中 1，e_1，e_2，e_3，e_4，e_5，e_6，e_7 为数系 O 的单元。所定义的乘法既不满足交换律也不满足结合律。

八元数满足结合性的较弱形式 – 交错性。即由任两个元素所生成的子代数是结合的。可以证明，由 O 的任两个元素所生成的子代数都与 R、C 或 H 同构，它们皆为可结合的。此外，八元数保留了 R、C 和 H 共同拥有的一重要性质：其上范数满足

$$\| xy \| = \| x \| \, \| y \|$$

这意味着八元数形成了一个非结合的赋范可除代数，所有更高维代数都不满足此性质。这样，实数域上赋范可除代数是 R、C、H 和 O。这四个代数也形成了实数域上交错的、有限维的可除代数。

由于八元数不是结合的，因此 O 的非零元素不形成一个群。然而，它们形成了一个拟群。现已知八元数的自同构群是紧李群 G_2，G_2 的李代数按 Cartan 分类是 G_2 型的十四维单李代数。G_2 在 R^7 中单位球面 S^6 上是可迁的，具有迷向群 $SU(3)$，故有

$$S^6 \cong G_2 / SU(3)$$

在物理学中，$SU(3)$ 是不同家族粒子的内部对称群，这些粒子包括 quarks，baryons，mesons 等。此外，八元数在诸如弦理论、狭义相对论和量子逻辑中也有应用。

数概念能否无限制地扩张下去？数概念的扩张准则是什么？

1867 年，汉克尔（H. Hankel，1839—1873 年）提出了数的固本原则，数概念的扩张是为了满足某种代数运算的需要；扩张结果必须保持原来的运算都能继续进行（保持各种算律）；扩张所得新数集中必有一个子集与原数集同构。他指出，复数是满足固本原则进行扩张所能得到的最大数集，六种代数运算可在复数范围内自由实施；再向超复数扩张，就不能满足固本原则：四元数的乘法不满足交换律；八元数的乘法既不满足交换律，又不满足结合律，若舍弃更多运算性质，超复数还可扩张到十六元数、三十二元数、六十四元数，一百二十八元数等。

8.3　矩阵与行列式

关于线性方程组解的发展，形成了行列式和矩阵的理论。

8.3.1　矩阵

“矩阵”术语由西尔维斯特（J. Sylvester，1814—1897 年）首先使用，他为区别数字的矩形阵列与行列式而发明的。不管行列式的值是否与问题有关，方阵本身都可以研究和使用，矩阵的许多基本性质也是在行列式的发展中建立起来的。在逻辑上，矩阵的概念应先于行列式的概念，然而在历史上的次序正好相反。

一般认为，凯莱是矩阵论的创立者，他首先把矩阵作为独立的数学概念提出来，并发表了相关的一系列文章。凯莱同研究线性变换下的不变量相结合，引进矩阵以简化记号。1858

年，他发表了论文"矩阵论的研究报告"，系统地阐述了矩阵理论。文中定义了矩阵的相等、矩阵的运算法则、矩阵的转置以及矩阵的逆等一系列基本概念，指出矩阵加法的可交换性与可结合性。另外，凯莱还给出了方阵的特征方程和特征根及有关矩阵的一些基本结果。

1855 年，埃尔米特证明了他人发现的一些矩阵类的特征根的特殊性质，如现称为埃米特矩阵的特征根性质等。后克莱伯施（A. Clebsch，1831—1872 年）、布克海姆（A. Buchheim）等证明了对称矩阵的特征根性质。泰伯（H. Taber）引入矩阵的迹的概念并给出了一些有关的结论。

弗罗伯纽斯（G. Frobenius，1849—1917 年）讨论了最小多项式问题，引进了矩阵的秩、不变因子和初等因子、正交矩阵、矩阵的相似变换、合同矩阵等概念，以合乎逻辑的形式整理了不变因子和初等因子的理论，并讨论了正交矩阵与合同矩阵的一些重要性质。1854 年，约当研究了矩阵化为标准型的问题。1892 年，梅茨勒（H. Metzler）引进了矩阵的超越函数概念并将其写成矩阵的幂级数形式。傅里叶、西尔和庞加莱还讨论了无限阶矩阵问题，这主要是适用方程发展的需要。

矩阵所具有的性质依赖于元素的性质，矩阵由最初作为一种工具经过两个多世纪的发展，现已成为独立的数学分支——矩阵论。而矩阵论又可分为矩阵方程论、矩阵分解论和广义逆矩阵论等矩阵的现代理论。矩阵及其理论现已广泛地应用于现代科技的各个领域。

8.3.2　行列式

行列式出现于线性方程组的求解，最初是一种速记的表达式，现已是数学中一种非常有用的工具。行列式由莱布尼茨和日本数学家关孝和（Seki Takakazu，1642—1708 年）发明。1693 年 4 月，莱布尼茨在写给洛比达的一封信中使用了行列式，并给出方程组的系数行列式为零的条件。关孝和在其著作《解伏题元法》中也提出了行列式的概念与算法。

1750 年，克莱姆在《线性代数分析导引》中，对行列式的定义和展开法则给出了比较完整、明确的阐述，并给出克莱姆法则。后贝祖（E. Bezout，1730—1783 年）将确定行列式每项符号的方法进行了系统化，利用系数行列式概念指出了如何判断齐次线性方程组有非零解。在很长一段时间内，行列式只是作为解线性方程组的一种工具使用，并没有人意识到它可以独立于线性方程组之外，单独形成一门理论加以研究。

在行列式的发展史上，第一个对行列式理论做出连贯逻辑的阐述，即把行列式理论与线性方程组求解相分离者，是范德蒙（A-T. Vandermonde，1735—1796 年）。范德蒙自幼在父亲的指导下学习音乐，但对数学有浓厚的兴趣，后来终于成为法兰西科学院院士。特别地，他给出了用二阶子式和它们的余子式来展开行列式的法则。对行列式来说，他是这门理论的奠基人。1772 年拉普拉斯证明了范德蒙提出的一些规则，并推广了展开行列式的方法。

1815 年，柯西给出行列式的第一个系统的、几乎是近代的处理。其中主要结果之一是行列式的乘法定理。另外，他第一个把行列式的元素排成方阵，采用双足标记法；引进了行列式特征方程的术语；给出了相似行列式概念；改进了拉普拉斯的行列式展开定理并给出了一个证明等。

西尔维斯特是一个活泼、敏感、兴奋、热情，甚至容易激动的人，然而由于是犹太人的缘故，他受到剑桥大学的不平等对待。西尔维斯特用火一般的热情介绍其学术思想，他同凯莱一起，发展了行列式理论，创立了代数型的理论，共同奠定了关于代数不变量的理论基础，他在数论方面也做出了突出的贡献，特别是在整数分拆和丢番图分析方面。他还创造了许多数学名词，当代数学中常用到的术语，如不变式、判别式、雅可比行列式等都是他引入的。西尔维斯特是《美国数学杂志》的创始人，为发展美国数学研究做出了贡献。

在行列式理论方面最多产者是雅可比（J. Jacobi，1804—1851 年），他引进了函数行列式，即"雅可比行列式"，指出了函数行列式在多重积分的变量替换中的作用，给出了函数行列式的导数公式。雅可比的论文"论行列式的形成和性质"标志着行列式系统理论的建成。由于行列式在数学分析、几何学、线性方程组理论、二次型理论等多方面的应用，促使行列式理论自身在 19 世纪也得到了很大发展。整个 19 世纪都有行列式的新结果。除一般行列式的大量定理之外，还有许多有关特殊行列式的其他定理都相继得出。

8.4　布　尔　代　数

布尔代数源于对数学和逻辑基础的探讨。莱布尼茨想要发明一种通用语言，以其符号和专门语法来指导推理，建立一种推理代数，提出思维演算和逻辑的数学化思想。

德·摩根发展了一套适合推理的符号，首创关系逻辑的研究，以代数方法研究逻辑演算，建立了德摩根定律，成为布尔代数的先声。

布尔（G. Boole，1815—1864 年）通过自学掌握了拉丁语、希腊语、意大利意、法语和德语，1835 年他在林肯市创办了一所中学，一边教书，一边自修高等数学，先后攻读了牛顿的《自然哲学的数学原理》，拉格朗日的《解析函数论》和拉普拉斯的《天体力学》。

1839 年，布尔决心尝试受正规教育，并申请进剑桥大学。当时《剑桥数学杂志》的主编格雷戈里（D. F. Gregory）反对他上大学："若为一个学位而决定上大学学习，那么你就必须准备忍受大量不适合于习惯独立思考者的思想戒律。这里，一个高级学位要求在指定的课程上花费的辛勤劳动与在才能训练方面花费的劳动同样多。如果一个人不能把自己的全部精力集中于学位考试的训练，则在学业结束时，他很可能发现自己被淘汰了。"于是，布尔放弃了受高等教育的念头，而潜心致力于自己的数学研究。

1844 年，布尔发表了"关于分析中的一般方法"的文章，确立了他在数学界的声誉，并获得皇家学会的奖章。1849 年，布尔分别获得牛津大学和都伯林大学的名誉博士学位，随即被聘为爱尔兰科克皇后学院（今爱尔兰大学）的数学教授。从此，他才有了比较安稳的生活保证。他保持这个职位一直到逝世。期间，他于 1857 年被推选为皇家学会会员。

布尔的主要贡献就是用一套符号来进行逻辑演算，即逻辑的数学化。凭着卓越的才干，他创造了逻辑代数系统，从而基本上完成了逻辑的演算工作。1847 年，他出版了《逻辑的数学分析，论演绎推理的演算法》。1854 年，他又出版了《思维规律的研究，作为逻辑与概率的数学理论基础》，奠定了数理逻辑的基础，为这一学科的发展铺平了道路。

布尔试图从逻辑公理出发，导出推理的规律。他不仅构造了逻辑代数系统，而且十分明确地对系统做了逻辑解释。对于逻辑代数系统，他给出两种解释：一种是类演算，一种是命题演算。命题演算系统可看作二值代数系统。在命题演算的解释中，他令 X，Y，Z 等代表命题，并假定命题只能接受真、假两种可能情况。1 表示真，0 表示假，XY 表示 X 与 Y 的合取，即 "X 并且 Y"；$X + Y$ 表示不相容的析取，即 "X 或 Y，但不同真"；$1 - Y$ 表示 Y 的否定。根据这种解释，X 为真记做 $X = 1$，X 为假记做 $X = 0$。如果 X 真则 Y 假记做 $X(1 - Y) = 0$，X 真且 Y 真记做 $XY = 1$。因此，复合命题的真假就可通过布尔演算由其支命题的真假唯一决定。这就是现在使用的真值表示方法。用这种方法，使数学家、逻辑学家对逻辑有更广泛更全面的理解。

施罗德（F. W. K. E. Schröder，1841—1902 年）的《逻辑代数讲义》（3 卷，1890—1905 年）把布尔的逻辑代数推向顶峰。

布尔代数今天已发展为结构极为丰富的代数理论，并且无论在理论方面还是在实际应用方面都显示出它的重要价值。特别是近几十年来，布尔代数在自动化系统和计算机科学中已被广泛应用。

8.5　数　　论

数论是最古老的数学分支之一，但 19 世纪前只有一些孤立的结果和方法的集合。真正形成一门完整的学科，直到 19 世纪才成为可能。

8.5.1　高斯的《算术研究》

1801 年，高斯出版了《算术研究》，其中制定了数论的标准化记号，系统化并推广了相关理论，引进了许多新方法，发现了一些新成果，因此该著作标志着数论研究新纪元的开始。高斯在数论方面的主要贡献是：开创了同余理论的研究，通过研究复整数的理论而奠定了代数数论的基础，系统化并扩展了型的理论，关于素数定理的研究。

高斯在《算术研究》中首先引入了同余记号，并系统地给出了关于同余式的算术运算。随后给出了关于多项式同余式基本定理的证明。在证明二次互反律后，又开始研究高次同余式的反转定律。在 1828—1832 年的论文中，他给出了双二次剩余定理及其证明，但没有发表。1836—1837 年雅可比公开给出了证明，高斯的学生爱森斯坦（F. G . Eisens-tein，1823—1852 年）从 1844 年起先后给出 5 个证明。1808—1817 年，高斯得出了三次反转定律，但直到去世后才发现他曾获得这一成果，三次反转定律的第一个证明是 1844 年爱森斯坦给出的，但雅可比在 1827 年曾在一次讲演中给出了这个定律及其证明。

高斯引入了"高斯整数"——复整数 $a+bi$，（a，b 为整数）。在 1820 年左右，为讨论双二次剩余和三次剩余理论，高斯将形如 $4n+1$ 的素数（如 5）分解成复因数，由此他认识到必须超出通常的整数域而引进复整数，这样 $5=(1+2i)(1-2i)$ 可以分解了。欧拉和拉格朗日曾将复整数引入数论，但高斯却使它具有了异乎寻常的重要性。

在高斯所引入的复整数数论中，可逆元素是 ± 1 和 $\pm i$。如果一个复整数是两个非可逆元素的复整数的乘积，则这个复整数就叫做合数。如 $17=(1+4i)(1-4i)$，就是合数，而 3、7 却是复素数。高斯证明了复整数在本质上具有和普通整数相同的性质，普通素数的许多定理可以转化为复素数的定理。更为重要的是，由高斯引入的复整数理论开辟了代数数论这一新的数论分支。这一理论，在 19 世纪得到了巨大的发展。

8.5.2　代数数域理论

库默尔（Ernst Eduard Kummer，1810—1893 年）的研究成果与证明费马大定理有关，涉及代数整数的因子分解定理。为了重建唯一分解定理，使普通数论的一些结果在推广到代数数论时仍能成立。从 1844 年开始，库默尔开始了理想数理论的研究。开始，他以为在所引进的那类代数数中唯一因子分解定理成立，但 1843 年狄利克雷告诉他这是错误的。于是他开始想到借助于某些数——"理想数（Ideal Complex Numb-ers），可使得唯一因子分解定理成立。借助于理想数，库默尔证明了费马大定理的某些特殊情形。

狄利克雷创立了现代代数数理论。首先他引入了 n 次代数数的概念：一个数 r，如果它是方程

$$a_0 x^n + a_1 x^{n-1} + \cdots + a_{n-1}x + a_n = 0$$

的根，而不是次数比 n 低的这种方程的根（a_i 为有理整数），则称 r 是 n 次代数数；若 $a_0 = 1$，则 r 称为 n 次代数整数。后来他引入了数域的概念，提出有理数域是最小的数域。

在 1880 年左右，克罗内克（L. Kronecker，1823—1891 年）通过对给定域 k 添加未知量 $x_1, x_2, \cdots, x_n$ 而引入模系的概念重新奠定了代数数域的数论基础，他不仅吸收了高斯、库默尔等思想，而且利用了柯西、刘维尔（Joseph Liouville，1809—1882 年）、康托尔等结果。这样，在 19 世纪就有了一系列数域：有理数域、实数域、复数域、代数数域及一个或多个变数的有理函数域。

19 世纪代数数论工作的顶峰是希尔伯特的成就。在 1893—1898 年期间，他主要从事代数数域理论的研究。1893 年德国数学会要求他和闵科夫斯基（H. Minkowski，1864—1909 年）在两年之内提交一份数论的报告。闵科夫斯基不久就放弃了这个报告，而希尔伯特却在 1896 年的年报上（发表日期是 1897 年 4 月）发表了不朽的报告《代数数域理论》。这份报告不但弥补了许多前人研究的漏洞，而且把整个理论铸成统一整体，给出获得这些理论的新颖、漂亮、强有力的方法。他引入了范数剩余记号和相对循环域的中心定理，在 1898 年又引入了类域的概念。同时他在已知代数数域 k 上的相对伽罗瓦域 k 的理论、相对阿贝尔数域理论、范数剩余理论等方面都取得了杰出成果。

8.5.3 解析数论

解析数论是 19 世纪数论新产生的重要分支，其基本思想是将解析方法和解析成果引入数论研究中。解析数论的创立者是狄利克雷。1863 年，他出版了《数论讲义》，该书可看做是解析数论产生的标志。1837 年他第一次利用解析方法证明了欧拉和勒让德分别于 1783 年、1785 年提出的一个猜想：每个算术序列 a，$a+b$，$a+2b$，$a+3b$，$\cdots$，$a+nb$，$\cdots$ 中包含无穷多个素数，其中 $(a, b) = 1$。他引入了狄利克雷 L 函数。此后，解析数论就开始蓬勃发展了。解析数论在 19 世纪取得的最大成就是证明了素数定理。对不超过 x 的素数个数用 $\pi(x)$ 表示。从欧几里得时代开始，人们就试图弄清素数的分布规律。

1798—1808 年期间，勒让德证明了不存在 $\pi(x)$ 的有理表达式，并给出近似公式

$$\pi(x) \approx \frac{x}{\ln x - A}$$

其中，$A = 1.083\,66$，当 取值于 10 000 到 1 000 000 时，公式吻合得较好。

高斯研究了 3 000 000 内的一切素数并做出猜想，认为 $\pi(x)$ 与 $\int_2^x \mathrm{d}x/\ln x$ 相差无几。

切比雪夫是欧拉之后第一个在素数定理证明中取得重大突破者。在 1848 年的论文"关于确定小于给定界限的素数总数的函数"中，他利用欧拉所给实数域函数的性质证得，若 $n(n>0)$ 是充分大的数且 $a(a>0)$ 是任意小的数，则对充分大的数 x 有

$$\pi(x) > \int_2^x \frac{\mathrm{d}t}{\ln t} - \frac{\alpha x}{\ln^n x}$$

同样对充分大的数 x 也有

$$\pi(x) < \int_2^x \frac{\mathrm{d}t}{\ln t} + \frac{\alpha x}{\ln^n x}$$

这与高斯的推测完全吻合。特别当 $n=1$ 时，在极限存在的条件下，切比雪夫建立了

$$\lim_{n \to \infty} \frac{\pi(x)}{x/\ln x} = 1$$

此即著名的素数定理。同时，切比雪夫精确化了勒让德的近似公式，认为 $A=1$。并证明，当 $x > 1\ 247\ 689$ 时，

$$\left(\frac{x}{\ln x - A} - \int_2^x \frac{\mathrm{d}x}{\ln x} \right) \to 0$$

1850 年，切比雪夫向科学院提交了另一篇论文"对素数的回顾"（Mémoire sur les nombres premiers），论证了 $\pi(x)$ 与 $\int_2^x \mathrm{d}x/\ln x$ 之差不超过 0.1，甚至可精确为

$$0.921\ 29 x/\ln x < \pi(x) < 1.105\ 55 x/\ln x$$

再次精确证明了素数定理。同时，切比雪夫还证实了贝特朗（J. Bertrand，1822—1900 年）猜想：当 $n > 3$ 时，在 n，$2n-2$ 间至少存在一个素数。

1873 年，埃尔米特证明了自然对数的底 e 是超越数。1882 年林德曼证明了圆周率 π 是超越数。π 是超越数的证明，解决了（利用直尺）"化圆为方"问题。因为所有可用直尺和圆规做出的数都是代数数，而 π 不是代数数，所以"化圆为方"不可能。至此，该结果与旺策尔（P. L. Wantzel）、伽罗瓦的结论一起解决了"几何三大问题"。

1874 年康托尔关于集合论的工作，是超越数理论的重大突破。他证明了全体代数数组成的集合是可数的，而实数是不可数集合，因而他从存在性角度证明必有超越数存在，这是康托尔关于超越数的非构造性存在的证明，可与刘维尔实际构造出超越数媲美。康托尔的证明还揭示了超越数的重要性质：超越数集与实数集（当然也与复数集）一一对应，是不可数集合，因此超越数比代数数"多得多"。

19 世纪数论还在其他领域取得了重大进展，如整数的型的表示，丢番图分析、数论函数、数的几何、格点问题，复数乘法论等。

思　考　题

1. 试分析 e 和 π 的历史与作用。
2. 虚数的历史地位是如何逐步确立的？
3. 简述高斯的主要数学贡献。
4. 对素数判定意义的分析。
5. 试述伽罗瓦可解性理论的要点及其对近代数学发展的影响。
6. 四元数在哪些方面发展了数系的传统观点？
7. 矩阵作为一种数系具有哪些特点？
8. 矩阵论的发展与行列式理论有何关系？
9. 群论的创立怎样改变了人们关于数学性质的认识？
10. 从 19 世纪代数学的发展看数学概念的起源。
11. 费马与欧拉的数论研究有哪些特点？
12. 拉格朗日的数论研究有何特点？
13. 从费马到欧拉，再到拉格朗日、高斯、切比雪夫在数论研究精神上所经历的变化和发展。

下讲学习内容提示

主要内容：非欧几何的认识、非欧几何的尝试者、罗巴切夫斯基的几何思想、黎曼的几何思想、几何学的统一。

阅 读 材 料

1. Grattan-Guinness, Ivor（1997）. The Rainbow of Mathematics：A History of the Mathematical Sciences. W. W. Norton. ISBN 0-393-32030-8.

2. Eves, Howard, An Introduction to the History of Mathematics, Saunders, 1990, ISBN 0-03-029558-0, p379, "…the concepts of calculus…（are）so far reaching and have exercised such an impact on the modern world that it is perhaps correct to say that without some knowledge of them a person today can scarcely claim to be well educated."

3. Maurice Mashaal, 2006. Bourbaki：A Secret Society of Mathematicians. American Mathematical Society. ISBN 0821839675, ISBN13 978-0821839676.

第 9 讲　19 世纪的几何学变革

主要解决问题：

（1）非欧几何的基本思想。
（2）射影几何再次振兴的原因。
（3）几何学的统一思想。
（4）几何学的公理化思想。

解析几何改变了几何研究的方法，但并未从实质上改变欧几里得几何本身的内容。欧几里得几何作为数学严格性的典范始终保持着神圣的地位。可以说，直到 18 世纪末，几何领域仍然是欧几里得一统天下。非欧几何是人类认识史上富有创造性的伟大成果。非欧几何的创立，不仅带来了近百年来数学的巨大进步，而且对现代物理学、天文学及人类时空观念的变革都产生了深远影响。

提问：（1）三角形的内角和是多少度？
（2）叙述平行公理。
（3）平行公理的适用范围？

9.1　非欧几何的诞生

9.1.1　非欧几何的先驱者

从公元前 3 世纪到 18 世纪末，数学家们虽相信欧几里得几何的完美与正确，但第五公设却始终让他们耿耿于怀。这条公设的叙述不像其他公设那样简洁，甚至有人怀疑其不像是公设而更像是定理，并试图根据其他公设和定理推出该公设。到 18 世纪中叶，关于第五公设的每种"证明"要么隐含了另一个与第五公设等价的假定，要么存在着其他形式的推理错误，但是这类工作中的大多数对数学思想的进展没有多大现实意义。因此，达朗贝尔曾无奈地将其称为"几何原理中的家丑"。然而就在这一时期前后，对第五公设的研究开始出现有意义的进展。其代表人物是意大利数学家萨凯里（G. Saccheri，1667—1733 年）、德国数学家克吕格尔（G. S. Klügel，1739—1812 年）和瑞士数学家兰伯特。

萨凯里最先使用归谬法证明平行公设，从"萨凯里四边形"出发来证明平行公设。萨凯里四边形是个等腰双直角四边形，即假设四边形有一对对边相等，且它们皆与第三边垂直。不用平行公设也可以证明，这对等边与第四边所夹的角相等，而该夹角有三种情况，即直角、钝角、锐角。显然直角与第五公设等价。萨凯里试图证明后两种情形可导致矛盾，根据归谬法就只剩下直角一种情形。这样就证明了第五公设。在假定直线为无限长的情况下，萨凯里首先由钝角假设推出了矛盾，然后考虑锐角假设，在这一过程中，他获得了一系列新奇有趣的结果，如三角形三内角之和小于两个直角；过给定直线外一定点，有无穷多条直线不与该给定直线相交等。虽这些结果实际上并不包含任何矛盾，但萨凯里认为它们太不合情理，便以为导出了矛盾而判定锐角假设是不真实的。

1763 年，克吕格尔指出萨凯里的工作实际上并未导出矛盾，只是得到了似乎与经验不符的结论，从而开始怀疑平行公设能否由其他公理加以证明。

1766 年，兰伯特出版了《平行线理论》，在该书中他也像萨凯里那样考虑了一个四边形，不过是从三直角四边形出发，按照第四个角是直角、钝角还是锐角做出了三个假设。由于钝角假设导致矛盾，所以他很快就放弃了它。与萨凯里不同的是，兰伯特并不认为锐角假设所导出的结论是矛盾，而且他认识到一组假设如果不引起矛盾的话，就提供了一种可能的几何。因此，兰伯特最先指出了通过替换平行公设展开新的无矛盾的几何学道路。萨凯里、克吕格尔和兰伯特等，都可看做非欧几何的先行者。

9.1.2　非欧几何的创立者

突破具有两千年根基的欧几里得几何传统的束缚，创立新的几何观念者是高斯、波约（J. Bolyai，1802—1860 年）和罗巴切夫斯基（Н. И. Лобачевский，1792—1856 年）。

高斯第一个认识到，非欧几何是一种逻辑上相容并且可描述物质空间的新几何学。由其遗稿中可了解到，从 1799 年他开始意识到平行公设不能从其他的欧几里得公理中推出，并自 1813 年起发展了这种平行公设在其中不成立的新几何。也许是由于自己的发现与当时流行的康德空间哲学相抵触，而担心世俗的攻击，高斯生前并未发表任何关于非欧几何的论著，也没有支持波约和罗巴切夫斯基发表的相关论文。然而，"非欧几何"术语源于高斯，他最初称之"反欧几里得几何"，后改为"非欧几里得几何"。

1832 年 2 月 14 日，波约通过父亲将一篇题为《绝对空间的科学》的 26 页文章寄给高斯，其中论述的所谓"绝对几何"就是非欧几何。然而高斯回信说："称赞他就等于称赞我自己。整篇文章的内容，您儿子所采取的思路与获得的结果，与我在 30 ~ 35 年前的思考不谋而合。"波约灰心丧气，其父安慰道："春天的紫罗兰在各处盛开。"父亲深知新几何研究和确认的难度，曾劝告儿子，"我经过了这个长夜的渺无希望的黑暗，在这里埋没了我一生的一切亮光和一切快乐，……或许这个无底洞的黑暗将吞食掉一千个犹如灯塔般的牛顿，而使大地永无光明。"为安慰儿子，父亲在著作《为好学青年的数学原理论著》的附录中出版了儿子的文章。1840 年，罗巴切夫斯基关于非欧几何的德文著作出版后，更使波约灰心丧气，从此不再研究数学。

罗巴切夫斯基是从 1815 年着手研究平行线理论的。最初他也是循着前人思路，试图给出平行公设的证明，很快便意识到自己的证明是错误的。前人和自己的失败启迪了他，使他大胆思索问题的相反提法：可能根本就不存在平行公设的证明。于是便调转思路，着手寻求平行公设不可证的解答。这是一个全新的，也是与传统思路完全相反的探索途径。罗巴切夫斯基正是沿着这个途径，在试证平行公设不可证的过程中发现了一个崭新的几何世界。

1826 年 2 月 23 日，罗巴切夫斯基于喀山大学物理数学系学术会议上，宣读了其第一篇关于非欧几何的论文"几何学原理及平行线定理严格证明的摘要"。这篇首创性论文的问世，标志着非欧几何的诞生。然而，这一成果刚公诸于世，就遭到传统数学家的冷漠和反对。但他并没有因此灰心丧气，而是顽强地继续独自探索新几何的奥秘。1829 年，他又撰写出一篇题为"几何学原理"的论文，该文重现了第一篇论文的基本思想，并有所补充和发展。此时罗巴切夫斯基已被推选为喀山大学的校长，《喀山大学通报》全文发表了这篇论文。

罗巴切夫斯基几何的公理系统和欧几里得几何不同之处仅仅是把欧氏几何平行公理用"从直线外一点，至少可做两条直线和这条直线平行"来代替，其他公理基本相同。由于平行公理不同，经过演绎推理引出了一连串和欧氏几何内容不同的新几何命题。因此，凡是不涉及平行公理的几何命题，在欧氏几何中若正确，在罗氏几何中也同样正确。在欧氏几何中，凡涉及平行公理的命题，在罗氏几何中都不成立。用欧氏几何的眼光来看，罗巴切夫斯基几何有许多令人惊奇的结果：同一直线的垂线和斜线不一定相交；垂直于同一直线的两条直线，当两端延长的时候，离散到无穷；不存在相似的多边形；过不在同一直线上的三点，不一定能做一个圆；三角形内角之和小于两直角；若两个三角形的三个内角相等，则它们全等；不存在面积任意大的三角形等。所列举这些命题和我们所习惯的直观形象大相径庭。故罗氏几何中的一些几何事实没有像欧氏几何那样容易被接受。

罗巴切夫斯基明确指出，这些定理并不包含矛盾，因而其总体形成了一个逻辑上可能的、无矛盾的理论，这个理论就是一种新的几何学——非欧几何学。欧几里得几何学在这里仅成了其特例。

罗巴切夫斯基的创造性工作在其生前始终未能得到学术界的重视和承认。就在他去世的前两年，俄国数学家布尼雅可夫斯基（В. Я. Буняковский，1804—1889 年）还在所著《平行线》一书中对罗巴切夫斯基发难。英国数学家莫尔甘（Morgan，1806—1871 年）曾武断地说："任何时候也不会存在与欧几里得几何本质上不同的另外一种几何。"甚至连高斯也不肯公开支持他的工作。

当高斯看到罗巴切夫斯基的德文非欧几何著作《平行线理论的几何研究》后，一方面私下在朋友面前高度称赞罗巴切夫斯基是"俄国最卓越的数学家之一"，并下决心学习俄语，以便直接阅读罗巴切夫斯基的全部非欧几何著作；另一方面却又不准朋友向外界泄露他对非欧几何的有关告白，也从不以任何形式对罗巴切夫斯基的非欧几何研究工作加以公开评论。但他积极推选罗巴切夫斯基为哥廷根皇家科学院通讯院士，可在评选会和他亲笔写给罗巴切夫斯基的推选通知书中，对罗巴切夫斯基所创立的非欧几何却避而不谈。

晚年，罗巴切夫斯基心情更加沉重，不仅在学术上受到压制，而且在工作上还受到限制。人民教育部借口罗巴切夫斯基辞去教授职务的申请，不仅免去了他所主持的教研室工作，而且还免去了他在喀山大学的所有职务，乃至被迫离开终生热爱的大学工作。家庭的不幸更增加了他的苦恼。他最喜欢的、很有才华的大儿子因患肺结核医治无效死去。精神上的打击使罗巴切夫斯基的身体变得越来越弱，经常疾病缠身，眼睛也逐渐失明。

为扩大非欧几何的影响，罗巴切夫斯基还用法文、德文写出了自己的著作，同时还精心设计了检验大尺度空间几何特性的天文观测方案。不仅如此，他还发展了非欧几何的解析和微分部分，使之成为完整而系统的理论体系。在身患重病，卧床不起的困境下，他也没有停止对非欧几何的研究，其最后一部巨著《论几何学》，就是在他双目失明，临去世的前一年，口授其学生而完成。

1856 年 2 月 12 日，罗巴切夫斯基在苦闷和抑郁中去世。在其追悼会上，他的许多同事和学生高度赞扬他在建设喀山大学、提高民族教育水平和培养数学人才等方面的卓越功绩，没有人提及他的非欧几何研究工作。幸运的是，非欧几何理论确认后，1893 年在喀山大学为罗巴切夫斯基树立起了塑像，这是世界上第一个数学家的雕塑。

9.1.3　非欧几何的确认

（一）黎曼几何的创立

黎曼（G. F. B. Riemann，1826—1866 年）是最先理解非欧几何意义的数学家，其创立的黎曼几何不仅是对已出现非欧几何的承认，而且显示了创造其他非欧几何的可能性。黎曼是世界数学史上最具独创精神的数学家之一，其著作虽然不多，但却异常深刻，极富于对概念的创造与想象。

1854 年，黎曼发展了罗巴切夫斯基等学者的非欧几何思想，并建立了一种更广泛的几何，即黎曼几何。罗巴切夫斯基几何及欧几里得几何都只不过是这种几何的特例。黎曼的研究是以高斯关于曲面的内蕴微分几何为基础。即曲面无须置于欧几里得空间内考察，它本身就构成一个空间。黎曼将高斯关于曲面的内蕴几何推广为任意空间的内蕴几何。他把 n 维空间称作一个流形，n 维流形中的一个点，可用 n 个参数的一组特定值来表示，这些参数称作流形的坐标。黎曼从定义两个邻近点的距离出发，假定这个微小距离的平方是个二次微分齐式。在此基础上，定义了曲线的长度，两曲线在一点的交角等，所有这些度量性质都是仅由"黎曼度量"二次微分齐式中的系数而确定，许多性质并不依赖于背景空间。

在黎曼几何中，最重要的研究对象就是常曲率空间，对于三维空间，有三种情形：曲率为正常数；曲率为负常数；曲率恒等于零。黎曼指出后两种情形分别对应于罗巴切夫斯基的非欧几何学和欧几里得几何学，而第一种情形则是黎曼创造的，它对应于另一种非欧几何学。在这种几何中，三角形的内角和大于两直角。

在黎曼之前，从萨凯里到罗巴切夫斯基，都认为钝角假设与直线可以无限延长的假定矛盾，因而取消了这个假设。但黎曼区分了"无限"与"无界"这两个概念，认为直线可以无限延长并不意味着就其长短而言是无限的，只不过它是无端的或无界的。区分无限与无界概念后，在钝角假设下也可像在锐角假设下一样，无矛盾地展开一种几何，此即黎曼几何。普通球面上的几何就是黎曼非欧几何，其上的每个大圆可看成是一条"直线"，易见任意球面上的两"直线"都是相交的。

由于黎曼的研究对象是任意维数的几何空间，对复杂客观空间有着更深层的价值。在高维几何中，由于多变量微分的复杂性，黎曼采取了一些异于前人的手段使表述更简洁，并最终导致张量、外微分及联络等现代几何工具的诞生。爱因斯坦就是成功地以黎曼几何为工具，才将广义相对论几何化。现在黎曼几何已成为现代理论物理必备的数学基础。

黎曼的父亲是个乡村穷苦牧师。他 19 岁时按其父意愿进入哥廷根大学攻读哲学和神学，以便继承父志。当时的哥廷根大学是世界数学的中心之一，黎曼被这里的数学教学和数学研究的气氛所感染，决定放弃神学专攻数学。1847 年转到柏林大学学习，成为雅可比、狄利克雷、施泰纳（J. Steiner，1796—1863 年）、艾森斯坦的学生。1849 年重回哥廷根大学攻读博士学位，成为高斯晚年的学生。1851 年获得数学博士学位；1854 年被聘为哥廷根大学的编外讲师；1857 年晋升为副教授；1859 年接替去世的狄利克雷被聘为教授。因长年的贫困和劳累，黎曼在 1862 年婚后不到一个月就开始患胸膜炎和肺结核，其后四年的大部分时间在意大利治病疗养。1866 年 7 月 20 日病逝于意大利。

（二）贝尔特拉米的伪球面

1868 年，意大利数学家贝尔特拉米（E. Beltrami，1835—1899 年）在《数学杂志》第 6 期上发表了论文"非欧几何解释的尝试"，证明了非欧几何可在欧几里得空间的曲面上实现。即非欧几何命题可"翻译"成相应的欧几里得几何命题，若欧几里得几何无矛盾，非欧几何也自然没有矛盾。从理论上消除了人们对非欧几何的误解。

贝尔特拉米宣称：如果数学家对非欧几何学的研究成功，将注定会深深地改变经典几何学的整个面貌。对于非欧几何已取得的成果，他主张"冷静地，同时避免狂热与非难地讨论它们是科学家的职责。并且在数学科学中新概念的成功不能否定业已取得的事实。"他在曲面上给出双曲几何的有限表示法，证明了只要把曲面上的测地线看做直线，双曲平面有限部分的几何在负常曲率的曲面上成立，曲面上的长度和角度就是欧氏曲面上的长度和角度。贝尔特拉米称其为"伪球面"（Pseudospherical），是由曳物线的曲线绕其渐近线旋转而成的，这是非欧几何有限部分模型。贝尔特拉米相信这就是非欧几何的"一个真实的基础（Substrato）"，并据此证明了"一块"罗巴切夫斯基平面可以在负的常曲率曲面上实现。他巧妙地利用"映射"将一种几何变为另一种几何，使非欧几何从虚幻中走了出来，成为眼见为实的"正派"几何。该文第二年被法国《高等师范学校科学年鉴》全文译载。

（三）克莱因的圆模型

贝尔特拉米仅仅解决了片段上罗巴切夫斯基几何，而克莱因的圆模型彻底解决了罗巴切夫斯基几何的无矛盾问题。

在欧几里得平面上取一个圆，并且只考虑整个圆的内部。克莱因约定把圆的内部叫"平面"，圆的弦叫"直线"（端点除外）。可以证明，这种圆内部的普通几何事实就变成罗巴切夫斯基几何的定理，而且罗巴切夫斯基几何中的每个定理都可解释成圆内部的普通几何事实。如通过圆内不在已知弦上的一点至少可引两条弦不与已知弦相交，可以解释为罗巴切夫斯基几何中的平行线，而且可知过直线外一点的已知直线的平行线有无数条。当然，为了进一步将罗巴切夫斯基几何定理翻译成欧几里得几何语言，克莱因定义了不同于欧几里得几何的测度概念。

后庞加莱也给出罗巴切夫斯基几何相应的欧几里得模型。这样就使非欧几何具有了至少与欧几里得几何同等的真实性。至此非欧几何作为一种几何的合法地位就建立起来了。

9.2　射影几何学的繁荣

受解析几何与微积分巨浪的冲击，射影几何的发展趋势就被压了下去。至 18 世纪末与 19 世纪初，蒙日的《画法几何学》及其学生卡诺等的工作，重新激发了人们对综合射影几何的兴趣，为振兴射影几何做出杰出贡献的第一人是法国数学家庞斯列（Jean-Victor Poncelet，1788—1867 年）。

1812 年，庞斯列在参加拿破仑（Napoléon Bonaparte，1769—1821 年）的俄罗斯之战时不幸被俘入狱。他在狱中构思了巨著《论图形的射影性质》，该书于 1822 年出版。这部著作极大推动了射影几何的研究，开创了射影几何史上的黄金时代。

庞斯列探讨的是图形在投射和截影下保持不变的性质，这也成为此后射影几何研究的基本问题。由于距离和交角在投射和截影下会改变，庞斯列发展了对合与调和点列理论。庞斯列采用中心投影而非平行投影，并将其提高为研究问题的一种方法。在庞斯列实现射影几何目标的一般研究中，找到了考察射影空间内部结构的两个特殊工具——连续原理和对偶原理。

庞斯列认为："如果一个图形从另一个图形经过连续变化得出，并且后者与前者一样地一般，则可马上断定，第一个图形的任何性质第二个图形也具有。"这个原理卡诺也曾用过，但庞斯列将它发展到包括无穷远点的情形。除了无穷远元素，庞斯列还利用连续性原理来引入虚元素。庞斯列注意到，平面图形的"点"和"线"之间存在着异乎寻常的对称性。若在所涉及的定理中，将"点"换成"线"，同时将"线"换成"点"，则就可得到一个新的定理。此即对偶原理。

施泰纳被誉为"自阿波罗尼奥斯以来最伟大的几何学家"，他是从识字不多的瑞士牧羊儿成长起来的几何学者。他最先接受了庞斯列的观点，在其著作《论几何映射的系统分析》中，阐述了运用射影概念从简单图形出发构成复杂图形的原理，同时注重图形分类和对偶命题，从而系统地发展了射影几何。他成为这个领域的多产作者，写过许多高水平的论文。据说，他厌恶几何学中的解析方法，认为那是几何学上的低能儿用的拐杖。他创造新的几何是如此之快，以致来不及记下其证明，结果关于他的许多发现，人们寻找其证明要花若干年。施泰纳的著作《系统发展》讨论了往复运动、对偶原理，位似变程和位似束、调和分割，奠基于把圆锥曲线定义为有不同顶点的两个等交比束的对应直线交点轨迹的射影几何。他对于空间上的 n 面体、曲线和曲面的理论、垂足曲线、一般旋转线和三次曲面上的 27 条直线的研究做出了贡献。

德国几何学家施陶特（Karl Georg Christian von Staudt，1798—1867 年）对射影几何的基本概念"交比"做了深入的研究。他在《位置几何学》里提出了称为"投"的作图方法，第一个给出交比不依赖于长度的定义，从而避免了射影几何学对于长度概念的依赖，使之摆脱了度量关系，成为与长度等度量概念无关的全新学科。施陶特还指出：射影几何概念在逻辑上要先于欧几里得几何概念，因而射影几何比欧几里得几何更基本。从而使该学科从基础到上层建筑都体现出"没有度量"的纯射影特点。

奇妙无比的莫比乌斯带是德国数学家莫比乌斯（A. F. Möbius，1790—1868 年）发现的射影平面模型，它使射影空间形象生动而不再抽象。莫比乌斯是用代数法研究射影几何的代表。在著作《重心计算》中，他从一个固定三角形出发，用重心概念引出了平面上点齐次坐标的定义，建立起射影坐标系，为用代数方法研究射影几何提供了可能。点齐次坐标后被普吕克（J. Plücker，1801—1868 年）发展为更一般的形式。

施陶特的工作鼓舞了凯莱和克莱因进一步在射影几何概念基础上建立欧几里得几何乃至非欧几何的度量性质，明确了欧几里得几何与非欧几何都是射影几何的特例，从而为以射影几何为基础来统一各种几何学铺平了道路。

9.3　几何学的统一

19 世纪上半叶，几何学的发展进入了黄金时代。非欧几何学的诞生表明欧几里得几何学不再是现实空间的唯一刻画，此外还存在着刻画现实空间的其他几何学，如非阿基米德几何、非德沙格几何、非黎曼几何、有限几何等，加上与非欧几何并行发展的高维几何、射影几何学、微分几何学及较晚才出现的拓扑学等。这些新几何学的诞生不仅打破了欧几里得几何学的垄断地位，而且也从"现实的"三维空间及其中的点、线、面做了两方面的扩张：开始研究四维及四维以上的空间（也称为"流形"）；空间元素由点而拓展到线、圆、曲面等。因此，19 世纪的几何学展现了无限广阔的发展前景。故寻找不同几何学间的内在联系，用统一的观点来解释相关理论，便成为数学家思考的基本问题之一。

1872 年 10 月，克莱因应聘为爱尔朗根大学数学教授。在大学评议会上，克莱因作了"新近几何研究的比较考察"的演讲，介绍了其用变换群的观点内在地统一各种几何学理论的思想。该演讲稿公开发表后，被称为克莱因的"爱尔朗根纲领"。

克莱因指出："几何学尽管本质上是个整体，可由于近期的飞速发展，却被分割成许多几乎互不相干的分科，其中每个分科几乎都是独立地、继续地发展着。故研究旨在建立几何学的一种内在联系的各种考虑，就显得更加必要了。"

克莱因认为，每种几何学理论都由变换群所刻画，每种几何学理论所要研究的就是几何图形在其变换群下的不变量；而一门几何学的子几何学理论就是研究原变换群的子群下的不变量。如在欧几里得几何学中，图形的旋转、反射和平移等变换构成了一个欧几里得变换群。在这种变换群下图形的不变量是长度、角度及图形的大小和形状。如果对平面的刚性变换放宽限制，则得到的新变换群所对应的几何中，长度和面积不再保持不变，不过一个已知种类的圆锥曲线经过变换后仍是同一种类的圆锥曲线。这样的变换称为仿射变换，它们所刻画的几何称为仿射几何。因此，按照克莱因的观点，欧几里得几何只是仿射几何的一个特殊。仿射几何则是更一般的几何——射影几何的一个特例。一个射影变换下的不变量有线性、共线性、交比、调和点组及保持圆锥曲线不变等。故仿射几何学、双曲几何学、单纯椭圆几何学、双纯椭圆几何学都是射影几何学的子几何。

克莱因还把上述思想进一步推广到 n 维流形（即 n 维空间）上。他认为，只要给出一个流形和这个流形的一个变换群，就可以通过该变换群变换之下其性质保持不变的观点去研究这个流形的实体。在此广义的意义下，克莱因不仅考虑通常以点为基础的几何学，而且考虑以任何一种点集，特别是一条曲线或一个曲面为基础的几何学，如线几何学和球几何学。但是，只要取同一变换群为几何学研究的基础，则这种几何学的内容就不会改变，所以像流形的维数只是作为某种次要的东西而出现。从这种观点出发，他不仅把圆几何学及球几何学也看成研究某些射影变换群的某些子群的不变性质，而且还进一步扩大了其纲领的应用范围：代数几何学研究双有理变换下的不变性，拓扑学研究连续变换下的不变性。

在克莱因的分类中，包括了当时的代数几何和拓扑学。克莱因对拓扑学的定义是"研究由无限小变形组成的变换的不变性"。这里"无限小变形"就是一一对应的双方连续变换。并非所有的几何学都能纳入克莱因的方案，今日的代数几何和微分几何都不能置于其方案之下。虽然克莱因的观点不能无所不包，但它确能给大部分几何提供一个系统的分类方法。这样不仅 19 世纪涌现的几种重要的、表面上互不相干的几何学被联系到一起，而且变换群的任何一种分类也对应于几何学的一种分类。同时，克莱因提出许多可供研究的问题，引导几何学的研究方向达 50 年之久。现今克莱因所强调的变换下不变的观点已经超出数学之外而进入到力学和理论物理中去。变换下不变的物理问题，或者物理定律的表达方式不依赖于坐标系的问题，再注意到麦克斯韦方程在洛仑兹变换（仿射几何的四维子群）下的不变性后，这种思想路线引向了相对论。

克莱因生于莱茵河畔的杜塞尔多夫。1857 年进入天主教文科中学，1865 年进入波恩大学，1868 年获数学博士学位。1872 年任爱尔兰根大学教授。1875—1886 年先后任慕尼黑工业大学和莱比锡大学教授。1886 年起任哥廷根大学教授，直至 1913 年退休。1925 年在格丁根逝世。

克莱因在非欧几何、连续群论、代数方程论、自守函数论等方面都取得了杰出成就。1885 年被选为英国皇家学会会员，1897 年被选为法国科学院院士，1913 年被选为普鲁士科学院通讯院士。

克莱因的主要论著有《论非欧几何学》（1871 年）、《新近几何学研究的比较考察》（1872 年）、《二十面体及五次方程解讲义》（1884 年）、《椭圆模函数论讲义》（1890、1892 年）、《自守函数论讲义》（1897、1912 年）和《高观点下的初等数学》（1908、1909 年）（已由吴大任、陈鹗于 2008 年翻译成中文并出版）等。

9.4　几何学的公理化

20 世纪初，希尔伯特发起了公理化运动，提出以"公理系统"作为统一数学的基础；20 世纪 30 年代，伯克霍夫（G. D. Birkhoff，1884—1944 年）提出用"格"来统一代数系统的理论；后布尔巴基学派提出"数学结构"思想，把数学的核心部分统一在结构概念之下，使之成为一个有机整体。这些都是统一性思想方法在数学领域所获得的成功。

公理化方法始于欧几里得，当 19 世纪的数学家重新审视《原本》时发现其中有许多隐蔽的假设，模糊的定义及逻辑的缺陷，需要重建新的几何基础。在所有的努力中，希尔伯特在《几何基础》中使用的公理化方法最为成功。他比任何前人都更加透彻地弄清了公理系统的逻辑结构与内在联系。

"建立几何公理和探究它们间的关系，是个历史悠久的问题。从欧几里得以来的数学文献中，有过难以计数的专著研究相关问题，这个问题实际上就是要把我们的空间直观加以逻辑的分析。本书重新尝试建立完备而简单的几何公理系统，根据这个系统推证最重要的几何定理，同时还要使推证能明显地表示出各类公理含义和个别公理推论的含义。"

《几何基础》中提出的公理系统包括了 20 条公理，希尔伯特将其划分为五组：关联公理、顺序公理、合同公理、平行公理和连续公理。在这样自然地划分公理之后，希尔伯特在历史上第一次明确地提出了选择和组织公理系统的原则，即完备性，独立性和相容性。

（1）完备性。若一组公理是完备的，则所有定理都能从这组公理中推导出来。若从中去掉某个公理，则一些定理将得不到证明。负数，无理数和复数的引进均是为了满足完备性的要求。

（2）独立性。关于公理独立性的著名研究是关于欧几里得平行公设的研究，证明欧几里得平行公设的独立性是罗巴切夫斯基几何的发现及其相容性的证明。一组公理不会因为缺少独立性而无用，但数学家偏爱独立性，力图把理论建立在最少的假定之上。

（3）相容性。从这组公理出发不能推出相互矛盾的定理来，这是一组公理集合的最重要、最基本的性质，否则这组公理集合就毫无价值。

在这样的公理系统中，通过否定或替换其中的一条或几条公理，就可得到相应的某种几何。如用罗巴切夫斯基平行公理替代欧几里得平行公理，而保持其余公理不变，就得到双曲几何；如果在抛弃欧几里得平行公理的同时，添加任意两条直线都有一个公共点或至少有一个公共点的公理，并适当改变另外一些公理，就分别得到单重与双重椭圆几何等。这样不仅给出了已有几种非欧几何的统一处理，而且还可引出新的几何学。

希尔伯特所发展的公理化方法在 20 世纪已远远超出了几何学的范围，而成为现代数学甚至某些物理领域中普遍应用的科学方法。公理化思想与集合论观点一起，在整个 20 世纪里，逐渐发展成为数学抽象的范式，它们相互结合，将数学的发展引向了高度抽象、高度统一的道路。正是这方面的理论发展，导致了实变函数论、泛函分析、拓扑学和抽象代数等具有标志性的四大抽象分支的崛起。而这四大分支所创造的抽象语言、结构及方法，又渗透到数论、微分方程论、微分几何、代数几何、复变函数论及概率论等经典学科中，推动它们在抽象基础上革新提高、演化发展。

希尔伯特领导和创立了哥廷根学派，使哥廷根大学成为当时世界数学研究的重要中心，并培养了一批对现代数学发展做出重大贡献的杰出数学家。在 1900 年巴黎国际数学家代表大会上，希尔伯特发表了题为《数学问题》的讲演。他根据过去，特别是 19 世纪数学研究的成果和发展趋势，提出了 23 个最重要的数学问题。后来这 23 个数学问题成为许多数学家力图攻克的难关，对现代数学的研究和发展产生了极为深刻的影响，并起到了积极的促进和推动作用。希尔伯特所提的数学问题中有些现已得到圆满解决，有些至今仍未解决。他在讲演中所阐发的坚信每个数学问题都可以解决的信念，对于数学工作者是一种巨大的鼓舞。"在我们中间，常常听到这样的呼声：这里有一个数学问题，去找出它的答案！你能通过纯思维方式找到它，因为在数学中没有不可知。"

1928 年，意大利数学家在筹备第 7 次国际数学家大会时，向德国数学家发出了邀请，但许多德国数学家拒绝参加。希尔伯特以个人名义率领由 67 个数学家组成的代表团出席了在意大利波伦亚举行的国际数学家大会。希尔伯特在会上做了精彩的演说，强调国际数学家的合作精神，相信最终将产生出全部数学的完全公理化。1930 年，在接受哥尼斯堡荣誉市民称号的讲演中，希尔伯特针对一些人信奉的不可知论观点，他再次满怀信心地宣称："我们必须知道，我们必将知道。"

希尔伯特的梦想就是试图对某一形式语言系统的无矛盾性给出绝对的证明，以便克服悖论所引起的危机，一劳永逸地消除对数学基础及数学推理方法可靠性的怀疑。然而，1930年，奥地利数理逻辑学家哥德尔获得了否定的结果，证明了希尔伯特方案是不可能实现的，但希尔伯特有关数学基础的方案仍不失其重要性，并继续引领数学科学的发展。

思 考 题

1. 从非欧几何学的建立谈谈您对几何真实性的认识。
2. 非欧几何的诞生有何意义？
3. 简述罗巴切夫斯基几何的基本思想。
4. 如何理解黎曼是世界数学史上最具独创精神的数学家之一。
5. 如何从贝尔特拉米的伪球面理解罗巴切夫斯基的几何思想。
6. 为何射影几何能够再次振兴？
7. 从庞斯列在狱中著书立说的事实受何启发？为什么说庞斯列开创了射影几何史上的黄金时代？
8. "爱尔朗根纲领"的实质是什么？其意义何在？
9. 如何理解希尔伯特所说"我们必须知道，我们必将知道。"

10. 几何学公理化的意义何在？如何理解希尔伯特所提出的选择和组织公理系统的原则？

11. 如何理解哥德尔不完全性定理？

下讲学习内容提示

主要内容：分析的严格化运动、实数系统的建立、数学新分支的形成。

阅 读 材 料

1. H. Eves. Great Moments in Mathematics. The Mathematical Association of America,1983.

2. J. -P. Pier(ed). Development of Mathematics1900—1950. Birkhauser,1994.

3. D. Struik. A Concise History of Mathematics 4th Revised Edition. Dover Publications,Inc. 1987.

4. Zdravkovska,S & Duren,P. Golden Years of Moscow Mathematics[J]. History of Mathematics,1993,6:1-33.

第 10 讲　19 世纪的分析学演进

主要解决问题：

（1）分析算术化。
（2）实数系统的建立。
（3）复变函数的建立途径。
（4）柯西、魏尔斯特拉斯和傅里叶的数学贡献。

除几何和代数的发展外，19 世纪还发生了第三个具有深远意义的数学革命，通常称为分析算术化（Arithmetizationof Analysis）。所谓分析是指关于函数的无穷小分析，核心概念是函数、无穷小等。分析学这一历史性的变革，不仅为数学分析的进一步发展奠定了稳固的基础，而且对整个近代数学的发展产生了深远的影响。真正在分析中注入严密性的工作是从波尔察诺（B. Bolzano，1781—1848 年）、柯西、阿贝尔和狄利克雷的工作开始，而由魏尔斯特拉斯（Weierstrass，Karl Wilhelm Theodor，1815—1897 年）进一步发展。

10.1　分析算术化

10.1.1　分析算术化的先驱

首先提出改变分析基础的是达朗贝尔，他于 1754 年发现需要有极限的理论。在微积分的严格化上最早做工作是拉格朗日，他试图以泰勒级数展开式表示函数，但由于忽视了必要的有关收敛性和发散性的问题而进展不大。拉格朗日的著作对后继数学研究有深刻影响，数学家开始从分析中排除依靠直觉和形式运算的长期而艰巨的研究工作。高斯从直观概念中解脱出来，并为数学的严谨化奠定了新的高标准。在 1812 年处理超几何级数时，他最先对无穷级数收敛性做了真正充分的思考。

波尔察诺是波希米亚的教士和哲学家。1817 年，他第一次明确指出连续观念的基础存在于极限概念之中：函数 $f(x)$ 如果对于一个区间内的任一值 x，和无论是正或负的充分小的 Δx，差 $f(x + \Delta x) - f(x)$ 始终小于任一给定量时，则该函数在这个区间内为连续。这个定义和后来柯西的定义没有多大差别。1843 年，波尔察诺给出了一个不可微分的连续函数的例子——这个例子在数学中的作用，好比判决性实验（Crucial Experiment）在科学中一样，澄清了几个世纪以来由几何或物理的直观所造成的印象，表明连续函数未必有导数。然而，由于波尔察诺的工作大部分湮没无闻，这些观点对当时的微积分并未产生决定性影响。

1821 年，分析的理论研究工作向前跨出一大步。柯西成功地实现了达朗贝尔的建议：发展可接受的极限理论，然后给出连续性、可微性和用极限概念表示定积分的定义。极限的概念确实是分析的发展必不可少的，因为无穷级数的收敛性和发散性也与此概念有关。

在柯西的著作中，没有通行的语言，其说法也不够确切，从而有时也有错误，如由于没有建立一致连续和一致收敛概念而产生了错误。但关于微积分的原理，其概念是正确的，其清晰程度是前所未有的。如他关于连续函数及其积分的定义是确切的，首先准确地证明了泰勒公式，给出级数收敛的定义和一些判别法。

柯西的严谨推理激发了其他数学家努力摆脱形式运算和单凭直观的分析。据说，在巴黎科学院的一次科学会议上，柯西提出级数收敛性的理论，会后，拉普拉斯急忙赶回家里避不见人，检查他在《天体力学》中所用到的级数，幸而书中用到的每个级数都是收敛的。

由于家庭原因，柯西属于拥护波旁王朝的正统派，是一位虔诚的天主教徒。在幼年时，其父常带领他到法国参议院内的办公室，并且在那里指导他进行学习，因此他有机会遇到参议员拉普拉斯和拉格朗日两位大数学家。他们对他的才能十分赏识；拉格朗日认为他将来必定会成为大数学家，但建议他的父亲在他学好文科前不要学数学。

柯西于 1805 年考入综合工科学校，主要学习数学和力学；1807 年考入桥梁公路学校，1810 年以优异成绩毕业，前往瑟堡参加海港建设工程，携带了拉格朗日的解析函数论和拉普拉斯的天体力学，后来还陆续收到从巴黎寄出或从当地借得的一些数学书。他在业余时间悉心攻读有关数学各分支方面的书籍，从数论直到天文学方面。根据拉格朗日的建议，他进行了多面体的研究，并于 1811 年及 1812 年向科学院提交了两篇论文。

柯西在瑟堡由于工作劳累生病，于 1812 年回到巴黎他的父母家中休养。柯西于 1813 年在巴黎被任命为运河工程的工程师。1815 年法国拿破仑失败，波旁王朝复辟，路易十八当上了法王。柯西于 1816 年先后被任命为法国科学院院士和综合工科学校教授。1821 年又被任命为巴黎大学力学教授，还曾在法兰西学院授课。

1830 年法国爆发了推翻波旁王朝的革命，法王查理第十仓皇逃走，奥尔良公爵路易·菲利普继任法王。当时规定在法国担任公职必须宣誓对新法王效忠，由于柯西属于拥护波旁王朝的正统派，他拒绝宣誓效忠，并自行离开法国。他先到瑞士，后于 1832—1833 年任意大利都灵大学数学物理教授，并参加当地科学院的学术活动。1833—1838 年柯西先在布拉格、后在戈尔兹担任波旁王朝”王储“波尔多公爵的教师，最后被授予”男爵“封号。

1838 年柯西回到巴黎。由于他没有宣誓对法王效忠，只能参加科学院的学术活动，不能担任教学工作。他在创办不久的法国科学院报告和他自己编写的期刊分析及数学物理习题上发表了关于复变函数、天体力学、弹性力学等方面的大批重要论文。

1848 年法国又爆发了革命，路易·菲利普倒台，重新建立了共和国，废除了公职人员对法王效忠的宣誓。柯西于 1848 年担任了巴黎大学数理天文学教授，重新进行他在法国高等学校中断了 18 年的教学工作。

1852 年拿破仑第三发动政变，法国从共和国变成了帝国，恢复了公职人员对新政权的效忠宣誓，柯西立即向巴黎大学辞职。后来拿破仑第三特准免除他和物理学家阿拉果的忠诚宣誓。于是柯西得以继续进行所担任的教学工作，直到 1857 年在巴黎近郊逝世。

10.1.2　魏尔斯特拉斯和分析算术化

魏尔斯特拉斯生于德国威斯特代利亚地区的奥斯登费尔特。

1834 年，魏尔斯特拉斯进入波恩大学攻读财务管理，但他不喜欢父亲所选专业，于是把很多时间花在击剑、宴饮、夜游等事情上。在校期间，魏尔斯特拉斯研读过拉普拉斯的《天体力学》和雅可比的《椭圆函数新理论基础》。前者奠定了他终生对于动力学和微分方程论感兴趣的基础，后者对他当时的数学水平稍难了些。这期间阿贝尔是他的最大鼓舞源泉，在晚年给李的信中说：在 1830 年的《克雷尔杂志》上读到阿贝尔致勒让德的信，在大学生涯中对我无比重要，从确定 λ(x)（阿贝尔引进的函数）满足的微分方程来直接导出其表示形式，这是我自己确立的第一个数学课题；我有幸得到了这个问题的解。这促使我下决心献身数学，我是在第七学期做出这个决定的。1838 年秋，他放弃成为法学博士候选人。

1839 年 5 月，魏尔斯特拉斯到明斯特附近的神学哲学院，遇到了使他终身铭记的恩师古德曼（Gudermann, christoph, 1798—1852 年）。古德曼热忠于椭圆函数，其基本思想是把函数展开为幂级数，这正是魏尔斯特拉斯的解析函数论的基石。1840 年 2 月，魏尔斯特拉斯报名参加中学教师任职资格国家考试。古德曼应魏尔斯特拉斯的请求为笔试出了一个很难的数学问题：求椭圆函数的幂级数展开。古德曼对于自己学生的论文给予了高度评价。1841 年 4 月，魏尔斯特拉斯通过口试，在明斯特文科中学见习一年。1840—1842 年 1 月，魏尔斯特拉斯写了 4 篇论文：《关于模函数的展开》、《单复变量解析函数的表示》、《幂级数论》、《借助代数微分方程定义的单复变量解析函数》（但直到他的全集刊印才面世）。这些论文显示了他建立函数论的基本思想和结构，其中有用幂级数定义复函数，椭圆函数的展开，圆环内解析函数的展开（早于罗朗两年），幂级数系数的估计（独立于柯西），一致收敛概念和解析开拓原理。

1848 年秋魏尔斯特拉斯转至东普鲁士不伦斯堡的皇家天主教文科中学，在该校年鉴上发表了《关于阿贝尔积分论》，这是一篇划时代的论文，可惜无人察觉。

1853 年，魏尔斯特研究阿贝尔和雅可比（Jacobi Carl Gustav Jacob, 1804—1851 年）留下的难题，精心写作关于阿贝尔函数的论文。该论文于 1854 年发表于《克雷尔杂志》，引起数学界的瞩目。克雷尔说它表明作者已列入阿贝尔和雅可比的最出色的后继者行列。刘维尔称其为科学中划时代工作之一，并立即译成法文发表在他所创办的《纯粹与应用数学杂志》上。雅可比的后继者、柯尼斯堡大学教授里歇洛说服校方授予魏尔斯特拉斯名誉博士学位，并亲赴不伦斯堡颁发证书。

在库默尔推荐下，1856 年柏林大学聘任魏尔斯特拉斯为副教授。11 月 19 日，魏尔斯特拉斯当选为柏林科学院院士。1864 年成为柏林大学教授。

在柏林大学就任后，魏尔斯特拉斯即着手系统建立数学分析（包括复分析）的基础，并进一步研究椭圆函数与阿贝尔函数。几年后他就闻名遐尔，成为德国以致全欧洲知名度最高的数学教授。

魏尔斯特拉斯于 1973 年出任柏林大学校长。紧张的工作影响了他的健康，但其智力未见衰退。其 70 华诞庆典规模颇大，遍布全欧各地的学生赶来向他致敬。80 大寿更加隆重，他简直被看做德意志的民族英雄。

魏尔斯特拉斯与柯瓦列夫斯卡娅（C. Ковалевская, 1850—1891 年）的友谊，是他后期生活中的一件大事。柯瓦列夫斯卡娅于 1869 年在海德堡大学师从柯尼斯伯格，后者是魏尔斯特拉斯早期弟子之一。1870 年秋，年方 20、聪慧美丽的柯瓦列夫斯卡娅见到了魏尔斯特拉斯，后者发现了她的优异天赋，试图说服柏林大学评议会同意她听课，但遭拒绝。于是他抽出业余时间为她免费讲课，每周两次，一直持续到 1874 年秋，并帮助她以关于偏微分方程的著名论文在哥廷根获得学位。1888 年，柯瓦列夫斯卡娅以刚体绕定点运动的研究获得巴黎科学院大奖，这对于他是极大慰藉。两年后她的去世则是对他一个沉重打击，以致他烧毁了她写给他的全部信件。

魏尔斯特拉斯在数学分析领域中的最大贡献，是在柯西、阿贝尔等开创的数学分析的严格化潮流中，以 $\varepsilon - \delta$ 语言，系统建立了实分析和复分析的基础，基本上完成了分析的算术化。他引进了一致收敛的概念，并由此阐明了连续函数项级数的逐项积分和微分的定理。在建立分析基础过程中，引进了实数轴和 n 维欧氏空间中一系列拓扑概念，并将黎曼积分推广到在一个可数集上不连续的函数上。1872 年，魏尔斯特拉斯给出了第一个处处连续但处处不可微函数的例子，使人们意识到连续性与可微性的差异，由此引出了一系列诸如皮亚诺曲线等反常性态的函数的研究。

魏尔斯特拉斯说，"对于函数 $f(x)$，如果能确定一个界限 δ，使对其绝对值小于 δ 的所有 h 值，$f(x+h) - f(x)$ 小于可以小到人们意愿的任何程度的一个量 ε，则称所给函数对应于变量的无穷小改变具有无穷小改变"，他由此给出函数连续的定义，证明闭区间上连续函数的介值性质和有界性质，在定义微分学基本概念时，他还以

$$f(x+h) = f(x) + hf'(x) + o(h)$$

给出导数的另一种定义。他严格证明了带余项的泰勒公式，称其为"整个分析中名副其实的基本定理"。对于函数项级数他引进了一致收敛概念，阐述并证明了关于连续函数项级数的和函数的连续性及函数项级数逐项微分与逐项积分的定理，几乎与现在分析教科书中所写内容完全一致。在建立分析基础过程中，魏尔斯特拉斯引进了 R 与 Rn 中一系列度量和拓扑概念，如有界集、无界集，点的邻域，集的内点、外点、边界点，集和序列的极限点，连通性等。他证明了有界无限集必有极限点（现称为波尔查诺－魏尔斯特拉斯定理），并通过极限点证明了有界数集上、下确界的存在性与数列上、下极限的存在性。

在 1886 年的授课中，他还指出黎曼关于定积分的定义限制过多，并把积分概念推广到在一个可数集上不连续的有界函数，这是走向具有完全可加性的现代积分概念的正确尝试。

魏尔斯特拉斯的严格性最突出表现是通过 $\varepsilon - \delta$ 建立整个分析体系。随着他的讲授和其学生的工作，相关观点和方法传遍欧洲，其讲稿成为数学严格化的典范。克莱因在 1895 年魏尔斯特拉斯 80 大寿庆典上谈到分析进展时说，"我想把所有这些进展概括为一个词：数学的算术化"，而在这方面"魏尔斯特拉斯做出了高于一切的贡献"。希尔伯特认为："魏尔斯特拉斯以其酷爱批判的精神和深邃的洞察力，为数学分析建立了坚实的基础。通过澄清极小、极大、函数、导数等概念，他排除了在微积分中仍在出现的各种错误提法，扫清了关于无穷大、无穷小等各种混乱观念，决定性地克服了源于无穷大、无穷小朦胧思想的困难。……今天，分析学能达到这样和谐可靠和完美的程度……本质上应归功于魏尔斯特拉斯的科学活动"。

魏尔斯特拉斯是古往今来最出色的大学数学教师之一。从 1856—1890 年的 68 个学期中，他每学期都有课，其中约有 1/4 的学期每周授课两门 8 学时；约有一半学期讲授两门课程。他讲授的课程计有：椭圆函数论、椭圆函数论在几何和力学中的应用、阿贝尔函数论、解析函数论、变分法、几何学、函数论选题、用幂级数表示解析函数、分析引论、积分学、行列式及其应用、双线性型和二次型、齐次函数论、解析几何学、数学物理、分析力学、分析光学。

数学教学的目的是培育善于思考、富于创造力的人才。在这方面，魏尔斯特拉斯的成功可以说是无与伦比的。他善于用一种不可言传只能意会的精神激发学生的研究兴趣和创造力。他讲课时不夸大其辞、哗众取宠。他关心学生，循循善诱，慷慨地指给学生论文课题，在讨论班上不断提出富有成果的想法，使之成为学生研究的主题，甚至把自己尚未发表也未

留纪要的手稿借给学生，而有的学生拿去后竟不再归还。在他的学生（包括参加讨论班的人）中，后来有近 100 位成为大学正教授。考虑到当德国大学正教授的难度，这实在是一个惊人数字。他的学生中有一大批后来成为知名数学家，其中有巴赫曼（Bachmann）、博尔查（Bolza）、恩格尔（Engel）、弗罗贝尼乌斯（Frobenius）、亨泽尔（Hensel）、郝尔德（Holder）、胡尔维茨、克莱因、基灵（Killing）、克内泽尔、柯尼斯伯格、科瓦列夫斯卡娅、莱尔赫（Lerch）、李、默滕斯（Mertens）、闵科夫斯基（Minkowski）、米塔 – 列夫勒、内托（Netto）、普林斯海姆（Pringsheim）、龙格（Runge）、朔特基（Schottky）、施瓦兹、斯托尔茨（Stolz）等。

$\varepsilon - N$（$\varepsilon - \delta$）定义第一次使极限和连续性摆脱了与几何和运动的任何牵连，给出建立在数与函数概念上的清晰定义，从而使模糊不清的动态描述，变成为严密叙述的静态观念，这是变量数学史上的一次重大创新。有了严格极限定义后，无穷小作为极限为 0 的变量，被归入到函数的范畴，再也不是混在 Archimedes 数域里的冥灵了。

在极限、无穷小和函数连续性等概念澄清后，分析中一些重要性质陆续被发现：

（1）确界原理　1817 年波尔察诺提出；

（2）聚点定理　1817 年波尔察诺提出，后魏尔斯特拉斯于 19 世纪 60 年代也得出；

（3）收敛准则　1821 年柯西提出；

（4）单调有界原理　19 世纪 60 年代魏尔斯特拉斯提出；

（5）有限覆盖定理　1872 年海涅证得，后 1895 年博雷尔再次证明；

（6）区间套原理　1892 年巴赫曼提出。

10.1.3　戴德金和实数理论

建立实数理论的目的是为了给出无理数形式化的逻辑定义，它既不依赖几何的含义，又避免用极限来定义无理数的逻辑错误。有了这些定义做基础，微积分中关于极限的基本定理的推导，才不会有理论上的循环。导数和积分从而可直接在这些定义上建立起来。数学家的研究远远超出把实数系作为分析基础的设想。欧几里得几何通过其分析解释，也可放在实数系中；且如果欧几里得几何是相容的，则几何的多数分支是相容的；再则实数系（或其某部分）可用来解释代数的多个分支，可使大量的代数相容性依赖于实数的相容性。因此如果实数系相容，则现存全部数学也是相容的。这充分表明实数系对数学基础的极其重要性。

若能使多种现存的数学建立在实数系之上，自然想到：这一基础能否引伸得更深些。19 世纪后期，由于戴德金（Richard Dedekind, 1831—1916 年），康托尔（GeorgCantor, 1845—1918 年）和皮亚诺（Giuseppe Peano, 1858—1932 年）的工作，这些数学基础已建立在更简单、更基础的自然数系之上，即证明了实数系能从确立自然数系的公设集导出。20 世纪初期，证明了自然数可用集合论概念来定义，因而各种数学能以集合论为基础来讲述。

1858 年，戴德金被任命为瑞士苏黎世综合工业学院教授。在讲授微积分的课程中深感分析基础的薄弱，"……决不能认为以这种方式引入微分学是科学的。这一点已经得到公认。至于我本人也无法克制这种不满意的感觉而下定决心研究这个问题，直到建立为无穷小分析原理建立纯粹算术的和完全严格的基础为止。"从此开始了实数理论基础的研究。他在 11 月 24 日得出了自己的连续性和无理数理论，并在几天后告诉了他的朋友杜瑞热。

戴德金没有考虑如何定义无理数，而是考虑如果算术方法明显失败，在连续几何量中，究竟存在什么使他解决了这个困难：即连续性的本质是什么？沿着这个方向思索，戴德金了解到一条直线的连续性不能用模糊的聚在一起来说明，而只能作为将直线用点来划分的性质。他认为直线上的点可分成两类，使一类中的每点都在另一类中每点的左边，则存在一点而只有一点，产生这个分割（Cut）。这对有序的有理数系是不成立的。这就是为什么直线上的点构成一个连续统（Continuum），而有理数则不可能。犹如戴德金所说，"由这样的平凡之见，暴露了连续性的秘密。"戴德金无理数理论的核心是其"分割"的概念。一个分割把所有有理数分成两类，使得第一类中每个数都小于第二类中每一个，每个分割对应于一个实数。这样在有理数之外，就引进了无理数的概念。

1872 年，戴德金出版《连续性与无理数》。该书的问世和魏尔斯特拉斯分析基础的传播及康托尔集合论的诞生，标志着现代数学新时期的来临。1888 年，戴德金出版了《数是什么？数应当是什么？》。这本书启发皮亚诺得出了自然数公理。

戴德金的父亲是法学教授，母亲是教授的女儿。1848 年戴德金进入卡罗琳学院，这也是高斯的母校。在那里他学到了解析几何、代数分析、微积分及力学和自然科学。1850 年复活节，他进入哥廷根大学学习。当时哥廷根刚刚建立起数学和物理学讨论班，在那里他跟斯特恩学到数论基础知识，跟韦伯学习物理。1851 年黎曼也参加讨论班，他们很快结下了深厚的友谊。戴德金还学习了物理和天文，并听高斯的最小二乘法和高等测量学。他只上了四个学期就在高斯指导下准备博士论文，题目是《关于欧拉积分的理论》。对此高斯的评语为："戴德金先生准备的论文是关于积分学的一项研究，它决不是一般的。作者不仅显示出对有关领域具有充分的知识而且这种独创性也预示出他未来的成就。作为批准考试的试验论文，我对这篇论文完全满意。"

后来戴德金选修了狄利克雷的数论、位势理论、定积分和偏微分方程等课程。他很快进入了狄利克雷的社交活动。1855 年冬到 1856 年，戴德金听黎曼讲授了阿贝尔函数和椭圆函数的课程。他自己也在 1856—1858 年先后讲授两个学期的伽罗瓦理论。他可能是第一个开设伽罗瓦理论的人。在讲课中，他引进了域的概念，并把置换群的概念用抽象群的概念来取代。

戴德金是近代抽象数学的先驱。他定义了抽象代数许多基本概念，而且对研究抽象结构有着明确的理解。他给出有限群的抽象定义，推广了理想及域的概念。1897 年在研究群论中引进换位子群概念，并证明其正规性。戴德金的抽象代数的思想后被希尔伯特和诺特（Emmy Noether，1882—1935 年）发展。但诺特认为，其抽象代数理论在戴德金那里已经有了。

1917 年，朗道（ЛевДавидовичЛандау，1908—1968 年）在哥廷根纪念戴德金的讲演中评价道："戴德金不仅是一位伟大的数学家，而且是从古到今整个数学史上真正杰出的人物。他是那个时代的最后一位英雄，高斯的最后一位学生。他本人 40 多年来已是经典作家，不仅我们而且我们的老师乃至老师的老师都从他的工作中受到启发。"

1889 年，皮亚诺利用公理化方法，用一组公理引进了整数，从而建立了完备的自然数理论。皮亚诺创造的符号，如"∈"表示属于，N^0 表示自然数类，$a+$ 表示后继 a 的下个自然数等，直到今天仍影响深远。可他在课堂上使用这些符号时，却引发了其学生的不满，他试图用全部及格的办法满足他们，但没有起作用，无奈被迫辞去 Turin 大学的教授职位。

实数域的构造成功，使得两千多年来存在于算术与几何之间的鸿沟得以完全填平，无理数不再是"无理之数"，古希腊人的算术连续统的设想，也终于在严格的科学意义下得以实现。当戴德金、康托尔、魏尔斯特拉斯等把无理数建立在有理数的基础上，而最后由皮亚诺给出自然数的逻辑公理，终于完成了有理数论，因此实数系的基础问题最终宣告完备。

1900 年，在巴黎举行的第二届国际数学大会上，庞加莱赞叹道："在分析中如果我们不厌其烦地严格的话，就会发现只有三段论或归结于纯数的直觉是不可能欺骗我们的。今天我们可以宣称绝对的严密已经实现了。"

10.1.4　康托尔集合论的诞生

在分析算术化过程中，一些基本概念如极限、实数、级数等研究都涉及由无穷多个元素组成的集合，特别是在对那些不连续函数进行分析时，需对不连续点的收敛问题进行研究，这就导致了集合论的创立。

康托尔在研究数论和用三角函数唯一表示函数等问题时，发现有理数是可列的，而全体实数是不可列的。1874 年，康托尔在《克雷尔数学杂志》上发表了关于超穷集合理论的第一篇革命性论文"关于一切代数实数"，引起了数学界的极大关注。尽管其中有些命题被指出是错误的，但该文的创造性震撼了学术界。

1874—1876 年间，康托尔向神秘的无穷宣战。在证明了全体有理数集合是可数的之后，康托尔思考的问题是：全体正整数集合和全体实数集合能否建立一一对应？他利用"康托对角线法"以证明实直线是不可数集合而否定。同时他成功证明了一条直线上的点能够和一个平面上的点一一对应，也能和空间中的点一一对应。这样 1 厘米长的线段内的点与太平洋面上的点，以及整个空间的点都"一样多"，以致康托尔惊呼"我看到了，但我简直不能相信"。

康托尔把两个能一一对应的集合称为同势，利用势将无限集进行了分类，最小的无限集为可数集 a，即指与自然数集等势的无穷集。进一步，康托尔证明实数集的势 $c > a$，一切实函数的势 $f > c$，并且对任何一个集合均可造出一个具有更大势的集合，即是说没有最大的势。鉴于此，1896 年康托尔根据无穷性有无穷多学说，制定了无限大算术，对各种无穷大建立了一个完整序列，他用希伯来字母表中第一个字母来表示这些数，于是无穷集合自身又构成了一个无穷序列。康托尔认为，建立集合论最重要的是把数的概念从有穷数推广到无穷数，进而建立了超穷基数和超穷序数理论。

康托尔认为必须不含任何武断和偏见地去研究实无穷，他确信用抽象的数学语言及具体的物理语言所表明的物质性质都确证了超穷数的存在性。正像有穷数借助有穷多个对象的真实集合获得了客观存在性一样，对超穷数也可以引出同样的结论，因为它们也是从无穷多个对象的真实集合中抽象出来的，即超穷数的实在性在物理世界中的物质、空间及具体对象的无穷性中有着自然的反映，从而应该肯定超穷数的客观实在性。康托尔还从另一个角度论证超穷数的客观存在性，利用论断"对任意大数 N，都存在一个数 $n > N$"，他指出，这实际上就假设了所有这样的 n 的存在，它们构成了可称为超穷的一个完成了的总体。

康托尔后把超穷数看成是借助于抽象从实无穷集合的存在中自然地产生出来的，他指出，超穷数与有穷无理数是同舟共济的，两者的基本性质是相似的，因前者和后者一样也是实无穷的确定表达形式。但由于康托尔强调新数内在的和观念上的相容性这一形式主义观点，明确地表达了对无穷小理论的反对，因为他认为小于任意小的有穷数的非线性零数是不存在的。

康托尔的创造性工作与传统的数学观念发生了尖锐冲突，遭到一些人的反对、攻击和谩骂。有人说，康托尔的集合论是一种"疾病"，其概念是"雾中之雾"，甚至其老师克罗内克也攻击康托尔是"神经质","走进了超越数的地狱"。对于这些非难和指责,康托尔仍充满信心:"我的理论犹如磐石一般坚固,任何反对它的人都将搬起石头砸自己的脚。"他还指出:"数学的本质在于它的自由性,不必受传统观念束缚。"这种争辩持续了十年之久。来自数学权威们的巨大精神压力终于摧垮了康托尔,由于经常处于精神压抑之中,使他心力交瘁,1884 年患了精神分裂症。而他在集合论方面许多非常出色的成果,都是在精神病发作的间歇时期所获得。

康托尔的父亲曾在圣彼得堡经商,后在汉堡、哥本哈根、伦敦甚至远及纽约从事国际买卖。后由于某种原因破产了,但不久他又转到股票交易上,并很快取得了成功。康托尔的母亲出生在圣彼得堡的音乐世家。康托尔是其长子。1856 年,全家移居德国的威斯巴登,康托尔在当地的一所寄宿学校读书,后在阿姆斯特丹读六年制中学,1862 年开始了大学生活,曾就学于苏黎世大学、哥廷根大学和法兰克福大学。

1862 年,康托尔做出献身数学的决定,尽管父亲对其选择是否明智曾表示过怀疑,但仍以极大热情支持儿子的事业。同时还提醒康托尔要广泛学习各科知识,极力培养其在文学、音乐、绘画等方面的兴趣。

1863 年,因父亲突然病逝,康托尔回到了柏林,在柏林大学重新开始学习。在那里,他师从魏尔斯特拉斯、库默尔和克罗内克。特别是受到魏尔斯特拉斯的影响而转入纯粹数学。从此,他集中全力于哲学、物理、数学的学习和研究。

1866 年 12 月 14 日,康托尔的论文"按照实际算学方法,决定极大类或相对解"使他获得了博士学位。1869 年,康托尔在哈雷大学得到教职。不久任副教授,1879 年任教授,从此一直在哈雷大学担任这个职务直到去世。那时,哈雷大学教授的收入很微薄,康托尔一家一直处在经济困难之中。为此康托尔希望在柏林获得一份收入较高的工作,然而在柏林克罗内克几乎有无限的权力。他是一个有穷论者,竭力反对康托尔"超穷数"的观点。他不仅对康托尔的工作进行粗暴的攻击,还阻碍康托尔到首都柏林工作,使康托尔得不到柏林大学的职位。

1872 年后,康托尔一直主持哈雷大学的数学讲座。在柏林,康托尔是数学学会的成员之一。1864—1865 年任主席。他晚年积极为一个国际数学家联盟工作。他还筹办了 1897 年在苏黎世召开的第一届国际数学家大会。正是在这次会议上康托尔的成就得到承认,罗素称赞其工作"可能是这个时代所能夸耀的最巨大的工作。"可这时康托尔神志恍惚,不能从人们的崇敬中得到安慰和喜悦。

1901 年,康托尔被选为伦敦数学会和其他科学会的通信会员或名誉会员,欧洲的一些大学授予他荣誉学位。1902 年和 1911 年他分别获得来自克里斯丁亚那(Christiania)和圣安德鲁斯(St. Andrews)的荣誉博士学位。1904 年伦敦皇家学会授予他最高的荣誉:西尔威斯特奖章。1904 年,他在两个女儿的陪同下出席了第三次国际数学家大会。

10.1.5　实无穷与潜无穷

科学史上的诸多事实都显示了无穷概念的巨大重要性和深远影响。正如数学史家 M. 克莱因所说:"数学史上最使人惊奇的事实之一是实数系的逻辑基础竟迟至 19 世纪后叶才建立起来。"而这明显是由于人们在理解无穷这个概念上所遇到的巨大困难造成的。另外,这些困难也阻碍了人们对 20 世纪 20 年代所发现的最惊心动魄的微观物质理论——量子力学的深刻本质的认识。

希尔伯特曾说："没有任何问题可以向无穷那样深深的触动人的情感，很少有别的观念能像无穷那样激励理智产生富有成果的思想，然而也没有任何其他的概念能向无穷那样需要加以阐明。"

考察无穷在数学中的发展历程，可以注意到在数学无穷思想中一直存在着两种观念：实无限思想与潜无限思想。所谓潜无限思想是指把无限看做永远在延伸着的，一种变化着成长着被不断产生出来的东西来解释。它永远处在构造中，永远完成不了，是潜在的，而不是实在的。把无限看做为永远在延伸着的（即不断在创造着的永远完成不了的）过程。所谓实无限思想是指把无限的整体本身作为一个现成的单位，是已经构造完成了的东西，换言之，即是把无限对象看成为可以自我完成的过程或无穷整体。数学中无限的历史实际上是两者在数学中合理性的历史。

亚里士多德只承认潜无限，使其在古希腊数学中占统治地位。文艺复兴时期后，实无限在数学中统治了三个世纪。17 世纪下半叶，牛顿、莱布尼茨创立的微积分学也是以实无限小为基础的，在其理论中，无穷小量被看做一个实体，一个对象，正因此早期微积分又被称为"无穷小分析"。这种以实无限思想为据的理论在其产生后的一个世纪被广大数学家所使用，因而使这段时期成为实无限黄金时期。

微积分被形容为一支关于"无穷的交响乐"，但由于当时对无穷小量概念认识模糊，导致产生了贝克莱悖论及一系列荒谬结果。在高斯时代，实无限已开始被抛弃了，尤其到了18 世纪末至 19 世纪约百年时间中，随着重建微积分基础工作的完成，无穷小量被拒之于数学大厦之外，无穷小被看做实体的观念在数学分析中也被驱除了，而代之以"无穷是一个逼近的目标，可逐步逼近却永远达不到"的潜无限观念。这种思想突出表现在标准分析中关于极限的定义中，并由此建立起了具有相当牢固基础的微积分理论，使得潜无限思想在这段时期深入人心。然而，到 20 世纪 60 年代，鲁滨逊创立的非标准分析，使无穷小量再现光辉，荣归故里，重新堂而皇之的登进数学的殿堂，而可与柯西的极限分庭抗衡了。尤其在康托尔的无穷集合论中，体现的也是无穷集合是一个现实的、完成的"存在着的整体"的实无限思想，这就足以使得实无限思想可与潜无限思想形成"双峰对峙""炮马争雄"的局面了。

10.2　分析学的拓展

19 世纪的分析学得以较大的拓展，复变函数是 19 世纪分析学最独特、最富有成果的创造，微分方程仍是数学家和物理学家共同关注的焦点之一。

10.2.1　复变函数理论

复变函数理论产生于 18 世纪，欧拉、达朗贝尔、拉普拉斯等都是创建这门学科的先驱。19 世纪，复变函数理论得到了全面发展，当时的数学家公认复变函数论是当时最丰饶的数学分支，并且称为这个世纪的数学享受，也有人称赞它是抽象科学中最和谐的理论之一。复变函数理论得以全面发展，这与柯西、黎曼、魏尔斯特拉斯等为之所做的大量奠基工作是密切相关的。

（一）建立途径之一：统一定积分计算方法

柯西研究复变函数的动机是为了找到定积分的统一计算方法。1814 年，在巴黎科学院宣读了《关于定积分理论的报告》一文，他处理了复函数的积分问题，证明了复数的代数与极限运算的合理性，定义了复函数的连续性，给出柯西－黎曼方程，定义了复函数沿复域中任意路径的积分。

1825 年，柯西出版的小册子《关于积分限为虚数的定积分的报告》是复分析发展史上的第一个里程碑。该文详细讨论了复变函数的积分，并得到重要的柯西积分定理：在函数没有奇异性的区域内，积分仅仅依赖于路径的端点。由此导出了柯西积分公式。该定理和公式是复变函数论的基础。

1826 年左右，柯西定义了复函数在极点处的留数，给出了计算留数的公式，建立了留数定理。1831 年，证得：函数 $f(z)$ 可按照麦克劳林公式展开成为一个幂级数，提出幂级数的收敛半径概念，得到了通项系数的换算估计式（即柯西不等式）。1841 年，给出在一个极点的留数公式。1846 年，得到关于沿着一条任意闭曲线积分的新结果：若曲线包围着一些极点，则积分值就是函数在这些极点上的留数之和的 $2\pi i$ 倍。从 1814 年始，柯西以解析式表示的函数导数和积分为基础，建立了一整套复变微分和积分的理论。

柯西还研究了多值函数，他实际上允许被证实轴割裂的平面作为以原点为分支点的函数的定义域，这为黎曼面的创立提供了思想基础。

（二）建立途径之二：利用几何观点

在高斯指导下，黎曼于 1851 年 11 月完成了博士论文《单复变函数一般理论基础》，该学位论文奠定了复变函数论的基础，其重要性恰如阿尔福斯（Ahlfors，1907—1996 年）所说：这篇论文不仅包含了现代复变函数论主要部分的萌芽，而且开启了拓扑学的系统研究，革新了代数几何，并为黎曼自己的微分几何研究铺平了道路。

后黎曼又在《数学杂志》上发表了 4 篇重要文章，对其博士论文中的思想做了进一步阐述，一方面总结前人关于单值解析函数的成果，并用新的工具予以处理，同时创立多值解析函数的理论基础，并由此为几个不同方向的进展铺平了道路。在黎曼对多值函数的处理中，最关键的是他引入了"黎曼面"概念。他在黎曼面上引入支点、横剖线、定义连通性，开展对函数性质的研究获得一系列成果。黎曼面不仅是描绘多值函数的有效办法，而且能有效地使多值函数在曲面上单值，与 z 平面上的情形相对应。这样许多关于单值函数的定理可推广到多值函数。虽然黎曼面是个几何概念，但它远非直观，我们不可能在三维空间准确表示黎曼面。为此，黎曼的观点遭到了同时代数学家的反对，如魏尔斯特拉斯称为"几何幻想物"。

黎曼为完善其博士论文，给出其函数论在保形映射的几个应用，将高斯在 1825 年关于平面到平面的保形映射的结论推广到任意黎曼面上，并在文字的结尾给出黎曼映射定理：两个给定的单连通平面可以一对一地并且保形地相互映射，一曲面的一个内点和一个边界点可以对应到另一个曲面上的任意选取的一个内点和一个边界点。此外，他还建立了柯西－黎曼条件，真正使该方程成为复分析大厦的基石，揭示出复函数与实函数之间的深刻区别。黎曼清楚地知道，一个解析函数建立了从 z 平面到 w 平面的保形映射。1851 年黎曼得到了这样的结论。

黎曼把单值函数的一些已知结论推广到多值函数中，尤其按连通性对函数分类的方法，极大地推动了拓扑学的初期发展。他研究了阿贝尔函数和阿贝尔积分及阿贝尔积分的反演，把阿贝尔积分分为三类（在黎曼面上）；证明了第一类函数（曲面上的单值函数，它的奇点是极点）是代数函数，而第二类函数是代数函数的积分；证明了代数函数可以用超越函数的和来表示；开辟了复变函数论的另一个新的研究方向——阿贝尔积分的反演；得到了在亏格为 P 的黎曼面上的函数的一个重要结果——黎曼－洛赫定理。黎曼的代数函数论的出现，不仅推动了几何函数论的发展，而且也预示着曲面拓扑学的萌芽，还导致了后来的代数几何学、复解析几何学的重大发展。

（三）建立途径之三：解析函数观点

魏尔斯特拉斯完全摆脱了几何直观，在幂级数的基础上建立起解析函数的理论，并建立起了解析开拓的方法。

魏尔斯特拉斯以幂级数为出发点形成了解析函数理论，把解析函数定义为可展成幂级数的函数，把多项式与有理函数的理论推广到超越函数，利用函数的奇点来讨论广义函数的性质。他解决了问题：从已知的有限定区域内定义函数的幂级数出发，根据幂级数的有关定理，推导出在其他区域内定义同一函数的另一些幂级数。

魏尔斯特拉斯建立了解析开拓方法，利用解析开拓定义完全解析函数。通过解析开拓，就可把柯西的方法（研究完全解析函数的单值分支）和魏尔斯特拉斯的理论统一起来。在解析开拓的过程中，可能出现的奇点必定位于幂级数的收敛圆的边界上。魏尔斯特拉斯还由解析开拓研究了多值函数及复变函数的其他性质。

魏尔斯特拉斯建立解析函数论的原意是作为他关于阿贝尔积分与阿贝尔函数一般理论的导引。现在看来，他的主要目标反倒退居次要地位，而其严格、批判、犀利的观念，以及他所提供的一般性理论和方法，则成为他对这一领域的主要贡献。在这方面，他与黎曼明显不同。黎曼以狄利克雷原理为基础建立其映射定理，而魏尔斯特拉斯对狄利克雷原理的批评使这个原理和黎曼强有力的方法几乎一蹶不振。

在一般方法论上，魏尔斯特拉斯说："我越是思考函数论（这是我不断研究的领域）的各种原理，就越确信它必须建立在简单的代数真理基础上；谁如果不把它建立于简单而基本的代数命题，而是借助于'直觉'（我用这个词来概括描述），谁就走上了歧路，不管乍一看它多么有吸引力，如黎曼那样，他通过这种方法发现了代数函数那么多重要性质。"不过他也强调在研究时可以采用多种渠道。

魏尔斯特拉斯的方法在 19 世纪末占据主导地位，使得"函数论"成为复变函数论的同义词。后柯西和黎曼的思想被融合在一起，其严格性也得到了改进，而魏尔斯特拉斯的思想也逐渐能从柯西－黎曼观点推导出来。

20 世纪初，复变函数理论又有了很大进展，列夫勒、庞加莱、阿达玛等都做了大量的研究工作，开拓了复变函数理论更广阔的研究领域。复变函数理论对数学领域许多分支的发展有很大的影响，已深入到微分方程、积分方程、概率论和数论等学科。更重要的是，复变函数在其他学科也得到了广泛的应用。如俄国的茹柯夫斯基采用复变函数理论解决了飞机机翼的结构问题，他还应用复变函数论于流体力学和航空力学等问题。我国数学家在单复变函数及多复变函数等方面做过重要工作，不少成果达到当时的国际先进水平，华罗庚、陈建功、杨乐、张广厚就是其中的杰出代表。

10.2.2　偏微分方程

在 19 世纪偏微分方程得以迅速发展，那时数学物理问题的研究繁荣起来，许多数学家都对数学物理问题的解决做出了贡献。

（一）傅里叶与热传导方程

在解偏微分方程方面迈出第一步的是傅里叶。1807 年，他向巴黎科学院提交了关于热传导方程，但经拉格朗日、拉普拉斯和勒让德的审查后而被拒绝了，为此他愤愤不平。1811 年他再次呈交了经修改后的论文，终于获得了 1812 年的巴黎科学院的高额奖金。1822 年，他出版了数学经典文献《热的解析理论》（Théorie Analytique Delachaleur）。该书推导出了热传导方程、得出了在不同边界下的积分法，还提出了变量分离法。这部著作最主要的贡献是详细研究了傅里叶级数，使三角级数、无穷级数的研究进入了一个新的阶段。在讨论热传导问题时，他研究了均匀和各向同性的物体，把物质的温度 T 看做是空间和时间的函数，根据物理原理证明了 T 必须满足下述方程：

$$\frac{\partial^2 T}{\partial x^2} + \frac{\partial^2 T}{\partial y^2} + \frac{\partial^2 T}{\partial z^2} = k^2 \frac{\partial T}{\partial t}$$

傅里叶应用三角级数求解热传导方程，同时为了处理无穷区域的热传导问题又导出"傅里叶积分"，这一切都极大地推动了偏微分方程边值问题的研究。此外，傅里叶解决了热在非均匀加热的固体中分布传播问题，成为分析学在物理中应用的最早例证之一，对 19 世纪的理论物理学的发展产生了深远影响。

傅里叶在法国大革命时就读于巴黎高等师范学校，1795 年在巴黎综合工科学校作为拉格朗日、蒙日的助手，1798 年随拿破仑远征埃及，任埃及研究院秘书，受到拿破仑器重，1801 年被拿破仑任命为格伦诺布尔省省长，1808 年授予男爵，1815 年全力投入学术研究，1817 年就职于法国科学院，1822 年当选为终身秘书，1827 年被选为法兰西学院院士。

（二）格林与位势方程

19 世纪偏微分方程的另一个发展方向是围绕着位势方程展开的，其代表人物是格林（G. Green，1793—1841 年）。位势方程也称拉普拉斯方程：

$$\Delta V = \frac{\partial^2 V}{\partial x^2} + \frac{\partial^2 V}{\partial y^2} + \frac{\partial^2 V}{\partial z^2}$$

拉普拉斯曾采用球面调和函数法求解该方程，不过认为该方程当被吸引的点位于物体内部时也成立。这个错误被泊松加以更正，他指出，若点（x，y，z）在吸引体内部，则满足方程

$$\Delta V = -4\pi\rho$$

其中，ρ 是吸引体密度，也是 x，y，z 的一个函数。

拉普拉斯和泊松的方法都只适用于特殊几何形体，格林则认识到函数 V 的重要性，并首先赋予其"位势"（potential）的名称，进一步发展了函数 V 的一般理论。他求解位势方程的方法与用特殊函数的级数方法相反，称为奇异点方法。在 1828 年私人印刷出版的小册子《关于数学分析应用于电磁学理论的一篇论文》中，他建立了许多对于推动位势论的进一步发展极为关键的定理与概念，其中以格林公式

$$\iiint (U\Delta V - V\Delta U)\mathrm{d}v = \iint \left(V\frac{\partial U}{\partial n} - U\frac{\partial V}{\partial n}\right)\mathrm{d}\sigma$$

（n 为物体表面指向内部的法向，$\mathrm{d}v$ 是体积元，$\mathrm{d}\sigma$ 是面积元）和作为一种带奇异性的特殊位势的格林函数概念影响最为深远。

格林是自学成才的数学家。1833 年以 40 岁之龄成为剑桥大学自费生，1837 年毕业后留在剑桥冈维尔于凯斯学院任教。格林是剑桥数学物理学派的开山祖师，其工作培育了汤姆逊（W. Thomson，1824—1907 年）、斯托克斯（G. Stokes，1819—1903 年）、麦克斯韦等强有力的后继者，他们是 19 世纪典型的数学物理学家。斯托克斯是继牛顿之后任卢卡斯座教授、皇家学会秘书、皇家学会会长这三项职务的第二个人，麦克斯韦 1873 年所出版的《电磁理论》，系统、全面、完美地阐述了电磁场理论，成为经典物理学的重要支柱之一。

剑桥物理学派的目标是发展求解重要物理问题的一般数学方法，其主要数学工具就是偏微分方程。麦克斯韦于 1864 年导出电磁场方程，是 19 世纪数学物理最壮观的胜利，正是根据对这组方程的研究，麦克斯韦预言了电磁波的存在，不仅给科学和技术带来了巨大的冲击，同时也使偏微分方程威名大振，以至于在 19 世纪偏微分方程几乎变成了数学物理的同义语。

（三）柯瓦列夫斯卡娅与偏微分方程解的存在唯一性定理

对于偏微分方程来说，若求出显解，则解的存在性不证自明，若求不出显解时则需要证明解的存在。柯西曾证明，任何阶数大于 1 的偏微分方程都可化归为偏微分方程组，他证明了方程组的解的存在性，为此给出了判定存在性的优势函数法。1875 年，柯瓦列夫斯卡娅发表了关于偏微分方程组的解的存在性定理。

柯瓦列夫斯卡娅出生在俄国立陶宛边界的一座贵族庄园，其父是退役的炮兵团团长。她儿时对数学就很痴迷，经常对着墙壁上的数学公式和符号，一看就是好半天，原来她房间里的糊墙纸是用高等数学讲义做成。14 岁时便能够独立推导出三角公式，被称为"新巴斯卡"。随着时间的流逝，柯瓦列夫斯卡娅对数学的兴趣也与日俱增。但那时正处于沙皇时代，妇女是不允许注册高等学校学习的。而其父又一心想让她像别的贵族姑娘一样，步入社交界，对她想学数学的心愿横加阻拦。于是，柯瓦列夫斯卡娅不顾父母的反对，与年轻的古生物学家柯瓦列夫斯基"假结婚"，来到德国的海德堡。但在那里，妇女听课要有一个专门的委员会认可才行。经过努力，她被允许旁听基础课。在此期间，她勤奋好学，掌握了深奥的数学知识，轰动了整个海德堡，成为人们谈论的话题。可她只被允许听了三个学期的课，便不得不离开了那里。

柯瓦列夫斯卡娅深造心切，又慕名前往柏林工学院，打算去听魏尔斯特拉斯的课。但遗憾的是，柏林的大学也不允许妇女听教授的课，柯瓦列夫斯卡娅到处吃闭门羹，最后只好抱一线希望登门到魏尔斯特拉斯家求教。魏尔斯特拉斯接见了柯瓦列夫斯卡娅，并向他提了一些超椭圆方面的问题，这些问题在当时都很新颖，没想到这位貌不惊人的女青年，解题技巧娴熟，思维方法独特，给老教授留下了深刻的印象。于是，魏尔斯特拉斯破例答应柯瓦列夫斯卡娅每星期日在家里给她上课，每周还另抽一日到她的寓所登门授课。这样柯瓦列夫斯卡娅在魏尔斯特拉斯的悉心指导下学习了 4 年。她回忆这段经历时说："这样的学习，对我整个数学生涯影响至深，它最终决定了我以后的科学研究方向。"

柯瓦列夫斯卡娅得到了魏尔斯特拉斯的鼓励和指点，更加有了攀登科学高峰的勇气。她经过了 4 年的刻苦努力，写出了 3 篇出色的论文，引起了当时科学界强烈的反响，这是史无前例的开创性工作。1874 年，在魏尔斯特拉斯的推荐下，24 岁的柯瓦列夫斯卡娅荣获了德国第一流学府——哥廷根大学博士学位。

柯瓦列夫斯卡娅怀着一颗赤子之心回到了祖国，可俄国还是同她出国之前一样黑暗。她在祖国无法立足，只好又回到柏林。根据魏尔斯特拉斯的建议，她研究光线在晶体中的折线问题。在 1883 年奥德赛科学大会上，她以出色的研究成果做了报告。可命运偏偏与她作对，当年春天，丈夫因破产而自杀。听到这个不幸的消息，她肝肠寸断，把自己关在房间里，四天不吃不喝，第五天昏迷过去。不幸的遭遇，并没有打垮柯瓦列夫斯卡娅的斗志，第六天苏醒过后又开始了顽强的工作。

经过一番周折，柯瓦列夫斯卡娅才得以担任斯德哥尔摩大学的讲师，但当地报纸公然对她攻击："一个女人当教授是有害和不愉快的现象——甚至，可以说那种人是一个怪物。"但柯瓦列夫斯卡娅无所畏惧，像男人那样走上了讲台，以生动的讲课，赢得了学生的热爱，击败了"男人样样胜过女人"的偏见。一年后，她被正式聘为高等分析教授，后又兼聘为力学教授。1889 年，柯瓦列夫斯卡娅在给动力学系统稳定性下定义时，提出了度量小偏差增长率平均值概念，这是向混沌独立理论迈出的第一步。柯瓦列夫斯卡娅的格言是：说自己知道的话，干自己应干的事，做自己想做的人。

10.3　19 世纪数学发展概貌

法国在 19 世纪一直是最活跃的数学中心之一，涌现出一批优秀人才，如傅里叶、泊松、庞斯列、柯西、刘维尔、伽罗瓦、埃尔米特、若当、达布（Jean Gaston Darboux，1842—1917 年）、庞加莱、阿达马等。他们在几乎所有的数学分支中都做出了卓越贡献。法国大革命的影响波及欧洲各国，使整个学术界思想十分活跃，突破了一切禁区。

英国克服近一个世纪以来以牛顿为偶像的固步自封局面，成立了向欧洲大陆数学学习的"分析学会"，使英国进入世界数学发展的潮流。皮科克、格林、哈密顿、西尔维斯特、凯莱、布尔等杰出人物，在代数学、代数几何、数学物理方面的成就尤为突出。

至 19 世纪下半叶，德国逐渐发展成为与法国并驾齐驱的又一个世界数学中心，高斯、施陶特、普吕克、雅可比、狄利克雷、格拉斯曼、库默尔、魏尔斯特拉斯、克罗内克、黎曼、戴德金、康托尔、克莱因、希尔伯特都是 19 世纪最优秀的数学家。

其他国家和地区也出现不少优秀学者，最突出的有挪威的阿贝尔和李，捷克的波尔查诺、俄罗斯的罗巴切夫斯基、切比雪夫、马尔可夫、李雅普诺夫和柯瓦列夫斯卡娅，匈牙利的波尔约，意大利的贝尔特拉米和里奇等。这种人才辈出的局面在数学史上是空前的。

19 世纪的数学突破了分析学独占主导地位的局面，几何、代数、分析各分支出现如雨后春笋般竞相发展。仅在 19 世纪的前 30 多年，一批年轻数学家就在数论、射影几何、复变函数、微分几何、非欧几何、群论等领域做出开创性的成绩。随着众多新研究方向的开拓和证明严格化的要求，越来越多的学者开始埋头于较窄的领域做精细的研究。

到 19 世纪后半叶，随着各国数学会的问世，各种会刊及专门杂志显著增加。这些数学会还在推动本国数学发展和促进国际学术交流方面发挥着积极作用。最早成立的是伦敦数学会，之后创建的有法国数学会、美国数学会和德国数学会。

1893 年为纪念哥伦布发现美洲大陆 400 周年，在芝加哥举办了"世界哥伦布博览会"，克莱因给大会带来了许多欧洲数学家的论文，并做了题为"数学的现状"的演讲，他强调"具有极高才智的人物在过去开始的事业，我们今天必须通过团结一致的努力和合作以求其实现"。这是数学史上第一次超越国界的数学家会议。第一届国际数学家大会于 1897 年在瑞士苏黎世工业大学召开，庞加莱做了题为"关于纯分析和数学物理的报告"。在这次会议上通过的章程规定，两次大会可间隔 3 ~ 5 年，但从 1900 年第二届大会形成了每 4 年举行一次的惯例。在 1900 年巴黎会议上，希尔伯特做了"未来的数学问题"报告，所提出的 23 个重大问题成为 20 世纪数学的研究目标，极大推动了数学科学的发展。

思　考　题

1. 复变函数的建立有哪些途径？

2. 魏尔斯特拉斯对于分析的严格化有哪些重要贡献？

3. 试比较魏尔斯特拉斯、戴德金和康托尔的实数构造方法。

4. 如何理解严谨的思想有时也可以阻碍创造。正如 Emile Picard 所说："如果 Newton 和 Leibniz 知道连续函数不一定可导，微分学将无以产生。"

5. 从康托尔的遭遇谈数学权威带给数学发展的不幸。

6. 简述实数理论和第一次数学危机。

7. 比较古希腊穷竭法和柯西极限的异同。

8. 试述康托尔集合论的数学意义。

9. 傅里叶级数是怎样产生的？有什么重要意义？

10. 从微分方程的求解问题、解的存在性问题和定性问题看一门学科的深入。

11. 如何理解黎曼是数学史上最具独创精神的数学家之一？

12. 从柯瓦列夫斯卡娅的数学道路看女数学家的成长。

13. 存在一个以上的无穷大吗？

下讲学习内容提示

主要内容：20 世纪数学科学发展的特点，数学奖项及其获奖者，抽象数学分支的发展。

阅 读 材 料

1. N. Bourbaki. Elements of the History of Mathematics；English Version. Spiringer-Verlag，1994.

2. C. Boyer. A History of Mathematics. John Wiley & Sons，Inc. 1968.

3. R. Carlinger(ed). Classics 0f Mathematics. Moore publishing Company Inc. 1982.

4. 梁宗巨. 世界数学通史. 大连：辽宁教育出版社，1995.

5. 胡作玄. 近代数学史. 济南：山东教育出版社，2006.

6. 胡作玄. 20 世纪数学思想. 济南：山东教育出版社，1999.

第 11 讲　20 世纪数学概观

主要解决问题：

(1) 实变函数、泛函分析、抽象代数和拓扑学的发展。

(2) 国际数学奖励。

(3) 20 世纪数学发展特点。

　　20 世纪数学科学的迅猛发展进一步确立了其在整个科学技术领域中的基础和主导地位。当代数学前沿的大多数学科形成于 20 世纪上半叶，其中主要有抽象代数学（包括群论、环及代数理论、域论、格论、整体李群理论、代数群论、同调代数及各种衍生结构理论）、一般拓扑学、点集拓扑学、实变函数、泛函分析（包括线性拓扑空间理论、算子代数理论等）、组合拓扑学及代数拓扑学、整体微分几何学、多复变函数论、动力系统理论、随机过程理论等。而 19 世纪所开创的新领域——代数数论、代数几何学、黎曼几何学和局部李群理论等，也在结构数学的框架中获得重大突破。

　　20 世纪的数学发展可归结到希尔伯特所提出的 23 个数学问题，其为数学发展揭开了光辉的一页。希尔伯特希望通过努力和提出问题，把 20 世纪数学带上健康发展道路。在这 23 个问题中，前 6 个问题与数学基础有关，第 7～12 个问题是数论问题；第 13～18 个问题属于代数和几何问题；第 19～23 个问题属于数学分析。当然希尔伯特问题也有其局限性，基本上没有涉及庞加莱的组合拓扑工作和嘉当关于李代数的工作及黎曼几何与张量分析和群表示论的研究。从 19 世纪末希尔伯特已致力把数学建立在集合论基础上，但其梦想却因哥德尔的不完全性定理而破灭，从此数理逻辑走向独特的发展道路。

　　20 世纪近 50 名菲尔兹数学奖得主的研究工作催生了一批新的数学学科分支，扩大了研究对象，并形成了当代数学的主要特征：数学内部各学科抽象程度越来越高、分化越来越细；不同分支学科的数学思想和方法相互交融渗透；数学科学在其他领域中广泛的渗透和应用，成为整个科学技术领域普遍适用的语言。犹如 1966 年菲尔兹奖得主阿蒂亚（M. F. Atiyah，1929—）所说，20 世纪的数学发展大致可分为两部分：上半叶为"专门化时代"，这是希尔伯特的处理办法大行其道的时代，即努力进行形式化，仔细定义各种事物，并在每个领域中贯彻始终。在此趋势下，人们把注意力集中于在特定时期从特定代数系统或其他系统能获得什么；下半叶为"统一的时代"，在这个时期各个领域的界限被打破了，各种技术可从一个领域应用到另外一个领域，并且事物在很大程度上变得越来越有交叉性。

　　作为 20 世纪影响最为深远的科技成就，电子计算机发明的本身就是抽象数学成果对人类文明的最辉煌的贡献之一。电子计算机与数学的关系一直处于一种相互依存、相互促进的良性循环之中。图灵、哥德尔、冯·诺伊曼等对计算机的诞生、设计和发展做出奠基性贡献。诺贝尔奖得主康托洛维奇和纳什的研究也与算法研究（或军事数学）有关。吴文俊的工作也包括了算法研究。与算法研究（或军事数学）有关的，还有筹学、密码学及大规模科学工程计算等。似乎在 20 世纪中，以算法为主干的数学研究对于外部世界，尤其是科技和军事有着相当直接的影响。同时，在计算机的设计、制造、改进和使用过程中，也向数学提出了大量带有挑战性的问题，推动着数学本身的发展。计算机和软件技术已成为数学研究的新的强大手段，其飞速进步正在改变传统意义下的数学研究模式，并将为数学的发展带来难以预料的深刻变化。数值模拟、理论分析和科学实验鼎足而立，已成为当代科学研究的三大支柱。

11.1　抽象数学分支的崛起

11.1.1　实变函数

实变函数是在 20 世纪初期产生并发展起来的新兴学科，是整个分析数学中最年轻的学科之一。实变函数是从"经典理论"向"现代理论"转折的关口，又是联系各门经典课程的纽带。它与拓扑学、近世代数并称为数学专业的"新三基"。相对于经典数学，实变函数中处处充溢着创新与变革，其思想的深邃，方法的缜密与综合运用，大规模采用公理体系，分门别类地集中解决问题，抽象的形式，广泛的应用使该学科特色凸显。

实变函数论是 19 世纪末 20 世纪初形成的数学分支，是微积分的深入和发展。在微积分学中，主要是从连续性、可微性、黎曼可积性三个方面讨论性质"良好"的函数，而实变函数论则讨论最一般的函数，包括从微积分学的角度来看性质"不好"的函数，其产生最初是为理解和弄清 19 世纪的一系列奇怪发现：魏尔斯特拉斯构造了一个处处不可微的连续函数；皮亚诺发现了能填满正方形的若当曲线；连续函数级数之和不连续；可积函数序列的极限函数不可积；函数的有限导数不黎曼可积等。这就促使数学家进一步研究函数的各种性态。

因函数的不连续点影响了函数的可积性，故数学家转向函数的不连续点集的研究。由此产生了"容量"和"测度"的概念，它们是通常体积、面积和长度概念的推广。容量概念最早由德国数学家哈纳克和杜布瓦·雷蒙提出。后皮亚诺改进了他们的工作，引进了区域的内容量和外容量。1893 年，若当在《分析教程》中，更有力地阐明了内、外容量的概念。他用有限集合覆盖点集，给出"若当容量"的定义，完善了前人的工作。他还研究了容量对积分的应用。博雷尔在处理表示复函数的级数收敛的点集时，建立了他称为测度的理论。在《函数论讲义》中，他定义了开集、可数个不相交的可测集的并集、两个可测集的差集等几类点集的测度，把测度从有限区间推广到更大一类点集上。

在测度论和积分理论方面做出决定性贡献的是法国数学家勒贝格，其论文《积分、长度与面积》改进了博雷尔的测度论。勒贝格引进了 n 维空间点集测度的概念，他用（可数）无穷个区间覆盖已知点集，给出某些特殊点集的测度定义，并注意到不可测集的存在。在此基础上，引进了可测函数的概念，然后建立勒贝格积分。

勒贝格定义勒贝格积分与以前定义积分的方式不同，以前是先定义积分，然后由积分得到"测度"，勒贝格与此相反，他先定义测度，然后定义积分。定义积分时，不去把自变量的区间加以区分，而把因变量 y 的区间以重分（成有限个区间），再仿照通常的办法定义积分，这样就可使一些很坏的函数也成为勒贝格可积的，最明显的例子就是狄利克雷函数。这样大大扩充了可积函数的范围。另外，如果勒贝格可积函数同时也黎曼可积，则两个积分相等。紧接着，他又在《积分与原函数的研究》中证明了有界函数黎曼可积的充要条件是其不连续点构成一个零测度集。这就从根本上解决了黎曼可积性的问题。

　　勒贝格积分理论作为分析学中有效工具的出现，尤其是在三角级数中应用的高度成功，吸引了许多数学家来探讨有关问题，如拉东（J. Radon，1887—1956 年）做出了更广的积分定义，其中把斯蒂尔吉斯积分和勒贝格积分作为其特殊情形。1930 年尼古丁（O. Nikodyn，1887—1974 年）最终完成抽象测度论的建立。近年来，实变函数论已经渗入数学的许多分支，有着广泛而深刻的应用，不仅构成概率论的基础，同时也是抽象调和分析、谱理论等分支不可少的前提。如实变函数论对形成近代数学的一般拓扑学和泛函分析两个重要分支有着极为重要的影响。而柯尔莫戈罗夫把概率理解为一种抽象测度，建立了概率论的公理化体系，使概率论的面貌完全改观，并且拓广了概率论的研究范围。

　　勒贝格的积分理论是对 20 世纪数学领域的一个重大贡献，但和科学史上所有新思想运动一样遭到了许多反对，其主要原因是那些不连续函数和不可微函数被人认为违反了所谓的完美性法则，是数学中的变态和不健康部分。某些数学家曾企图阻止他关于一篇讨论不可微曲面的论文的发表，甚至连庞加莱的老师埃尔米特都毫不掩饰对研究病态函数的反感。勒贝格被称为"没有导数的函数的那种人了"，无论他参加哪里的讨论会，总有人对他说："这里不会使您感兴趣，我们在讨论有导数的函数"。然而无论人们的主观愿望如何，这些具有种种奇异性质的对象都自动地进入了研究者曾企图避开它们的问题之中。勒贝格充满信心地指出："使得自己在这种研究中变得迟钝了的那些人，是在浪费他们的时间，而不是在从事有用的工作。"

11.1.2　泛函分析

　　泛函分析 1932 年才被正式列入德国《数学文摘》。"泛函分析"一词首先出现于勒维（P. Lévy，1886—1971 年）1922 年出版的《泛函分析教程》中。泛函分析主要研究无穷维向量空间上的函数、算子和极限理论，大致可分为：函数空间理论，从希尔伯特空间、巴拿赫空间到一般拓扑线性空间的理论；函数空间上的分析，这是最先发展的一部分，即所谓泛函演算；函数空间之间的映射及算子理论，发展最成熟的是希尔伯特空间中的线性算子理论；算子（或函数）集合的代数结构，如巴拿赫代数、冯·诺伊曼代数、C * 代数及算子半群等理论。

　　泛函分析可追溯到 18 世纪变分法的产生。正如微积分研究函数的极值一样，变分法研究函数集（空间）上的函数——泛函的极值。而泛函分析的直接推动力则是 19 世纪末兴起的积分方程的研究，它导致线性泛函分析的诞生。

　　从 19 世纪 80 年代始，意大利一些数学家引进了泛函演算，特别是他们引进原始泛函及线性算子的概念。后法国数学家发展了泛函演算，特别是在 1897 年第一次国际数学家大会上所做的报告中，阿达马（J. Hadamard，1865—1963 年）为了研究偏微分方程而考虑了闭区间 [0，1] 上全体连续函数所构成的族，发现这些函数构成一个无穷维的线性空间，并于 1903 年定义了这个空间上的函数，即泛函。

　　1920—1922 年间哈恩（H. Hahn，1879—1934 年），海莱（E. Helly，1884—1943 年），维纳（N. Wiener，1894—1964 年）和巴拿赫都对赋范空间进行定义并加以研究，海莱还得到所谓哈恩 - 巴拿赫定理。

　　对泛函分析贡献最杰出的是巴拿赫（S. Banach，1892—1945 年），他进一步把希尔伯特空间推广成巴拿赫空间，用公理加以刻划，形成了系统的理论，其主要工作是引进线性赋范空间概念，建立了其上的线性算子理论，证明了作为泛函分析基础的三个定理：哈恩－巴拿赫延拓定理，巴拿赫－斯坦豪斯定理即共鸣之定理、闭图像定理。他在 1932 年出版的《线性算子论》统一了当时泛函分析众多成果，成为泛函分析第一本经典著作。

巴拿赫所处的时代，波兰科学家还受到宗教殉道观念的束缚，即知识分子应当远离尘世的欢乐，但巴拿赫不愿做圣徒的候选人。他是一位现实主义者，甚至到了接近玩世不恭的程度。他强调自己祖先的山民血统，并对那些无所专长的所谓有教养的知识分子持蔑视态度，而把天才的火花和惊人的毅力与热情融为一体。巴拿赫培育了一大批青年数学家，为形成强大的利沃夫泛函分析学派奠定了基础。他培育青年的方式中有一种很特别，这就是"咖啡馆聚会"。巴拿赫一天生活中有相当多的时间消磨在咖啡馆，当有同事和年轻同行围坐时，他可以滔滔不绝地讲上几个钟头。咖啡桌跟大学研究所和数学会的会场一样，成了爆发数学思想火花的圣地。所记录下的数学家提出的各种问题成了一部传奇式著作——苏格兰书。由于提问者当时或后来都很著名，使得这些记录具有重要的科学与历史价值，而且具有一种引起人们求知欲望的力量。

肖德尔（J. Schauder，1899—1940 年）和勒瑞的不动点理论是现代偏微分方程理论的重要工具。他们把微分方程的解看成巴拿赫空间到自身映射的不动点，得出了基本定理，这是现代非线性泛函分析的出发点。

从 20 世纪 40 年代起泛函分析在各方面取得了突飞猛进的发展。施瓦兹（L. Schwartz 1915—2002 年）系统地发展了广义函数论，现已成为数学中不可缺少的重要工具。第二次世界大战后，泛函分析取得突飞猛进的发展：1920—1940 年间所发展的局部凸向量空间理论的技术在 1945 年后主要通过沙顿（R. Schatten，1911—）及格罗登迪克（A. Grothendieck，1927—）引入拓扑张量积的理论而完成。在这个理论的发展过程中，格罗登迪克引进一种新型的拓扑凸空间—核空间，它在许多方面比巴拿赫空间还接近于有限维空间，并且具有许多卓越的性质，使它在泛函分析及概率论的许多分支中证明是非常有用的。

盖尔范德及其学派所创始的巴拿赫代数理论简化和推广了希尔伯特空间的算子谱理论。在冯·诺伊曼后，这些代数的分类并未取得很大进步，特别是神秘的"Ⅲ"型因子。到 1967 年，不同构的Ⅲ型因子只知道三个。后许多数学家发现了新的Ⅲ型因子，直到 1972 年达到顶点，发展成一般的分类理论，该理论建立在富田稔思想及康耐（A. Connes，1947—）新不变量基础之上，从而解决了冯·诺伊曼代数理论中许多未解决的问题。

目前，泛函分析理论主要包括软分析（Soft Analysis），其目标是将数学分析用拓扑群、拓扑环和拓扑向量空间的语言表述；巴拿赫空间的几何结构；非交换几何，其部分工作以遍历论结果为基础；数学物理，从广义角度来看，其包含表示论的大部分类型的问题。

11.1.3　抽象代数学

抽象代数学是在 20 世纪初发展起来的。抽象代数学的研究对象与研究目标与经典代数学有着根本不同：经典代数学的主要目标是求解代数方程和代数方程组，而抽象代数学以研究数字、文字和更一般元素的代数运算的规律和由这些运算适合的公理而定义的各种代数结构（群、环、域、模、代数、格等）的性质为其中心问题。由于代数运算贯穿在任何数学理论和应用问题里，也由于代数结构及其元素的一般性，抽象代数学的研究在数学中具有基本性，其方法和结果渗透到与之相接近的各个不同的数学领域中，成为一些有新面貌和新内容的数学领域，如代数数论、代数几何、拓扑代数、李群和李代数及代数拓扑学、泛函分析等。这样，抽象代数学对全部现代数学的发展有着显著的相互影响，并对一些其他的科学领域，如理论物理、结晶学等也有重要的影响。

至 19 世纪末，群及不变量在几何、分析、力学和理论物理上都起了重大的影响。深刻研究群及其他相关概念，如域、环、模、代数等，应用到代数学各部分，从许多分散出现的具体研究对象抽象出其共同特征进行公理化研究，形成了抽象代数学的进一步演进，完成了以前相对独立发展的三个主要方面（群论、代数数论、线性代数及代数）的综合，并与差不多同时发展的数学公理化运动相互促进。

在代数学的统一工作中，近代德国学派起了主要作用。由戴德金和希尔伯特于 19 世纪末叶工作开始，在韦伯的 3 卷巨著《代数教程》（Ⅰ，1894 年；Ⅱ，1896 年；Ⅲ，1891 年）的影响下，E 施泰尼茨于 1911 年发表的重要论文"域的代数理论"对于代数学抽象化工作贡献很大。自 20 世纪 20 年代起，以诺特和阿廷及其同事、学生为中心，抽象代数学的发展极为灿烂。在群论、域论、阿廷的形式实域理论、希尔伯特第 17 个问题的解决、类域论、诺特（交换）环的理想理论、诺特的模论及应用、代数理论到阿廷环的推广等方面，都有重要的成果。德国学派的哈塞、布饶尔、诺特与美国学派的阿尔伯特证明了主定理：代数数域上的中心单纯代数都是中心上的循环代数（1930—1931 年）。这是该时期最突出的成就之一。范·德·瓦尔登根据诺特和阿廷的讲稿于 20 世纪 30 年代初写成《近世代数学》，综合当时抽象代数学各方面的工作，对抽象代数学的传播和发展起了巨大的推动作用。

在 1933—1938 年间，经过伯克霍夫、冯·诺伊曼、康托罗维奇、奥尔、斯通等的工作，格论确立了在代数中的地位。自 20 世纪 40 年代中叶起，模论得到进一步的发展和产生深刻的影响，泛代数、同调代数、范畴等新领域被建立和发展起来，它们都是在抽象代数学中起统一作用的概念，在它们的各自研究中能够从某一方面同时研究许多代数结构，甚至其他数学结构。

泛代数的思想作为各种代数结构的比较性研究，起源于怀特海 1898 年的专著，但是直到 20 世纪 40 年代才得到有深刻意义的结果。泛代数对数理逻辑尤其是模论有重要应用，又以数理逻辑为其重要研究工具。现在泛代数的某些内容可通过范畴的观点来处理。

同调代数于 20 世纪 40 年代被引入代数学，最先出现的群的上同调和同调是由代数拓扑学家赫维茨问题的解决所引起的，并导致艾伦伯格和麦克莱恩于 1945 年定义了群的（系数在任意域中的）上同调群，同时赫希施尔德引进了结合代数的上同调群。科斯居尔和谢瓦莱、艾伦伯格发展了李代数的上同调理论。这些理论于 1956 年为嘉当、艾伦伯格用范畴的语言统一起来。同调代数在数论和群论中，以致在代数几何学和代数拓扑学中都有重要的作用。

范畴的概念于 1945 年在艾伦伯格－麦克莱恩引进同调代数的工作中产生，其概念包括两个不同的成分：一类对象和一类它们之间的态射（如两个集合间的映射，两个群间的同态等），而且这些态射可以结合起来又成为一个新态射，态射的结合适合结合律，有单位态射。范畴的定义把对象和态射放在同样的地位，与通常把着重点放在对象上的做法不同。范畴的语言和基础部分现在已渗透到数学的很多领域中，并在它们的一些深刻的新的发展中起到了重要的作用。

由于电子技术的发展和电子计算机的广泛使用，代数学（包括泛代数和范畴这样的新领域）的一些成果和方法被直接应用到某些工程技术中去，如代数编码学、语言代数学和代数语义学（特别与计算机程序理论的联系）、代数自动机理论、系统学的代数理论等新的应用代数学的领域，也相继产生和发展。代数学又是离散性数学的重要组成部分，并对组合数学的蓬勃发展起着重要的作用。这些新的应用，促进了近世应用代数学的形成，包括半群、布尔代数和有限域等。

近年来各抽象代数结构的研究也取得一系列深入和突破性的成果。如德利涅 1973 年证明的有限域上的黎曼·韦伊猜想，对于代数几何学和数论等学科都有重要的影响。1983 年法尔廷斯用深入的代数几何的结果和方法，证明了费马大定理只能有有限多个解。另一个出色成就是 1981 年年初有限单群分类问题的完全解决。

诺特发表的论文《Idealtheorie in Ringbereiche（环中的理想论）》标志着抽象代数现代化的开端。她用最简单、最经济、最一般的概念和术语去思考，诸如同态、理想、算子环等概念。诺特的工作在代数拓扑学、代数数论、代数几何的发展中有着重要影响。1907—1919 年，她主要研究代数不变式及微分不变式。在博士论文中给出三元四次型的不变式的完全组，还解决了有理函数域的有限有理基的存在问题。对有限群的不变式具有有限基给出一个构造性证明，她不用消去法而用直接微分法生成微分不变式。在哥廷根大学的就职论文中，她讨论了连续群（Lie 群）下不变式问题，给出诺特定理，把对称性、不变性和物理的守恒律联系在一起。1920—1927 年间主要研究交换代数与交换算术。1916 年后开始由古典代数学向抽象代数学过渡。1920 年，已引入"左模"、"右模"的概念。1921 年所写出的"整环的理想理论"是交换代数发展的里程碑，其中建立了交换诺特环理论，证明了准素分解定理。1926 年发表"代数数域及代数函数域的理想理论的抽象构造"，给出戴德金环的公理刻画，指出素理想因子唯一分解定理的充分必要条件。

诺特的这套理论是现代数学中的"环"和"理想"的系统理论，一般认为自 20 世纪 20 年代数学研究对象从研究代数方程根的计算与分布，进入到研究数字、文字和更一般元素的代数运算规律和各种代数结构，完成了古典代数到抽象代数的本质的转变。1927—1935 年，诺特研究非交换代数与非交换算术。她把表示理论、理想理论及模理论统一在所谓"超复系"即代数的基础上。后又引进交叉积的概念并用决定有限维伽罗瓦扩张的布饶尔群。最后导致代数的主定理的证明，代数数域上的中心可除代数是循环代数。爱因斯坦曾说："根据现在的权威数学家们的判断，诺特小姐是自妇女开始受到高等教育以来有过的最杰出的富有创造性的数学天才。在最有天赋的数学家辛勤研究了几个世纪的代数学领域中，她发现了一套方法，当前一代年轻数学家的成长已经证明了这套方法的巨大意义。"

近代中国数学家首先在抽象代数学方面工作的是曾炯之。他曾受教于诺特，其主要贡献是证得：设 Ω 为代数封闭域，则 $\Omega(x)$ 上所有以 $\Omega(x)$ 为中心的可除代数只有 $\Omega(x)$。可惜他英年早逝。

从 1938 年秋起，华罗庚组建了一个抽象代数学讨论班，从有限群论始得到了一些有限群论的结果。自 20 世纪 40 年代初至 50 年代间，华罗庚对体论、矩阵几何、典型群进行了系统而深入的研究。他运用恒等式技巧，证明了著名的定理：体的半自同构必为自同构或反自同构，从而证明了特征不为 2 的体上的一维射影空间的基本定理。他对矩阵几何的研究，从初期的域推广到体而更加完整。在体上的矩阵几何，是体上的代数几何学的开端。他运用独特的矩阵方法，在体或整数环上的典型群的自同构和构造的研究方面，特别是对较困难的低维情况，取得了优于其他已知方法的结果。由于华罗庚及其影响下其他数学工作者所取得的一系列结果，在国际上被称为中国学者的矩阵方法。

11.1.4　拓扑学

拓扑学是几何学分支，但这种几何学又和通常的平面几何、立体几何不同。通常的平面几何或立体几何研究的对象是点、线、面之间的位置关系及其度量性质，而拓扑学对于研究对象的长短、大小、面积、体积等度量性质和数量关系都无关，主要研究拓扑空间及其间的连续映射。关于哥尼斯堡七桥问题、多面体的欧拉定理、四色问题等都是拓扑学发展史的重要问题。拓扑学的英文名是 Topology，直译是地志学，即和研究地形、地貌相类似的有关学科。我国早期曾经翻译成"形势几何学"、"连续几何学"、"一对一的连续变换群下的几何学"，但这几种译名都不大好理解，1956 年统一的《数学名词》确定为拓扑学。

20 世纪以来，集合论被引进了拓扑学，为拓扑学开拓了新的面貌。拓扑学的研究就变成了关于任意点集的对应的概念。拓扑学中一些需要精确化描述的问题都可用集合来论述。在 20 世纪初期，分为一般拓扑学（也称点集拓扑学）及组合拓扑学。一般拓扑学讨论点集的一般的拓扑性质，如开、闭性、紧性、可分性、连通性等。1906 年弗雷歇正式提出非度量的抽象空间，同时黎斯也提出"聚点"的公理化定义，然后用它定义邻域，但真正从邻域出发定义拓扑的是豪斯道夫（F. Hausdorff，1868—1942 年），他在 1914 年的《集论大纲》中通过邻域定义所谓豪斯道夫空间及开集、闭集、边界、极限等概念，从而正式形成了一般拓扑学的分支。另一种不通过度量定义拓扑的方法是库拉托夫斯基（C. Kuratowski，1895—1980 年）在 1922 年提出，他用闭包概念定义拓扑。1923 年，蒂茨（H. Tietze，1880—1964 年）以开集作为定义拓扑的中心概念，现在通用的公理是亚历山大洛夫（П. С. Александров，1896—1982 年）在 1925 年提出来的。豪斯道夫在其第二版《集论》中加以总结，使一般拓扑学的表述得以确立。

使组合拓扑学成为重要的数学分支的是庞加莱。他在 1881—1886 年在微分方程定性理论及后来天体力学的研究中，都有意识地发展拓扑的思想。在 1895—1904 年发表的关于"位置分析"的六篇论文中，他创造了组合拓扑学的基本方法并引进重要的不变量，同调及贝蒂数（1895 年）、基本群（1895 年）、挠系数（1899 年），并进行具体计算，还证明了庞加莱对偶定理的最初形式。1904 年提出了著名的庞加莱猜想：单连通、闭（定向）三维流形同胚于球面。他有意识地研究两个闭流形（首先是三维流形）同胚的条件。

布劳威尔创造了单纯逼进方法，使拓扑学的证明有了严格的基础。1915 年亚历山大证明贝蒂数及挠系数的拓扑不变性。对偶定理是拓扑不变量之间关系的重要方面，1922 年亚力山大（J. w. Alexander，1888—1971 年）证明亚历山大对偶定理，是对庞加莱对偶定理的重要补充及发展。1930 年，列夫希兹（S. Lefschetz，1884—1972 年）证明列夫希兹对偶定理，以上述两定理为其特殊情形。

20 世纪 20 年代起，数学家曾试图把同调论（Homology）从流形逐步推广到更一般的拓扑空间。先是维埃陶瑞斯、亚历山大洛夫等推广到紧度量空间，继而切赫推广到一般拓扑空间，即所谓切赫同调论。同时列夫希兹发展了奇异同调论。在代数与几何的对偶观念的影响下，许多数学家在 30 年代初提出同调群的对偶观念——上同调群。除了同调群和上同调的加法结构外，许多人从各个角度寻找其中的乘法结构，列夫希兹和浩普夫在 1930 年左右研究流形的交口环。1935—1938 年亚力山大、切赫、惠特尼（H. Whitney，1907—1989 年）、柯尔莫哥洛夫等独立引进复形的上积。1947 年，斯廷洛德（N. Steenrod，1910—1971 年）

定义了平方运算，后来发展成上同调运算的理论。

同在 20 世纪 30 年代，同伦（Homotopy）概念产生了。1931 年浩普夫映射的发现促使人们注意连续映射的研究。1932 年，切赫在国际数学家大会上定义了高维同伦群，但未引起注意。1933 年波兰数学家虎尔维兹（W. Hurewicz，1904—1956 年）对连续映射进行研究，在 1935—1936 年发表四篇论文，定义了高维同伦群并研究了其基本性质。虎尔维兹还定义了伦型的概念，由于当时所知的大多数拓扑不变量均为伦型不变量，使同伦论的研究有了巨大的推动力。1942 年列夫希兹的《代数拓扑学》问世，标志着组合拓扑学正式转变为代数拓扑学。

拓扑学在泛函分析、李群论、微分几何、微分方程等其他许多数学分支中都有广泛的应用。拓扑学方法和不动点原理是现代经济学理论研究的重要工具。20 世纪下半叶，拓扑学方法在经济均衡和博弈论等方面取得很大成功，多位经济学家因此而获得诺贝尔奖。1983 年度诺贝尔经济学奖获得者德布鲁教授"论一般经济均衡的存在性"，1994 年度诺贝尔经济学奖获得者纳什教授"论证博弈论纳什均衡的存在性"，其基础都是拓扑学方法和不动点原理。邓国强在文章《基于点集拓扑学原理的指纹识别算法》中，将点集拓扑学中的拓扑映射原理应用到指纹识别算法中；江守礼在文《拓扑学在晶体科学等方面的应用前景》中，探讨了拓扑学及其有关学科在晶体科学应用的前景，特别是分子拓扑学，分形等学科在晶体科学方现应用的可能性；德国心理学家勒温把拓扑学引入心理学建立了拓扑心理学等。

2003 年，首届阿贝尔奖授予法国数学家塞尔（J. P. Serre，1926—）。塞尔的第一项大工作就是发展拓扑学。尽管拓扑学已有半个世纪的历史，但每步发展都极为艰难。特别是同调论虽有一定发展，同伦论则裹足不前。塞尔应用谱序列工具，一举解决了许多原则问题，从根本上改变了同伦论乃至拓扑学的面貌。由于其对拓扑学的发展，1954 年还不满 28 周岁的塞尔荣获菲尔兹奖。塞尔的拓扑学工作不仅改变了拓扑学的面貌，而且由于拓扑方法的应用把整个理论数学推向一个崭新的水平。代数数论、代数几何、微分几何、多复变、抽象代数、泛函分析，到处都有某种上同调，而这种工具的效用是以前的方法难以望其项背的。正是拓扑方法或同调代数方法，使 20 世纪下半叶的数学登上新的高峰。

我国数学家对拓扑学发展也做出一定的贡献。老一辈数学家江泽涵于 1927 年 9 月赴美在哈佛大学研究院数学系攻读，仅用一年时间就完成了硕士学位论文，1930 年 6 月获哈佛大学博士学位。1931 年回国任北京大学数学系教授，把数学的最新进展、当时的数学前沿拓扑学引入中国，在清华大学开讲了国内最早的拓扑学课程。江泽涵为我国培养了一批拓扑学人才，陈省身就是当年在清华读研究生时，最早听江泽涵讲拓扑学的学生之一。江泽涵的助手和学生廖山涛、王湘浩、姜伯驹、石根华、冷生明、刘应明、王诗柯等现已是享誉国内外的知名数学家，他们中有多位中国科学院院士，有的还是第三世界科学院院士。如今已形成了国际公认拓扑学的新"中国学派"。

随着模糊数学的产生，点集拓扑学的发展又进入一个新阶段。1965 年，美国控制理论专家 L. A. Zadeh 提出模糊集合概念，此后模糊集合在数学的各个分支得到了广泛的应用。1968 年，C. L. Chang 以 Zadeh 的模糊集合论为基础提出了模糊拓扑的概念，后经 J. A. Goguen 将 I = [0,1] 推广到具有逆序对合对应的完全分配格，就是现在所研究的 L-fuzzy 拓扑空间。在我国刘应明和王国俊对于 L-fuzzy 拓扑空间的研究做出了贡献，应明生于 1991 年利用连续值逻辑语义的方法研究了不分明化拓扑空间，即研究的对象为分明集，而拓扑是模糊的，同时又定义了 I-fuzzy 拓扑空间，即研究的对象为模糊集，而拓扑也是模糊的，这样点集拓扑学的研究又进入一个新的领域。

拓扑学发展到今天，在理论上已经十分明显分成了两个分支。一个分支偏重于用分析的方法来研究的，叫做点集拓扑学，另一个分支偏重于用代数方法来研究的叫做代数拓扑学。现在这两个分支又有统一的趋势。

11.2　经典数学分支的突破

20 世纪发展起来的代数及拓扑方法对于经典学科起着极大的推动作用，其中结构数学对于代数数论、代数几何学、多复变函数论、抽象调和分析、大范围微分几何学等分支起着决定性的改造作用，从而极大地扩展了它们的范围。由此，导致许多经典问题取得突破乃至完全解决。

11.2.1　微分流形的几何学

拓扑学与微分几何学有着血缘关系，向量场问题考虑光滑曲面上的连续的切向量场，它们在不同的层次上研究流形的性质。为了研究黎曼流形上的测地线，莫尔斯在 20 世纪 20 年代建立了非退化临界点理论，把流形上光滑函数的临界点指数与流形本身的贝蒂数联系起来，并发展成大范围变分法。莫尔斯理论后又用于拓扑学中，证明了典型群的同伦群的博特周期性，并启示了处理微分流形的剜补术。微分流形、纤维丛、示性类给嘉当的整体微分几何学提供了合适的理论框架，也从中获取了强大的动力和丰富的课题。陈省身在 40 年代引进了"陈示性类"，这不但对微分几何学影响深远，对拓扑学也十分重要。20 世纪 50 年代后，对于流形的研究取得了重要的突破，1956 年发现了球面上的不等价的微分结构，证明了广义庞加莱猜想，解决了主猜想，并发展了大范围的动力系统理论。对于微分流形的研究，促进了奇点理论的发展，同时解决了一系列与微分几何学有关的拓扑问题，并且发展了叶状结构理论。

11.2.2　古典分析

新学科的发展给古典分析提供了重要的工具，其中包括不动点定理、拓扑度的观念，尤其是广义函数论大大推动了偏微分方程理论的发展。在微分流形上，考虑微分算子促使霍奇理论的产生，这个理论把流形的拓扑性质与分析性质结合起来，它与黎曼－罗赫定理共同深化为阿蒂亚－辛格理论，阿蒂亚－辛格理论是引进伪微分算子的主要推动力，伪微分算子不仅包含线性微分算子，而且包含了以前研究的奇异积分算子，从而使线性偏微分方程理论系统化，这套理论后来又推广为傅里叶积分算子理论。

11.2.3　代数几何学

交换环理论给代数几何学打下了牢固的基础。从范德瓦尔登、韦伊、扎里斯基一直到塞尔、格罗唐迪克，不仅发展了抽象代数几何学，而且解决了一系列经典问题，其中特别是广中平佑解决了特征 0 的代数簇的奇点解消问题，而且建立了算术代数几何这一前沿学科，并导致一系列重要猜想的解决。1974 年，德利涅成功地证明了韦伊猜想，这是不定方程理论最重大的成就。1983 年，法尔廷斯证明了莫德尔猜想，这是丢番图几何的中心问题之一。

1994 年怀尔斯取得世纪性的成就，证明了费马大定理。

11.2.4 代数数论

希尔伯特的《数论报告》成为 20 世纪前半叶代数数论发展的指南。如希尔伯特类域的推广、相对阿贝尔扩张具有唯一的类域、克罗内克青春之梦等到 1920 年都陆续被高木贞治等人解决。到 1927 年阿廷证明了一般互反律，从而完成了阿贝尔类域论的理论。20 世纪 30 年代到 50 年代，在抽象代数、同调代数等工具的帮助下，类域论可以用漂亮的代数理论和上同调理论来表达，成为数学王国中一颗光彩夺目的明珠。

类域论不仅在原来代数数域的范围中，许多定理可以类推到代数闭域上单变量代数函数域上。另外，亨泽尔发现了 p-adic 数，对于各种代数数域也都有相应的"局部域"，相应地建立了各种局部域的阿贝尔扩张理论，此即局部类域论。20 世纪 60 年代，局部类域论可以用形式群的工具来简明地表示出来。其后，类域论向非阿贝尔类域论发展。这里面自守形式、代数几何、群表示论、上同调混合在一起。朗兰茨等发展了一套体系，被称为朗兰茨哲学，它极大地影响了整个数学的发展。

11.2.5 其他进展

20 世纪许多经典问题也取得重大进展，下面为其中一些重要项目：

（1）解析数论 黎曼猜想；素数定理的初等证明；华林问题与哥德巴赫猜想；密率方法与筛法；三角和方法。

（2）丢番图逼近与超越数论 解决希尔伯特第 7 问题；代数数的最佳逼迫；高斯关于类数 1 的虚二次域猜想；卡塔兰方程；$\zeta(3)$ 为无理数。

（3）单复变函数论 奈望林纳理论；拟共形映射；比伯巴赫猜想。

（4）微分方程与变分法 极小曲面、普拉托问题；KdV 方程；线性偏微分方程的解的存在性、唯一性。

11.3 国际数学奖励

11.3.1 菲尔兹奖

菲尔兹奖（The International Medals for Outstanding Discoveries in Mathematics）是以已故加拿大数学家、教育家菲尔兹（J. C. Fields，1863—1932 年）的姓氏命名。1924 年，菲尔兹在多伦多召开的国际数学家大会上，倡议将学术会议剩余经费作为基金，并自己捐赠了部分资金。这个倡议得到了与会的各国数学家的一致拥护。菲尔兹对数学事业的远见卓识、组织才能和勤恳的工作推动了数学的发展，他强烈主张数学发展应该是国际性的。为了主持筹备 ICM，他奔走于欧美各国以谋求广泛支持，并打算于 1932 年苏黎世第九届 ICM 上提出设立国际数学奖。1932 年菲尔兹不幸病故，但同年在苏黎世召开的大会上通过了菲尔兹奖的成立，并决定从 1936 年起开始评定，在每届国际数学家大会上颁发。他把自己的遗产和剩余的会费托人转交给第九届大会，并接受了其建议，于 1936 年开始颁奖。1974 年温哥华 ICM 规定只授予 40 岁以下的数学家。

菲尔兹奖是一枚金质奖章和 1500 美元奖金。奖章由加拿大雕塑家麦肯齐（Robert Tait

McKenzie）设计。正面有古希腊科学家阿基米德右侧头像。在头像旁刻上希腊文"ΑΡΧΙΜΗΔΟΥΣ"，意思为"阿基米德的（头像）"。又刻上作者名字缩写 RTM，和设计年份的罗马数字 MCNXXXIII（1933 年，第二个 M 字以 N 代替），还有一句拉丁文"TRANSIRE SUUM PECTUS MUNDOQUE POTIRI"，意为"超越人类极限，做宇宙主人"，出自罗马诗人马尼利乌斯（Marcus Manilius）的著作《天文学》（Astronomica）卷四第 392 行。奖章背面刻有拉丁文"CONGREGATI EX TOTO ORBE MATHEMATICI OB SCRIPTA INSIGNIA TRIBUERE"，意为"全世界的数学家们：为知识做出新的贡献而自豪"。背景为阿基米德的球体嵌进圆柱体内。

从 1936 年始到 2009 年获菲尔兹奖的已有 50 人，他们都是数学天空中升起的灿烂明星，是数学界的精英。

第一个获得菲尔兹奖的华人是丘成桐，他证明了卡拉比猜想，解决了史密斯猜想、爱因斯坦猜想、实蒙日－安培方程狄利克雷问题、闵可夫斯基问题、镜猜想及稳定性与特殊度量间的对应性等一连串世界数学难题，以其研究命名的卡拉比——丘流形在数学与理论物理上发挥了重要作用。

陶哲轩（Terrence Tao）于 2006 年 8 月获得菲尔兹奖，他是赢得菲尔兹奖的第一位澳大利亚人，也是继 1983 年丘成桐之后获此殊荣的第二位华人。陶哲轩是一位解决问题的顶尖高手，他的兴趣横跨多个数学领域，包括调和分析、非线性偏微分方程和组合论和堆垒素数论等。

11.3.2　沃尔夫奖

沃尔夫奖是具有极高学术声望的多学科国际奖。1976 年由德国出生的犹太人发明家里卡多·沃尔夫（Ricardo Wolf，1887—1981 年）在以色列设立。沃尔夫出生于德国，其父是德国汉诺威城的五金商人，也是该城犹太社会的名流。沃尔夫曾在德国研究化学，并获得博士学位。在第一次世界大战前移民古巴。他用了将近 20 年的时间成功地发现了如何从熔炉废渣中回收铁，从而成为百万富翁。1961—1973 年他曾任古巴驻以色列大使，后定居以色列。

1976 年 1 月 1 日，沃尔夫及其家族捐献一千万美元成立了沃尔夫基金会，其宗旨主要是为了促进全世界科学、艺术的发展。1978 年首次颁奖，授奖学科为物理学、数学、化学、医学和农业，1981 年增设艺术奖。奖金金额为每个领域奖金 10 万美元，可由几个人联合获得，没有年龄的限制，而且获奖者都是世界上最卓越的科学家。

沃尔夫奖中数学奖尤其引人注目，因菲尔兹奖只授予 40 岁以下的年轻数学家，而沃尔夫奖在全世界范围以获奖者一生的成就来评定，所有获得该奖项的数学家都是享誉数坛、闻名遐迩的当代数学大师，他们的成就在相当程度上代表了当代数学的水平和进展。该奖的评奖标准不是单项成就而是终身贡献，获奖的数学大师不仅在某个数学分支上有极深的造诣和卓越贡献，而且都博学多能，涉足多个分支且均有建树，形成自己的学派。

华人数学家陈省身获得 1984 年沃尔夫奖，美籍华人吴健雄教授荣获 1978 年首次颁发的沃尔夫物理学奖，2004 年有"杂交水稻之父"的袁隆平也获得了此殊荣。2010 年 5 月 13 日丘成桐获沃尔夫数学奖。

11.3.3　伯克霍夫应用数学奖

伯克霍夫应用数学奖是 1967 年由美国数学会和工业及应用数学会共同发起设立的，每五年颁奖一次，奖励在应用数学领域有突出贡献者。

伯克霍夫（George David Birkhoff，1884—1944 年）是美国数学家，生于密兹安州上艾瑟，卒于马萨诸塞州的剑桥。1907 年在芝加哥大学获博士学位。先后执教于威斯康辛大学、普林斯顿大学和哈佛大学。伯克霍夫的主要研究领域在数学分析和分析学在动力学中的应用、线性微分方程、差分方程和广义黎曼问题等方面。1912 年，庞加莱把限制性三体问题归结为一个重要的几何定理（庞加莱最后定理），并声称除几个特例外不能证明它。第二年，伯克霍夫就在《庞加莱几何定理的证明》中证明了这个定理，成为轰动一时的事件。伯克霍夫还推进了冯·诺伊曼提出的弱形式的遍历定理，得到强形式的遍历定理，后者在近代分析中有更广泛的应用，如它把气体分子运动论中麦克斯韦－玻耳兹曼遍历假设变为运用勒贝格测度论的严格原理。他研究常微分方程的解及与之相关的任意函数的展开；还运用矩阵方法对差分方程论做出了具有基本意义的贡献。此外，他在引力理论、美学的数学理论等方面也都有创造性的工作。

11.3.4　内万林纳奖

内万林纳奖由国际数学家联合会执行委员会于 1981 年 4 月设立。1982 年 4 月，国际数学家联合会接受了芬兰赫尔辛基大学的捐赠，故该奖被命名为内万林纳奖，以纪念当时的赫尔辛基大学校长、国际数学家联合会主席罗尔夫·内万林纳（Rolf Nevanlinna，1895—1980 年）。

内万林纳 1913 年考入赫尔辛基大学，受教于林德勒夫。1917 年获哲学硕士学位，1919 年获哲学博士学位。他从 1922 年起一直在赫尔辛基大学任教。受皮卡、阿达马及瓦利隆等所形成的函数论学派影响，内万林纳建立了亚纯函数的一般性理论，由此可推出一系列关于亚纯函数的值分布的结果，丰富并推进了前人的研究工作，使其成为现代亚纯函数理论的创始人。内万林纳 1924 年成为芬兰科学院院士，后任芬兰数学会会长。1959—1962 年任国际数学家协会主席。其主要著作有《皮卡－博莱尔定理与亚纯函数理论》（1929 年）、《单值解析函数》（1935 年）和《单值化》等。其学生阿尔福斯因对"奈望林纳理论"的研究有一系列成果而获首届菲尔兹奖。

内万林纳奖项是理论计算机科学成就的国际最高奖。旨在表彰信息科学数学方面具有杰出成就的青年数学家。内万林纳奖与菲尔兹奖一样，每 4 年 1 次在国际数学家大会上颁发，每次有一位获奖者，获奖者可获一枚奖章和一笔奖金，其年龄须在获奖那年不超过 40 岁。

2002 年内万林纳奖得主是迈度·苏丹，他 1966 年 9 月 12 日生于印度，1987 年获新德里印度工学院计算机科学技术学士，目前是美国麻省理工学院电子工程与计算机科学系副教授，其主要贡献是概率可验证明、最优问题的不可逼近性及纠错码。

2006 年得主是美国数学家约翰·克莱因伯格（Jon Kleinberg）。克莱因伯格是美国计算机科学家，康奈尔大学计算机科学教授。克莱因伯格生于 1971 年，1993 年本科毕业于康奈尔大学，1996 年在麻省理工学院获得博士学位，论文题目为"Approximation Algorithms for Disjoint Paths Problems"。1995—1997 年在 IBM 研究院做研究。目前的研究兴趣是网络与信息组合结构的数学分析与建模。克莱因伯格以解决重要而且实际的问题并能够从中发现深刻的数学思想而著称，其研究跨越了从计算机网络路由到数据挖掘到生物结构比对等诸多领域。他最为人称道的成就是"小世界理论"和万维网搜索算法，设计了 HITS 算法，该算法的相关研究工作启发了 Google 的 PageRank 算法的诞生。

11.3.5　其他数学奖励

爱尔特希奖（Erdes Prize）由以色列数学联合会授奖。此奖由爱尔特希教授捐赠而于 1976 年设立，每年授奖一次，奖励一位取得突出成果的以色列数学家。

安培奖（Prix Ampere）巴黎科学院授奖。法国电气公司于 1975 年为纪念物理学家安培诞生 200 周年而设立，每年授奖一次，奖励一位或几位在纯粹数学、应用数学或物理学领域中研究成果突出的法国科学家。

奥斯特洛斯基奖（Ostrowski Prize）瑞士奥斯特洛斯基基金会颁发。此奖系国际性，著名瑞士数学家奥斯特洛斯基留下遗产建立了奥斯特洛斯基基金。1987 年设此奖，每两年颁奖一次，奖励一两位在纯粹数学或数值分析的基础理论方面于前五年中有突出成就的数学家。1989 年首次颁奖。

伯格曼奖（Bergman Prize）伯格曼信托基金会授奖。出生于波兰的美国数学家伯格曼的遗孀去世后，按其遗愿为纪念其丈夫把她的捐款设立了伯格曼信托基金会并设立此奖。由美国数学会审选受奖者，每年一次，1989 年首次颁奖，奖励在核函数理论及其在实与复分析中的应用、函数理论方法在椭圆型偏微分方程中的应用，特别是伯格曼算子方法等方面的成果。

波利亚奖（Georg Póle Award）美国数学会颁奖。1976 年设立，每年颁奖，奖励发表在《学院数学杂志》（Colloge Mathematical Journal）上高水平的阐述性文章。波利亚奖是美国工业与应用数学会颁发的奖项，成立于 1969 年，每五年或十年颁奖一次，奖励在组合论应用方面于过去五年或十年内做出杰出成就者。

费萨尔国际奖（the King Fasial International Prize）费萨尔国王基金会授奖。沙特阿拉伯前国王的第八子为纪念其父费萨尔国王于 1976 年建立费萨尔国王基金会，于 1979 年设立此奖，世界各国的学术机构、组织都可提出受奖候选人。费萨尔（科学）奖轮流颁发给数学、化学、生物学和物理学领域，每年一个学科。1987 年第一次为数学学科颁奖，获奖者是英国数学家阿蒂亚。

费希尔奖（R. A. Fisher Prize）统计学会主席委员会（美国）授奖。1963 年统计学会主席委员会为纪念费希尔而设立，奖励在统计科学与科学研究中有重大意义的统计方法等方面有杰出成就的统计学家。

从维数上看，20 世纪的数学研究有两次飞跃：由有限维拓广到无穷维发生在上半世纪；而从整数维到分数维则发生在下半世纪。从应用角度看，数学与自然科学和生产技术的联系一直十分密切，在 20 世纪中叶后更是达到了新的高度。第二次世界大战期间，数学在高速飞行、核弹设计、火炮控制、物资调运、密码破译和军事运筹等方面发挥了重大的作用，并涌现了一批新的应用数学学科。随着电子计算机的迅速发展和普及，数学的应用范围更为广阔。一方面，数学（包括其中最抽象的分支）在几乎所有的学科和部门中得到了应用。不仅物理类学科，而且其他自然科学（如化学、生物学等）、各种先进的工程技术（航空航天工业、核工业、海洋工程、信息处理、机器人和人工智能等）、各门社会科学和人文科学（经济学、金融学、管理科学、人口学、语言学等），也都以数学为重要的工具。数学技术已成为高技术中的一个极为重要的组成部分和思想库。另一方面，数学在向外渗透的过程中，与其他学科交叉形成了不少新的边缘学科（如计算机科学、系统科学、生物数学、经济数学、数学生态学等）。

效法希尔伯特，2000 年年初美国克雷数学研究所的科学顾问委员会选定了七个"千年数学大奖问题"。克雷数学研究所的董事会决定建立七百万美元的大奖基金，每个"千年数学大奖问题"的解决都可获得百万美元的奖励。这七个问题是：NP 完全问题、霍奇猜想、庞加莱猜想、黎曼假设、杨 – 米尔斯理论、纳卫尔 – 斯托可方程、BSD 猜想。"千年大奖问题"的选定，其目的不是为了形成新世纪数学发展的新方向，而是集中在对数学发展具有中心意义、数学家们梦寐以求而期待解决的重大难题。

2000 年 5 月 24 日，千年数学会议在法兰西学院举行，1998 年费尔兹奖获得者伽沃斯以"数学的重要性"为题做了演讲，其后塔特和阿蒂亚公布和介绍了"千年大奖问题"。克雷数学研究所还邀请有关研究领域的专家对每个问题进行了较详细地阐述。克雷数学研究所对"千年大奖问题"的解决与获奖做了严格规定。每个"千年大奖问题"获得解决并不能立即得奖。任何解决答案必须在具有世界声誉的数学杂志上发表两年后且得到数学界的认可，才有可能由克雷数学研究所的科学顾问委员会审查决定是否值得获得百万美元大奖。

时至今日，庞加莱猜想已被俄罗斯数学家佩雷尔曼（Grigoriǐ Yakovlevich Perelman，1966—）破解，但他拒绝领取奖金。因性格孤僻、行为怪异的佩雷尔曼根本不在乎这些全球数学家梦寐以求的数学大奖，他在 4 年前曾拒绝出席领取菲尔兹奖，从而创下了菲尔兹奖的历史先例——第一个拒绝领奖的人。俄罗斯媒体纷纷称，佩雷尔曼对美国"千年数学大奖"和 100 万美元奖金同样没有丝毫兴趣，他将像拒领菲尔兹奖一样将"千年数学大奖"的 100 万美元拒之门外，从而再次创下世界数学史上的一则先例。

思　考　题

1. 以抽象代数为例谈谈数学的抽象性。
2. 拓扑学的发展经历了哪几个不同的阶段？在这些不同的阶段中，其中心问题是什么？
3. 在数理逻辑发展过程中，逻辑和数学的关系是怎样演变的？
4. 第三次数学危机对现代数学的发展有什么影响？
5. 数学基础问题上三大学派的观点，方法及其主要成就是什么？
6. 20 世纪数学有哪些新动向？
7. 略述 20 世纪各数学学派的学术风格和研究特点。
8. 试述引起运筹学产生的原因。
9. 略论计算机对数学发展的影响。
10. 现代概率论、数理统计迅速发展的原因是什么？
11. 20 世纪应用数学的发展有哪些方面？
12. 20 世纪纯粹数学研究哪些重要问题？

下讲学习内容提示

主要内容：20 世纪的中国数学发展、21 世纪数学科学的发展趋势。

阅读材料

1. C. Boyer. A History of Mathematics. John Wiley & Sons, Inc. 1968.

2. R. Carlinger(ed). Classics 0f Mathematics. Moore publishing Company Inc. 1982.

3. R. Cooke. The History of Mathematics-Abrief Course. John Wiley & Sons,Inc. 1997.

4. H. Eves. Great Moments in Mathematics. The Mathematical Association of America,1983.

5. N. Bourbaki. Elements of the History of Mathematics：English Version. Spiringer-Verlag,1994.

6. C. Boyer. A History of Mathematics. John Wiley & Sons,Inc. 1968.

7. R. Carlinger(ed). Classics 0f Mathematics. Moore publishing Company Inc. 1982.

第 12 讲　数学科学的发展动态

主要解决问题：

（1）中国现代数学所取得的进展。
（2）21 世纪数学的发展动态。
（3）陈景润和哥德巴赫猜想。
（4）陈省身为中国数学发展所做贡献。
（5）国内概率论研究团体所取得标志性成果。

中国古代数学有过光辉灿烂的传统，但自明代开始落后于西方。20 世纪初，伴随着科学与民主日益高涨的呼声，中国学者终于踏上了学习西方先进数学知识、赶超西方数学水平的艰难历程。

1949 年中华人民共和国成立之后，中国现代数学的发展进入了一个新的阶段。新中国的数学事业经历了曲折的道路而获得了巨大的进步，这种进步主要表现在：建立并完善了独立自主的现代数学科研与教育体制；形成了一支研究门类齐全、并拥有一批学术带头人的实力雄厚的数学研究队伍；取得了丰富的和先进的学术成果，其中达到国际先进水平的成果比例不断提高。改革开放以来，中国数学更是进入了前所未有的良好的发展时期，特别是涌现了一批优秀的、活跃于国际数学前沿的青年数学家。

2002 年北京举办了第 24 届国际数学家大会。这标志着中国数学发展水平与国际地位有了显著提高。会上，中国大陆赴海外数学家、美国麻省理工学院教授、北京大学"长江学者"田刚，华人数学家美国哈佛大学教授肖荫堂和普林斯顿大学教授张圣容，被邀请做 1 小时大会报告。11 位我国大陆数学家做 45 分钟邀请报告，他们分别是：丁伟岳、王诗宬、龙以明、曲安京、严加安、张伟平、陈木法、周向宇、洪家兴、郭雷和萧树铁。在往届国际数学家大会上，我国大陆被邀请做 45 分钟报告的数学家有华罗庚、吴文俊、陈景润、冯康、张恭庆、马志明等。陈省身、丘成桐等华人数学家曾被邀请做 1 小时大会报告。能被国际数学家大会邀请做 1 小时和 45 分钟报告是个很高的荣誉，说明其工作在国际上有很大的影响。尤其是被指定做 1 小时报告是一种殊荣，报告者是当今最活跃的一些数学家，其中有不少是过去或未来的菲尔兹奖获得者。

2002 年国际数学家大会主席吴文俊呼吁，中国数学工作者不仅要振兴，更要"复兴中国数学"。他相信，"中国数学会复兴。我们一定会有完全独创的成果，让全世界的数学家都来学习。"

2010 年 8 月 19 日，在印度城市海德拉巴举行的国际数学家大会将颁发四大奖项——"菲尔兹奖"、"内万林纳奖"、"高斯奖"和"陈省身奖"。设于 1932 年的"菲尔兹奖"，是 40 岁以下数学家的最高荣誉；始于 1982 年的"内万林纳奖"，为信息科学领域奖项；2006 年开始颁发的"高斯奖"，在应用数学领域授奖；而"陈省身奖"为终身成就奖，授予"凭借数学领域的终身杰出成就赢得最高赞誉的个人"。

12.1　中国现代数学的发展

12.1.1　20 世纪中国数学的发展简述

1912 年北京大学创办了国内第一个大学数学系，20 世纪 20 年代创办的国内大学数学系：南开大学数学系（1920 年）、南京大学数学系（1921 年）、武汉大学数学系（1922年）、北京师范大学数学系（1923 年）、厦门大学数学系（1923 年）、四川大学数学系（1924 年）、中山大学数学系（1924 年）、东北大学数学系（1925 年）、浙江大学数学系（1926 年）、清华大学数学系（1927 年）、交通大学数学系（1928 年）等。

1935 年，中国数学会在上海交通大学成立，其宗旨："谋数学之进步及其普及"。1940年，新中国数学会在昆明西南联大（1937—1946 年）成立。

1948 年 4 月 1 日，中央研究院正式公布了 81 名院士的名单，最长者为 83 岁的吴稚晖，最年轻的是 37 岁的陈省身。2004 年 12 月，当年最年轻的院士陈省身驾鹤西去，而现今唯一健在的首届中研院院士贝时璋也已是 105 岁高龄了。如今，这批在战火硝烟中产生的院士正渐渐地淡出人们的视野。当时数理组院士为：

姜立夫、许宝騄、陈省身、华罗庚、苏步青、吴大猷、吴有训、李书华、叶企孙、赵忠尧、严济慈、饶毓泰、吴宪、吴学周、庄长恭、曾昭抡、朱家骅、李四光、翁文灏、黄汲清、杨钟健、谢家荣、竺可桢、周仁、侯德榜、茅以升、凌鸿勋和萨本栋。

1949 年 11 月中国科学院成立。1951 年 3 月《中国数学学报》复刊（1952 年改为《数学学报》），1951 年 10 月《中国数学杂志》复刊（1953 年改为《数学通报》）。1951 年 8 月中国数学会召开新中国成立后第一次国代表大会，讨论了数学发展方向和各类学校数学教学改革问题。

20 世纪 50 年代初期就出版了华罗庚的《堆栈素数论》（1953 年）、苏步青的《射影曲线概论》（1954 年）、陈建功的《直角函数级数的和》（1954 年）和李俨的《中算史论丛》5 集（1954—1955 年）等专著，到 1966 年，中国数学家共发表各种数学论文约 2 万余篇。除了在数论、代数、几何、拓扑、函数论、概率论与数理统计、数学史等学科继续取得新成果外，还在微分方程、计算技术、运筹学、数理逻辑与数学基础等分支有所突破，有许多论著达到世界先进水平，同时培养和成长起一大批优秀数学家。

1970 年《数学学报》恢复出版，并创刊《数学的实践与认识》。1973 年陈景润在《中国科学》上发表《大偶数表示为一个素数及一个不超过二个素数的乘积之和》的论文，在哥德巴赫猜想的研究中取得突出成就。此外中国数学家在函数论、马尔可夫过程、概率应用、运筹学、优选法等方面也有一定创见。

1978 年 11 月中国数学会召开第三次代表大会，标志着中国数学的复苏。1978 年恢复全国数学竞赛，1985 年中国开始参加国际数学奥林匹克数学竞赛。1981 年陈景润等数学家获国家自然科学奖励。1983 年国家首批授予 18 名中青年学者博士学位，其中数学工作者占 2/3。1986 年中国第一次派代表参加国际数学家大会，加入国际数学联合会，吴文俊应邀做了关于中国古代数学史的 45 分钟演讲。

2006 年，国际数学家大会统计 1994—2004 年数学论文国家排行榜，中国以 12 563 篇位列第 4。汤森路透科技信息集团近日更新了其 ESI-SM（Essential Science Indicators SM）数据库，根据各个国家和地区于 1999 年 1 月至 2009 年 8 月 31 日在汤森路透索引期刊上发表的论文，统计分析出前 20 名国家和地区排名。每个参与排名的国家和地区在这期间发表的论文数超过 1 万篇，覆盖所有领域。排名参照指标为总引用次数、文章数和单篇文章引用次数。其中，中国的总引用次数排名第 9，比上期排名前进一位，文章数列第 5，和上期持平，而单篇文章引用次数仍未进前 20。

12.1.2　以华人命名的部分数学研究成果

华氏定理：华罗庚关于完整三角和的研究成果；他与王元提出多重积分近似计算的方法称为"华 – 王方法"；

苏氏锥面：苏步青在仿射微分几何学方面的研究成果；

熊氏无穷级：熊庆来关于整函数与无穷级的亚纯函数的研究成果；

陈示性类：陈省身关于示性类的研究成果；

周氏坐标：周炜良在代数几何学方面的研究成果；还有以他命名的"周氏定理"和"周氏环"；

柯氏定理：柯召关于卡特兰问题的研究成果；他与孙琦在数论方面的研究成果称为"柯 – 孙猜测"；

杨 – 张定理：杨乐和张广厚在函数论方面的研究成果；

陆氏猜想：陆启铿的常曲率流形方面的研究成果；

夏氏不等式：夏道行在泛函积分和不变测度论方面的研究成果；

姜氏空间：姜伯驹关于尼尔森数计算的研究；还有以他命名的"姜氏子群"；

侯氏定理：侯振挺关于马可夫过程方面的研究成果；

王氏悖论：王浩关于数理逻辑的一个命题；

周氏猜测：周海中关于梅森素数分布的研究成果；

王氏定理：王戌堂关于点集拓扑学方面的研究成果；

袁氏引理：袁亚湘在非线性规划方面的研究成果。

12.1.3　走在世界前沿的科研成果

吴文俊与机器证明：在对"机器证明"的研究中，吴文俊所创立的方法被国际上称为"吴方法"，后经张景中、周咸青等将其方法完善，如今"机器证明"在国内已形成了以吴文俊为首的中国"机器证明"的学派，在国际上居领先地位。

陈景润与哥德巴赫猜想：陈景润在"哥德巴赫猜想"证明中所取得的（1 + 2）的成果被国际上称为"陈氏定理"，仍是现今世界的最佳结果。

朱熹平和曹怀东与"庞加莱猜想"：在破解"庞加莱猜想"中，朱熹平和曹怀东做出了不可磨灭的贡献。

王选与汉字印刷术的第二次发明：王选领导的科研集体研制出的汉字激光照排系统，跨越了当时日本的光机式二代机和欧美的阴极射线管式三代机阶段，开创性地研制出当时国外尚无商品的第四代激光照排系统。针对汉字印刷的特点和难点，发明了高分辨率字形的高倍信息压缩技术和高速复原方法，率先设计出相应的专用芯片，在世界上首次使用控制信息（参数）描述笔画特征的方法，这些成果的产业化和应用，废除了我国沿用上百年的铅字印刷，推动了我国报业和印刷出版业的技术革命。其后，又相继提出并领导研制了大屏幕中文报纸编排系统、彩色中文激光照排系统、远程排版技术和新闻采编流程管理系统等。这些成果达到国际先进水平，在国内外出版、印刷领域得到迅速推广应用，使中国报业技术和应用技术、应用水平一跃成为世界最前列。后王选致力于研究成果的商品化、产业化工作，成功地闯出了一条产、学、研紧密结合的市场化道路，使得汉字照排系统占领国内报业 99% 和书刊（黑白）出版业 90% 的市场，以及 80% 的海外华文报业市场，创造了巨大的经济效益和社会效益。

12. 1. 4　当代中国著名数学家

国际数学界最隆重的会议，四年一次的国际数家大会，于 2002 年在北京举行，共有四千多数学家参与了这一盛会。这是这一具有百年历史的盛会第一次在发展中国家举行。在开幕式上，时任国际数学联盟主席的帕里斯（Jacob Palis）对中国数学评价道：“中国数学这棵大树是由非凡的中国数学家们精心种植和培育的树。老一辈华罗庚、陈省身、冯康、吴文俊、谷超豪和廖山涛及后起之秀丘成桐、田刚等都为之付出了诸多心血。”

（一）中国现代数学之父——华罗庚

华罗庚于 1924 年金坛中学初中毕业，因家境不好，便不得不退学去当店员。18 岁时患伤寒病，造成右腿残疾。1930 年后在清华大学任教。1936 年赴英国剑桥大学访问、学习。1938 年回国后任西南联合大学教授。1946 年赴美国，任普林斯顿数学研究所研究员、普林斯顿大学和伊利诺斯大学教授，1950 年回国。

华罗庚历任清华大学教授，中国科学院数学研究所所长，中国数学学会理事长，全国数学竞赛委员会主任，美国国家科学院国外院士，第三世界科学院院士，联邦德国巴伐利亚科学院院士。曾被授予法国南锡大学、香港中文大学和美国伊利诺斯大学荣誉博士学位。主要从事解析数论、矩阵几何学、典型群、自守函数论、多复变函数论、偏微分方程、高维数值积分等领域的研究与教授工作并取得突出成就。20 世纪 40 年代，解决了高斯完整三角和的估计这一历史难题，得到了最佳误差阶估计（此结果在数论中有着广泛的应用）；对哈代与李特尔伍德关于华林问题及赖特关于塔里问题的结果做了重大的改进，至今仍是最佳纪录。从 20 世纪 60 年代始，他把数学方法应用于实际，筛选出以提高工作效率为目标的优选法和统筹法，取得显著经济效益。

1930 年春，华罗庚的论文《苏家驹之代数的五次方程式解法不能成立的理由》在上海《科学》杂志上发表。时任清华大学数学系任主任的熊庆来看到后对这篇文章很重视，请他来到清华大学。华罗庚在清华大学一边工作一边学习。1936 年，经清华大学推荐，派往英国剑桥大学留学。在剑桥的两年中，他把全部精力用于研究数学理论中的难题，不愿为申请学位浪费时间，其研究成果引起了国际数学界的注意。1938 年回国，受聘为西南联合大学教授。从 1939—1941 年，他在极端困难的条件下，写了 20 多篇论文，完成了他的第一部数学专著《堆垒素数论》。《堆叠素数论》后来成为数学经典名著，1947 年在苏联出版俄文版，又先后在各国被翻译出版了德文、英文、匈牙利和中文版。

1949 年新中国成立，华罗庚感到无比兴奋，决心携家人回国。他潜心为新中国培育数学人才，王元、陆启铿、龚升、陈景润、万哲先等在他的培育下成为著名的数学家。回国后短短的几年中，他在数学领域里的研究硕果累累，论文《典型域上的多元复变函数论》于

1957 年 1 月获国家发明一等奖，并先后出版了中、俄、英文版专著；1957 年出版《数论导引》；1959 年莱比锡首先用德文出版了《指数和的估计及其在数论中的应用》，又先后出版了俄文版和中文版；1963 年他和万哲先合写的《典型群》一书出版。

1983 年 10 月，华罗庚应美国加州理工学院邀请，赴美作为期一年的讲学活动。在美期间，他赴意大利里亚利特市出席第三世界科学院成立大会，并被选为院士；1984 年 4 月，他在华盛顿出席了美国科学院授予他外籍院士的仪式，他是第一位获此殊荣的中国人。

1985 年 6 月 3 日，华罗庚应日本亚洲文化交流协会邀请赴日本访问。6 月 12 日下午 4 时，他在东京大学数理学部讲演厅向日本数学界作讲演，讲题是《理论数学及其应用》。下午 5 时 15 分讲演结束，他在接受献花的那一刹那，身体突然往后一仰，倒在讲坛上，晚 10 时 9 分宣布他因患急性心肌梗死逝世。

华罗庚给我们留下很多哲言睿句：

在寻求真理的长征中，唯有学习，不断地学习，勤奋地学习，有创造性地学习，才能越重山，跨峻岭。

日累月积见功勋，山穷水尽惜寸阴。

时间是由分秒积成的，善于利用零星时间的人，才会做出更大的成绩来。

壮士临阵决死哪管些许伤痕，向千年老魔作战，为百代新风斗争。慷慨掷此身。

自学，不怕起点低，就怕不到底。

科学成就是由一点一滴积累起来的，唯有长期的积聚才能由点滴汇成大海。

科学的灵感，决不是坐等可以等来的。如果说，科学上的发现有什么偶然的机遇的话，那么这种"偶然的机遇"只能给那些学有素养的人，给那些善于独立思考的人，给那些具有锲而不舍的精神的人，而不是给懒汉。

科学是老老实实的学问，不可能靠运气来创造发明，对一个问题的本质不了解，就是碰上机会也是枉然。入宝山而空手回，原因在此。

为纪念华罗庚 100 周年诞辰，由中国科学院华罗庚数学重点实验室、中国科学院研究生院华罗庚数学研究中心编写的《华罗庚文集》于 2010 年 5 月出版。该文集包含了华罗庚的经典著作和主要论文，共 9 卷，包括数论卷 3 卷、代数卷 2 卷、多复变函数论卷 2 卷、应用数学卷 2 卷。

（二）几何学大师——陈省身

陈省身是国际著名数学家，美国国家科学院的院士，美国艺术科学学院的院士，20 世纪伟大的几何学家，在微分几何方面的成就尤为突出，是欧几里得、高斯、黎曼、嘉当的继承者与开拓者。三次应邀在国际数学家大会上做演讲：1950 年在美国波士顿的剑桥大学，1958 年在苏格兰的爱丁堡，1970 年在法国的尼斯。1950 年和 1970 年都是一小时报告，这是国际数学家大会上最高规格的学术演讲。1975 年获得美国国家科学奖章。陈省身是英国皇家学会外籍会员，意大利 Lincei 科学院外籍院士，法国科学院外籍院士，第三世界科学院的创始者，巴西科学院的通信院士。

陈省身发展了 Gauss-Bonnet 公式，为陈氏示性类，被命名为"陈氏级理论"，成为经典杰作。所建立的微分纤维丛理论，影响遍及数学的各个领域。创立复流形上的值分布理论，包括陈—Bott 定理，影响及于代数数论。他为广义的积分几何奠定基础，获得基本运动学公式。他所引入的陈氏示性类与陈—Simons 微分式，已深入到数学以外的其他领域，成为理论诸如规范场等的重要工具。先后发表数学论文 158 篇、出版《陈省身论文集》及《陈省身文选》等著作。曾荣获最高数学奖——沃尔夫奖、全美华人协会杰出成就奖、美国科学奖、美国数学会奖等。

陈省身结合微分几何与拓扑方法，先后完成了两项划时代的重要工作：其一为黎曼流形的高斯－博内一般公式，其二为埃尔米特流形的示性类论。他引进的一些概念、方法与工具，已远远超出微分几何与拓扑学的范围而成为整个现代数学中的重要构成部分。陈省身其他重要的数学工作有：

紧浸入与紧逼浸入，由他和 R. 莱雪夫开始，历经 30 余年，其成就已汇成专著。

复变函数值分布的复几何化，其中一著名结果是陈－博特定理。

积分几何的运动公式，其超曲面的情形是同严志达合作。

复流形上实超曲面的陈－莫泽理论，是多复变函数论的一项基本工作。

极小曲面和调和映射的工作。

陈－西蒙斯微分式是量子力学异常现象的基本工具。

国际数学联盟 2009 年 6 月宣布，以数学大师陈省身命名的数学大奖正式设立，这是该联盟第一个向华人数学家致敬的奖项。"陈省身奖"每 4 年从全球选出一名得奖人，在国际数学家大会开幕式上颁发，首位获奖者将于 2010 年 8 月 19 日在印度城市海德拉巴揭晓。"陈省身奖"是为终身成就奖，并且不限数学分支。

"陈省身奖"包含一枚奖章和 50 万美元奖金，其中半数奖金属于"机构奖"，依照获奖人的意愿捐给推动数学进步的机构。首届"陈省身奖"正在接受候选人提名，遴选委员会包括 5 名成员，由曾任国际数学联盟秘书长、普林斯顿高等研究院院长的美国著名数学家格里菲斯出任主席。格里菲斯是陈省身的得意门生之一。

（三）首届国家最高科学技术奖获得者——吴文俊

吴文俊在拓扑学、自动推理、机器证明、代数几何、中国数学史、对策论等研究领域均有杰出的贡献，在国内外享有盛誉。从 1956—1997 年，他曾先后获得国家自然科学一等奖、第三世界科学院数学奖、陈嘉庚数理科学奖、香港求是科技基金会杰出科学家奖、国际 Herbrand 自动推理杰出成就奖等。2001 年 2 月荣获首届国家最高科学技术奖。

早在大学三年级期间，吴文俊就已开始钻研点集拓扑了。他潜心阅读了英国数学家杨格（W. H. Yong）的《集合论》、德国数学家豪斯道夫（F. Hausdorff）的《集论大纲》及波兰《数学基础》上的每一篇有关文章。师从陈省身后，吴文俊更是如鱼得水。在陈先生的指导下，他把研究方向转向了代数拓扑学。吴文俊这时研究的问题是示性类的理论基础，即惠特尼（H. Whitney）的乘积公式。1935—1936 年，瑞士数学家施提菲尔（E. Stiefel）和惠特尼独立从不同途径提出了示性类，由此开创了示性类理论，它们的示性类也以他们的名字命名，称为施提菲尔－惠特尼示性类。惠特尼乘积公式是一个最基本的公式，但是惠特尼只能证明最低维的情形，他在 1941 年说，一般公式的证明极为困难。刚刚入门的吴文俊，凭着非凡的胆识及创造，毅然去攻这个难题。吴文俊每天攻关到深夜，最终获得成功。这篇著作在现在示性论理论中成为公理是整个相关理论的基石。

师从爱勒斯曼后，吴文俊通过示性类证明了四维实流形存在近复结构的条件及证明 5^{4n} 不存在返复结构。师从嘉当后，他在示性类方面又上了一个新台阶。简单地说，主要是得出著名的吴文俊公式，这个公式完整地解决了施提菲尔-惠特尼示性类的理论问题，其中一个结果是证明该示性类的拓扑不变性。吴文俊将示性类概念从繁化简，从难变易，引入了不少新的方法和手段。他的方法被称为"吴示性类"和"吴公式"。公式给出了各种示性类之间的关系与计算方法，导致了一系列重要的应用，使有关示性类理论成为拓扑学中完美的一章。此后，他继续进行代数拓扑学示嵌类方面的研究，独创性地发现了新的拓扑不变量，其中关于多面体的嵌入和浸入方面的成果，至今仍居世界领先地位，被国际数学界称为"吴氏嵌类"。

自 20 世纪 70 年代，吴文俊开始潜心研读中国数学史。在研究中吴文俊发现，中国古代数学独立于古希腊数学和作为其延续的西方数学，有着其自身发展的清晰主线，其发展过程、思考方法和表达风格也与西方数学迥然不同。他说，通常认为，中国古代没有几何学，事实上却不是这样，中国古代在几何学上取得了极其辉煌的成就。人们的误解可能是因为中国古代几何学在内容和形式上都与欧几里得几何迥然不同的缘故：中国古代几何没有采用定义——公理——定理——证明这种欧式演绎系统，取公理而代之的是几条简洁明了的原理。

吴文俊指出，数学发展中有两种思想：一种是公理化思想，另一种是机械化思想。前者源于希腊，后者则贯穿整个中国古代数学。这两种思想对数学发展都曾起过巨大作用。从汉初完成的《九章算术》中对开平方、开立方的机械化过程的描述，到宋元时代发展起来的求解高次代数方程组的机械化方法，无一不与数学机械化思想有关，并对数学的发展起了巨大的作用。公理化思想在现代数学，尤其是纯粹数学中占据着统治地位。然而，检查数学史可以发现数学多次重大跃进无不与机械化思想有关。数学启蒙中的四则运算由于代数学的出现而实现了机械化。线性方程组求解中的消元法是机械化思想的杰作。对近代数学起决定作用的微积分也是得益于经阿拉伯传入欧洲的中国数学的机械化思想产生的。即使在现代纯粹数学研究中，机械化思想也一直发挥着重大作用。他认为，中国古代数学的特点是：从实际问题出发，经过分析提高、再抽象出一般的原理、原则和方法，最终达到解决一大类问题的目的。他特别指出，机械化思想是我国古代数学的精髓。

吴文俊把拓扑学知识应用于无线电工程的线路板设计问题，取得了良好的效果。20 世纪 70 年代以来，吴文俊开始研究利用计算机证明数学问题，他所提出的机械化方法得益于对中国古代数学史的研究，该方法国外称为"吴方法"。它可以由开普勒定理发现牛顿定律，导出洪加威的"几何定理"例证法，以及进行代数和几何问题的机器证明，被认为是机器证明的里程碑。

对于数学机械化方法，吴文俊描述道："中世纪是骑士时代，骑士仗剑横行，有了手枪骑士便消失了，因为再会用剑的骑士也抵不住一个弱女子的子弹。"他科学地预言："数学机械化思想的未来生命力将是无比旺盛的，中国古代数学传统的机械化思想光芒，将普照于数学的各个角落。"

面对丰硕的成果，吴文俊表现得十分谦逊。"不管一个人做什么工作，都是在整个社会、国家的支持下完成的。有很多人帮助我，我数都数不过来。我们是踩在许多老师、朋友、整个社会的肩膀上才上升了一段。我应当怎么样回报老师、朋友和整个社会呢？我想，只有让人踩在我的肩膀上再上去一截。我希望我们的数学研究事业能够一棒一棒地传下去。"

2010 年 5 月 4 日，7683 号小行星和"吴文俊"这个名字永远契合在了一起。早已诸多奖项加身的吴文俊，被誉为我国数学界的杰出代表与楷模。对此，吴文俊说："对我个人而言，每次获奖都是高兴的事儿。"但是，对一个国家的科学发展而言，"稍做出成绩，就被大家捧成英雄，像朝圣一样，这个现象不是好事情，甚至可以说是坏事情。这说明我们的科研还在一个相对落后的阶段。有个吴文俊，那能说明什么？要是在这一个领域，发现有十个、八个研究人员的工作都非常好，无法判定谁是英雄，那才说明我们发展了，进步了。"吴文俊说，"这可能是我的怪论。但确实曾有人说过'英雄是落后国家的产物'，在科学界，至少在数学领域，我很认同这句话。"

吴文俊的书房门旁侧有个小黑板，上面写满了外文数学名词，他每天都会想到很多问题，先记在这里，然后思考、解决。"我现在要做的事情太多了，十年八年都做不完。每天七点钟起床，晚上九点钟休息。一天基本上看书，做研究，中午休息一会。"老人简单地描述着自己的生活。"我应该向我的老师陈省身先生学习，他在去世前几天还在做研究！做科研没有'退休'一说，除非无法工作，否则活着一天就要做一天。"

中国古代数学是吴文俊现在关注的领域。"中国古代数学的精深是我们根本想不到的。"他以《九章算术》的最大公因子求法为例说明，"这比欧几里得的方法不知简单多少。当年我把中国古代数学的算法引进到机械证明里。后来这种方法外国人采用了，他们用计算机几毫秒就完成了复杂的定理证明。再后来这种方法又传回了国内。这也是出口转内销吧！中国的数学传到西方，西方的数学才发展起来的。"吴文俊很坚定，"现在主要从外国数学著作里找寻中国数学西去的轨迹，目前已经取得了很大成果。""现在的年轻人都很优秀，我相信在不远的将来，中国不仅是数学大国还会成为数学强国。这是水到渠成的事情。"

（四）中国人的骄傲——陈景润

陈景润主要研究解析数论，1966 年发表《表达偶数为一个素数及一个不超过两个素数的乘积之和》（简称"1 + 2"），成为哥德巴赫猜想研究上的里程碑。而他所发表的成果也被称之为陈氏定理。这项工作还使他与王元、潘承洞在 1978 年共同获得中国自然科学奖一等奖。他研究哥德巴赫猜想和其他数论问题的成就，至今仍然在世界上遥遥领先。

徐迟：哥德巴赫猜想（1978 年 2 月 17 日《人民日报》）

"……何等动人的一页又一页篇章！这些是人类思维的花朵。这些是空谷幽兰、高寒杜鹃、老林中的人参、冰山上的雪莲、绝顶上的灵芝、抽象思维的牡丹。这些数学的公式也是一种世界语言。学会这种语言就懂得它了。这里面贯穿着最严密的逻辑和自然辩证法。它是在探索太阳系、银河系、河外系和宇宙的秘密，原子、电子、粒子、层子的奥妙中产生的。但是能升登到这样高深的数学领域去的人，一般地说，并不很多。在深邃的数学领域里，既散魂而荡目，迷不知其所之。闵嗣鹤老师却能够品味它，欣赏它，观察它的崇高瑰丽。……"

哥德巴赫猜想曾吸引了各国成千上万位数学家的注意，而真正能对这一难题提出挑战的人却很少。陈景润在高中时代，就听老师极富哲理地讲：自然科学的皇后是数学，数学的皇冠是数论，哥德巴赫猜想则是皇冠上的明珠。这一至关重要的启迪之言，成了他一生为之呕心沥血、始终不渝的奋斗目标。为摘取这颗世界瞩目的数学明珠，陈景润以惊人的毅力，在数学领域里艰苦卓绝地跋涉。陈景润宿舍的灯光经常亮到天亮，他对哥德巴赫猜想达到了入迷的程度。在图书室看书时，管理员喊下班了，他一点也不知道，等到肚子饿了才想到吃饭，他匆匆向外走去，结果是"铁将军"把门。他笑了笑，又转身回到书库，重新钻进了书的海洋。他走路也是边想边走，有次他碰到路旁的大树上，连忙道歉。

陈景润除攻克这一难题外，又把组合数学与现代经济管理、尖端技术和人类密切关系等方面进行了深入的研究和探讨。他先后在国内外报刊上发明了科学论文 70 余篇，并有《数学趣味谈》、《组合数学》等著作。世界著名的《一百个有挑战性的数学问题》一书中，仅刊登两位华人的画像，一为祖冲之，一为陈景润。陈景润的名字，成为中国人的光荣与自豪。

12.1.5　中国数学奖励

中国数学会设立的数学奖有：陈省身数学奖、华罗庚数学奖和钟家庆数学奖等。

（一）华罗庚数学奖

为纪念我国杰出的数学家华罗庚，湖南教育出版社资助并委托中国数学会设立华罗庚数学奖，主要奖励长期以来对我国数学发展做出贡献的数学家，年龄以 50 岁以上但不超过 70 岁的为宜，每两年评选一次。

中国数学会常务理事会决定组成评奖委员会，其成员为本会正副理事长、秘书长和专家组成。评奖委员会随中国数学会理事会换届而换届（四年一届）。

华罗庚数学奖自 1992 年开始设立以来，已连续举办了 9 届，每届 2 人，每人奖金为 10 万元人民币。首届华罗庚数学奖颁发给了陈景润和陆启铿，2009 年的获奖者是张恭庆和李邦和。

（二）陈省身数学奖

中国数学会设立并承办的陈省身数学奖，是由热心于发展我国科学与教育事业的中国香港亿利达（ELITE）工业发展集团有限公司提出倡议并捐资，中国数学会常务理事会决定设立，奖励范围为在数学领域做出突出成果的我国中青年数学家。中国数学会负责评奖工作，组成了评奖委员会，其成员为本会正副理事长、秘书长和专家组成，评奖委员会随中国数学会理事会换届而换届。

根据陈省身数学奖奖励条例，得奖人限于在国内从事数学研究或教学工作的数学工作者，对数学的基础理论或应用研究做出重要的创造性贡献。各研究单位、高等院校、全国性学术团体或由 5 名教授联名，均可推荐报奖人。申报者年龄原则上不得超过 50 岁。

陈省身数学奖自 1986 年开始设立以来，已连续举办了 12 届，每届 2 人，每人奖金为 5 万元港币。已有 24 位中青年数学家获得该奖。首届陈省身数学奖颁发给了钟家庆和张恭庆。2009 年的获奖者是张继平和沈维孝。

（三）钟家庆数学奖

钟家庆生前对祖国的数学事业的发展极其关切，并为之拼搏一生。他曾多次表示，数学事业的发展有赖于积极培养与选拔优秀的年轻数学人才，殷切希望在我国建立基金以奖励优秀的青年数学家。为了纪念英年早逝的我国优秀中青年数学家钟家庆，国内外数学届有关研究机构、人事和钟家庆的家属，共同发起建立"钟家庆纪念基金"，设立钟家庆数学奖，重点奖励国内在读或毕业不超过两年的、最优秀的数学硕士和博士研究生，目的在于鼓励、选拔和培养我国数学年轻人才，从 1988 年起，每年评选一次。现钟家庆数学奖已经举办了六届，共有 18 位博士研究生、6 位硕士研究生荣获该奖，获奖者都已成为数学各领域的骨干和中坚力量。

12.2　21 世纪的数学发展动态

12.2.1　近年菲尔兹奖数学家

菲尔兹奖的最大特点是只授予 40 岁以下的数学家，即授予那些能对未来数学发展起到重大作用的人，故从某种意义上讲菲尔兹奖的获得者代表了数学科学的发展方向。

（一）2006 年获奖者简介

安德烈·欧克恩科夫，1969 年出生于莫斯科，1995 年获莫斯科国立大学的博士学位，现为普林斯顿大学的数学教授，同时在俄罗斯科学院、普林斯顿高等研究所、芝加哥大学和加州大学伯克利分校有职位。曾于 2000 年获斯隆研究奖，2001 年获得帕克基金奖，2004 年获得欧洲数学会奖。其工作揭示了数学中两个不相关领域间的深刻联系，为物理学中新出现问题的解决提供了新的思想。虽其工作因涉及众多领域而很难划分，但两个清晰的理论是使用了随机观念和代数表示论中的经典思想。这种结合被证明是解决代数几何和统计力学中新出现问题的有力工具。

佩雷尔曼，1966 年出生于前苏联，在圣彼得堡国立大学获得博士学位。在 20 世纪 90 年代，曾在美国住了一段时间，包括在加州大学伯克利分校做米勒的访问学者。他曾在斯特洛夫研究所做过几年时间的研究员。1994 年应邀在苏黎世国际数学家大会上作报告。2002—2003 年间，他在瑞奇流方程和奇异点方面的研究打破僵局，其结果为解决拓扑学中两个重要的问题——庞加莱猜想和瑟思顿的几何化猜想提供了方法。2006 年夏，数学界仍然在检查他的工作是否完全正确，两个猜想是否被证明。经过 3 年严格审查后，专家们没有发现其工作有任何严重问题。

陶哲轩，1975 年出生于澳大利亚的阿德莱德。1996 年在普林斯顿大学获得博士学位，现任加州大学洛杉矶分校教授。曾获得斯隆研究奖、帕克基金奖和克莱数学研究所奖。已和 30 多位合作者共同发表了 80 多篇论文。陶哲轩是一位解决问题的超人，他杰出的工作影响了数学的几个领域。他结合纯粹工具的力量，像非凡的天才一样提出新观点，其兴趣横越数学领域，包括谐波分析、非线型偏微分方程和组合论。

温德林·沃纳，是 1968 年出生于德国的法国人。1993 年获巴黎 VI 大学的博士学位。从 1997 年开始，他是巴黎第十一大学的数学教授。从 2001—2006 年，在法国高等师范学院有了第二份兼职工作。曾于 1998 年获得罗洛·戴维森奖，2000 年获得欧洲数学会奖，2001 年获得费曼奖，2003 年获得雅克·赫尔布兰德奖，2005 年获得波里亚奖。温德林·沃纳和合作者代表了最近一段时间里数学和物理学间最富成效和最激动人心的合作，其研究发展了一个新的基本概念以认识物质系统出现的新问题，并提出以前未曾意识到的新几何学见解。这些理论思想对数学和物理学都产生了重大影响，并会有更广泛的应用。主要因他对发展随机共形映射、布朗运动二维空间的几何学及共形场理论的贡献而获奖。

（二）2002 年获奖者简介

洛朗·拉佛阁，1966 年 11 月 6 日出生于法国安东尼，1986 年毕业于巴黎高等师范学校，1990 年成为法国国家科学研究中心的助理研究员，同时参加巴黎南大学的算术与代数几何小组的工作并于 1994 年获博士学位。2000 年他成为位于法国伊沃特布雷的高等科学研究院的终身数学教授。在朗兰兹纲领（Langlands Program）的研究方面取得了重大进展，从而在数论与分析两大领域之间建立了新的联系。洛朗·拉佛阁证明了与函数域情形相应的整体朗兰兹纲领。维尔斯的证明与其他人的工作一起导致了谷山－志村－韦依猜想的解决。该猜想揭示了椭圆曲线与模形式之间的关系，前者是具有深刻算术性质的几何对象，后者是来源于截然不同的数学分析领域的高度周期性的函数。朗兰兹纲领则提出了数论中的伽罗瓦表示与分析中的自守型之间的一个关系网。拉佛阁所证明的相应的整体朗兰兹纲领，对更抽象的所谓函数域而非通常的数域情形提供了这样一种完全的理解。

弗拉基米尔·沃沃斯基，1966 年 6 月 4 日出生于俄罗斯，1989 年获得莫斯科大学学士学位，1992 年获得哈佛大学数学博士学位，并先后在美国高等研究院、哈佛大学和马克斯·普朗克数学研究所作访问学者，1996 年到美国西北大学任教，2002 年成为美国普林斯顿高等研究院数学学院终身教授。他发展了新的上同调理论，在这方面的成果是过去几十年间代数几何领域中所取得的最卓越的进展之一，专家认为其研究成果将对未来数学的发展产生巨大影响。他的工作特点是能简洁灵活地处理高度抽象的概念，并将这些概念用于解决相当具体的数学问题。

12.2.2　数学英才

（一）集三项数学大奖于一身的华人数学家

同时获得菲尔兹奖、沃尔夫奖和克雷福特奖（瑞典皇家科学院为弥补诺贝尔奖的奖项空白而设立的大奖，6 年颁发一次数学奖）的数学家，截止到目前全世界只有德利涅（Deligne）和丘成桐。

近几十年来，丘成桐可谓成果累累，被国际数学大师唐纳森（Singer Donaldson）誉为"近 1/4 世纪里最有影响的数学家"。他解决了一系列猜想和重大课题，如卡拉比猜想、正质量猜想、闵可夫斯基问题、镜猜想及稳定性与特殊度量间的对应性等。丘成桐是几何分析学科的奠基人，其工作影响深远，其工作对现代数学和理论物理的多个领域，如微分几何、偏微分方程、代数几何、代数拓扑等都有重要影响。以他和卡拉比命名的"卡拉比－丘"流形已经成为数学和理论物理的基本概念。

丘成桐认为，做学问不是天生的兴趣而需要培养。有些东西还没看到的时候，如何知道有无兴趣，如爬山前，你不大清楚有何景色，故兴趣跟努力也有很大关系，还没到达时兴趣不见得能有，只有到达后眼界才慢慢打开。培养兴趣需要执著，做学问的过程更需要投入和努力。据说丘成桐攻克卡拉比猜想时，最初想证明这个猜想是错的，但后来发现调整了方向，转过来证明该猜想是正确的，其论证过程整整用了四年时间。1976 年，丘成桐成功攻克了这道世界数学难题。

同年，丘成桐也收获了长达 7 年的爱情，和来自中国台湾的物理学家郭友云缔结良缘。1969 年两人初见，丘成桐曾填词一阕《蝶恋花》："剑未磨成追旅思，蓦见芳容，笑靥回天地。愿把此情书尺素，结缘今世丹心里。"在该词的小序中写道——"六九年十二月，在柏城图书馆读书，思乡而乍见友云，作词为记。"

除学术上的成就，丘成桐之所以在世界范围的数学研究方面有着巨大影响，还因为他训练了为数众多的研究生，建立了好几个活跃的数学研究中心。在国内，丘成桐就建立了好几个数学研究机构：1994年在中国香港中文大学建立数学研究所；1996年成立中科院数学院晨兴数学中心；2002年建立浙江大学数学中心等。而最新成立的一个研究中心，是2009年12月17日刚挂牌的清华大学数学科学中心，丘成桐担任该中心首任主任。丘成桐对算术代数几何非常重视。算术代数几何是近代数学中一个非常重要的分支，但这个领域前些年在国内甚至许多亚洲国家，都几乎是空白。经过丘成桐的大力倡导，晨兴数学中心开展了很多研究活动。

（二）十大数学天才

2010年，英国评选出十位数学天才，认为其革命性的发现已经改变或正在改变着我们的世界。这十位数学天才分别是：

毕达哥拉斯，古希腊数学家和哲学家。最早悟出万事万物背后都有数的法则在起作用；认为无论是解说外在物质世界，还是描写内在精神世界，都不能没有数学。他在数论和几何方面都有杰出贡献，尤其以最早发现"勾股定理"著称于世。

希帕提娅，希腊数学家、哲学家和天文学家。由于她从事当时最艰深的数学和天文学的讲学和著述及她在哲学方面的成就，史上称她是世界上第一位杰出的女数学家和天文学家，并且是古今最出色的女哲学家。

卡尔达诺，意大利数学家、力学家和医学家。在代数和概率论方面有突出贡献；对流体力学也有贡献。首先使用复数概念，也是最早对斑疹伤寒做出临床描述者。

欧拉，瑞士数学家、物理学家和力学家。在数学的多个领域，都做出过重大发现；另外在力学、光学和天文学也有突出的贡献。数学中有十余个术语是以其名字命名的；素有"数学家之英雄"的美誉。

高斯，德国数学家、物理学家和天文学家。其成就遍及数学的各个领域，在数论、非欧几何、微分几何、超几何级数、复变函数论及椭圆函数论等方面均有开创性贡献；素有"数学王子"的美誉。另外，他还成功计算出谷神星的运行轨迹。

康托尔，德国数学家。对数学的主要贡献是创立了全新且具有划时代意义的集合论和超穷数理论，这从根本上改造了数学的结构，促进了数学的其他许多新分支的建立和发展，同时给逻辑学带来了深远的影响。

埃尔德什，匈牙利数学家。一生发表了1475篇高水平的论文（包括与他人合写的），为现时发表论文数最多的数学家。他经常沉思数学问题，对其他的事物毫无兴趣；数学和咖啡是他的至爱，曾云，"数学家是将咖啡转换成定理的机器"。素有"数字情种"之称。

康威，英国数学家。在群论、纽结理论、组合博弈论和编码学方面有杰出的贡献。所发明的"生命游戏"曾经轰动一时，不单是一些普通人在玩，连一些有名的数学家和计算机专家也乐此不疲；故有"数学玩家"之称。

佩雷尔曼，俄罗斯数学家。16岁时获得国际数学奥林匹克竞赛的金牌，而且是满分；这一成绩至今都没被人超越。他破解多个著名数学难题，其中包括"庞加莱猜想"和"灵魂猜想"。由于他近年过着隐居的生活，有"数学隐士"之称。

陶哲轩，华裔澳大利亚数学家。在数论、组合论、调和分析和非线性偏微分方程方面有杰出的贡献。他未到 13 岁就获得国际数学奥林匹克竞赛的金牌，这项纪录至今无人打破；故有"数学神童"之称。

12.2.3　数学科学发展新趋势

（一）无穷维数学时代

21 世纪的数学将是量子数学的时代，或称为无穷维数学的时代。量子数学的含义是指能够恰当地理解分析、几何、拓扑和各式各样的非线性函数空间的代数，即能够以某种方式对物理学家已推断出来的美妙事物给出较精确的证明。物理的应用、洞察力和动机使得物理学家能够问一些关于无穷维的明智的问题，并可在有合乎情理的答案时做一些非常细致的工作，因此用这种方式分析无穷维决不是一件轻而易举的事情。

Connes 的非交换微分几何融合了分析、代数、几何、拓扑、物理、数论，它能够让我们在非交换分析的范畴里从事微分几何学家通常所做的工作，包括与拓扑学的关系。它在数论、几何、离散群等及在物理中都有潜力巨大的应用。

"算术几何"或 Arakelov 几何，其试图尽可能多地将代数几何和数论的部分内容统一起来。这是一个非常成功的理论，它已经有了一个美好的开端，但仍有很长的路要走。也有一些难以捉摸的东西：返回至低维几何。与所有无穷维的富有想象的事物在一起，低维几何的处境有些尴尬。从很多方面来看，我们祖先开始时的维数，仍留下某些未解之谜，维数为二，三和四的对象被我们称为"低"维的。例如，Thurston 在三维几何的工作，目标就是能够给出一个三维流形上的几何分类，这比二维理论要深刻得多。在三维中 Vaughan-Jones 那些思想本质上来源于物理工作。这给了我们更多的关于三维的信息，并且它们几乎完全不在 Thurston 纲领包含的信息之内。如何将这两个方面联系起来仍然是一个巨大的挑战。

对偶就是 Fourier 变换，但在非线性理论中，如何来代替 Fourier 变换是巨大的挑战之一。数学的大部分都与如何在非线性情形下推广对偶有关。物理学家看起来能够在他们的弦理论和 M－理论中以一种非同寻常的方式做到了这一点。他们构造了一个又一个令人叹为观止的对偶实例，在某种广义的意义下，它们是 Fourier 变换的无穷维非线性体现，并且看起来它们能解决问题，然而理解这些非线性对偶性看起来也是 21 的世纪巨大挑战之一。

（二）中国概率论研究动态

2009 年，中国学者在概率论与相关领域的研究上取得了丰硕成果，主要包括马氏过程与 Dirichlet 型理论、随机分析与几何、随机（偏）微分方程、随机网络与复杂系统、倒向随机方程与非线性期望理论、粒子系统与超过程理论、极限理论与大偏差、随机控制，以及概率论在遗传学、经济与金融、物理化学等其他领域与学科的应用。

山东大学彭实戈院士所领导的团队在倒向随机微分方程和非线性期望理论的研究方面取得一系列国际领先的原创性成果。随机微分方程已成为研究金融市场的重要理论工具，而由彭实戈和法国概率论学家 Pardoux 一起发展起来的倒向随机微分方程理论，在期权期货等金融衍生证券定价中有着重要应用。通过研究倒向随机微分方程，引发了非线性期望的概念的产生和相关理论的建立。非线性期望是以金融市场的基本特征为基础而对传统的数学期望所进行的必要推广。在继承数学期望的重要性质的同时，排除了对于线性的限制，从而具有更广泛的应用范围。由此产生以非线性期望为基础的许多新的研究方向，包括非线性期望下的极限理论、非线性鞅论、随机最优控制系统的最大值原理等，推动了随机控制理论、金融数学、随机分析等相关学科的发展，已形成国际概率论的重要前沿研究领域，引发国际上一批学者的跟踪研究。在应用研究方面第一次给出了划分风险和模糊的标准，彭实戈团队将诺贝尔经济学奖获得者 Lucas 的理性期望资产定价模型推广到非线性，解释了经济界著名的 Ellsberg 悖论。

中科院应用数学所马志明院士所领导的团队，最近在随机图理论与随机网络、遗传学与量子力学中的概率方法等方面取得重要研究成果。马志明因和德国同行一起发展马氏过程的拟正则 Dirichlet 型理论而成为国际著名概率论专家，该理论是构造马氏过程的主要工具之一。他目前所领导的"973"计划"数学与其他领域交叉的若干专题"项目组包括来自全国多所大学和研究所的一批研究骨干和青年学者，在数学的理论与应用的诸多领域的研究中获得一批国际领先的研究成果。该团队提出了预测 microRNA 的新方法，找到了与 microRNA 相关的 1300 个左右的有效特征；对 microRNA 和编码基因之间的相互关系进行了深入的分析，提出了 microRNA 靶基因预测的新方法，为双色网络的建立奠定了基础；在 RNA 扭结结构的计数方面，给出了 K 不相交的 RNA 结构的—子结构的数量分布和其分布函数的性质，并结合其他参数（如不相交数和最小堆数等）对分布函数进行分析；构建了描述 RNA 与 RNA 之间的相互作用的数学模型，实现了对两个已知的 RNA 序列之间的相互作用的预测；研究 K 不相交 RNA 扭结结构的随机生成问题，给出了全新的算法来解决以均匀的概率随机生成任意一个 K 不相交 RNA 结构，并且其主算法的复杂度是线性的，为解决随机生成任意组合结构的问题提供了新方法。在随机图研究方面，从理论上证明了一个关于第二极大分支的公开问题，从数学角度上给出了经过足够长的时间后，其极大分支和第二极大分支的分布及其变化情况。

北京师范大学陈木法院士所领导的概率论研究群体围绕带交互作用的无穷维随机系统，在新型 Harnack 不等式与应用、测度值过程的遍历性、排队论网络与反应扩散过程、马氏过程的稳定性、泛函不等式与应用等方向的研究中取得了系统深刻的成果。在马氏过程稳定性的研究方面，该团队使用马氏过程的对偶方法，将他们在遍历情形获得的收敛速度的精细估计推广到非遍历情形，为马氏过程稳定性的研究开辟了新的有效途径。在"随机分析与几何"的研究方面，发展了耦合方法对较复杂的马氏半群建立与维数无关的 Harnack 不等式，并进一步应用到强 Feller 性、概率密度估计、各种超压缩性及泛函不等式、传输不等式的研究，该方法与已有的分析与概率方法相比，具有极广的适用范围，包括以前无法处理的多种带可乘噪声和奇异系数的随机偏微分方程、一般 Riemann 流形上的椭圆形扩散等；对于曲率无下界的流形上的扩散过程获得对数 Sobolev 不等式的精确判别法则，澄清了 Bakry – Emery 曲率中 Ricci 曲率与 Hess 张量项的本质区别；获得带边流形上第二基本型的渐进公式，清晰地刻画了该几何量所确定的反射扩散过程的分析性质，引发了关于 Neumann 半群的一系列新成果，特别是证明了 Bakry-Ememry 准则在非凸情形完全失效，并就该情形给出对数 Sobolev 不等式合理的显式判别条件；对一类亚椭圆微分算子获得泛函不等式成立的显示判别条件，在流形的路径空间上构造了一大类带一般扩散系数的扩散过程，首次在跳过程的路径空间上建立了 Poincar 不等式。在"粒子系统与测度值分支过程"的研究方面，证明了离散状态催化分枝过程的极限定理，在此模型和仿射金融模型之间建立了联系，给出了随机流产生的超过程的表示；证明了一般分枝机制的 Dawson-Watanabe 超过程某些分布的绝对连续性和超 Levy 过程的瞬时传播性质；在带跳的随机方程的 Yamada–Watanabe 判据、解的比较定理等问题的研究上取得了实质性进展；建立了几类测度值过程的极限定理（包括中心极限定理和大、中篇差原理）。

（三）2010 年度阿贝尔奖得主——泰特

阿贝尔是挪威 19 世纪早期的天才数学家，他在五次方程和椭圆函数研究方面取得了远超当时世界水平的成就。2002 年阿贝尔诞辰 200 周年时，挪威政府为纪念挪威这位杰出数学家设立了以他的名字命名的这项国际性大奖，奖金为 600 万挪威克朗（约合 100 万美元），从 2003 年起每年颁发一次。

2010 年 3 月 24 日，挪威科学与文学院（The Norwegian Academy of Science and Letters）宣布，将 2010 年度阿贝尔奖授予美国数学家泰特（John Torrence Tate，1925—　　），获奖理由为"对数论巨大和持久的影响"。挪威国王于 2010 年 5 月 25 日向泰特颁奖。泰特被誉为过去半个世纪最伟大的数学家之一。此前已被选为美国科学院院士，法国科学院外籍院士，并于 2002 年获得了沃尔夫奖。

泰特 1925 年 3 月 13 日出生于美国明尼苏达州，1946 年获哈佛大学文学学士学位，后在普林斯顿大学学习数学，师从数学家埃米尔·阿廷，1950 年获博士学位。后到哥伦比亚大学任客座教授。1954—1990 年在哈佛大学任教。1990—2009 年在得克萨斯大学奥斯汀分校任数学系教授。现居住在麻省剑桥市。

自 20 世纪以来，数论已发展成为数学中最为尖端复杂的分支之一，与代数几何学和自守形式理论等其他领域产生了极为深刻的内在联系。在这一发展过程中，泰特发挥了功不可没的主导作用。而今天计算机领域使用的密码编码和错误校验码等技术，都建立在泰特所深刻影响的现代数论的发展之上。正是数论的发展，才使我们获得算法，能够快速地用两个素数的乘积生成 200 位的数字，而即使是计算机来分解这个大数，可能也需要几十亿年。而这是支撑我们现在互联网运行的核心技术之一。

泰特在 1950 年发表的有关数域上的傅里叶分析的论文，为现代自守形式理论及其 L 函数的发展铺平了道路。他与埃米尔·阿廷（Emil Artin）一道，采用最新的群上同调理论，革命性地推动了整体类域论的发展。同时，他与乔纳森·卢斌（Jonathan Lubin）巧妙地采用形式群，重新发展了局部类域论。泰特创立的刚性解析空间理论，催生了整个刚性解析几何学的发展。他发现的霍奇理论的 p-adic 类比，现在被称为"霍奇–泰特理论"，已发展成为现代代数数论的又一核心理论。费马大定理的解决也是以其工作为基础。

泰特还引入了众多进一步的深刻的数学思想和方法，包括泰特上同调、泰特对偶定理、巴索蒂–泰特群、泰特动形、泰特模数、泰特椭圆曲线算法、阿贝尔簇莫德尔–威尔群的内隆–泰特高度、曼福特–泰特群、泰特同种定理、有限域阿贝尔簇的本田–泰特定理，塞尔–泰特形变理论、泰特–沙法列维奇群、有关椭圆曲线类的佐藤–泰特猜想等。正是因为泰特的独特贡献和真知灼见，代数数论和算术几何学的许多重大研究领域才得以发展。他在现代数学中留下了不可磨灭的印记。

从宏观上看，当前数学科学的发展已出现了两大趋势：数学科学发展的整体性更强了，世界各地的数学工作者借助于便捷的交通工具和通信工具，基本实现了资源共享，为学科实现重大突破创造了条件；数学为包括信息科学、物理学、天文学、经济学等在内的大批学科提供了更有的算法，而其他学科的发展也为数学提供了更多的研究方向和内容。

思 考 题

1. 你认为 21 世纪数学科学的发展趋势是什么？有何感受？
2. 谈结构主义思想对现代数学发展的影响。
3. 试分析中国 20 世纪 70 ~ 80 年代的"陈景润"现象。
4. 从中国数学科学的发展变化，谈谈你对数学大师的感受。
5. 中国数学家的新形象。
6. 21 世纪数学有哪些新动向？
7. 略述 21 世纪数学中各个学派的特点。
8. 试述引起运筹学产生的原因。
9. 略论计算机对数学发展的影响。
10. 现代概率论、数理统计迅速发展的原因是什么？
11. 21 世纪应用数学的发展有哪些方面？
12. 21 世纪纯粹数学研究哪些重要问题？
13. 发现新质数的脚步从没有停止过，迄今为止发现的最大质数是什么？（最大的质数是 $2^{43112609}-1$）
14. 一条一维直线有两个端点。一个二维方形有 4 个角。一个三维立方体有 8 个角。你认为一个四维立方体应该有多少个角呢？（16）

下讲学习内容提示

主要内容：破产理论发展、有关破产理论的概念。

阅 读 材 料

1. S Asmussen. M Bladt Phase-type distribution and risk processes with stale-dependent premiums, 1996.

2. P Boogaert. V Crijns Upper bounds on ruin probabilities in case of negative loading and positive interest rates, 1987.

3. J Cai. D C M Dickson Ruin probabilities with a Markov chain interest mode, 2004.

4. S X Cheng. H U Gerber. E S W Shiu Discounted probability and ruin theory in the compound binomial model, 2000.

5. S N Chiu. C C Yin The time of rain, the surplus prior to ruin and the deficit at ruin for the classical risk process perturbed by diffu-sion, 2003.

6. H Cossette. D Landrianat. E Matceceau Compound binomial risk model in a markovian environment, 2004.

7.　H Cramer On the mathematical theory of risk,1930.

8.　H Cram e r Collective risk theory,1955.

9.　D C M Dicksen On the distributions of the surplus prior to min,1992.

10.　D C M Dickson. H R Waters The probability and severity of min in finite and infinite time,1992.

第四单元

现代数学讲座

第 13 讲　破　产　理　论

主要解决问题:

（1）破产理论的发展。
（2）费勒的更新理论。
（3）鞅概念及其应用。

破产论（ruin theory）是随机过程理论在经济领域的一个重要应用，其研究渊源来自瑞典数学家林德伯格（F. Lundberg）1903 年的博士论文：《近似似然函数》（《Approximerad av Sannolikhetsfunktionen》）。广泛应用于经济研究的 Poisson 过程，正是林德伯格在博士论文中首次提出，但他并未给出严格的公理化数学定义，其严格化由克拉梅（H. Cramer）等完成。在一百多年的发展过程中，随着概率理论与经济理论的不断发展，破产论在研究方法与研究领域、内容方面都得到了巨大的发展。

13.1　Lunderberg-Cramer 的经典破产论

Lunderberg-Cramer 的经典破产模型定义为

$$U(t) = u + ct - \sum_{k=1}^{N(t)} X_k, \geq 0$$

其中，$U(t)$ 表示保险公司的资金总额，u 是保险公司投入的初始资本，c 是公司单位时间征收的保险金，即 ct 表示到时刻 t 保险公司收取的总保险金额，而 $X_k(k \geq 1)$ 则表示在时间段 $(0, t]$ 内保险公司第 k 次因出险付出的赔偿金，$N(t)$ 则表示到时间 t 为止总共发生的出险赔付次数。该模型基于以下假设而展开讨论：

（1）独立性：设 $\{X_k; k \geq 1\}$ 是独立同分布的正随机变量序列，其概率分布函数与期望定义为

$$F(x) = P\{X_k \leq x\}, \forall x \geq 0$$

$$\mu = E[X_k] = \int_0^\infty [1 - F(x)] dx$$

计数过程 $\{N(t), t \geq 0\}$ 是一个服从参数 λ 的 Poisson 过程，且与 $\{X_k, k \geq 1\}$ 是相互独立的。

$$S(t) = \sum_{k=1}^{N(t)} X_k, t \geq 0$$

表示截止到时刻 t 为止的索赔总额（Aggregate Claim）。由独立假设可知

$$E[S(t)] = E[N(t)]E[X_k] = \lambda \mu t$$

保险公司处于经营上赢利的考虑，要求收取的保险金大于出险赔付金额，或者说保险金的设定必须满足一定的条件，即

$$ct - E[S(t)] = (c - \lambda\mu)t > 0, t \geq 0$$

故做如下假定：

（2）安全负载：设 $c = (1 + \theta)\lambda\mu$，其中 $\theta > 0$ 为安全负载系数，不同的保险险种对应不同的安全负载系数。

由于 Poisson 过程齐次独立增量性与独立性假定，可知随机过程 $\{ct - E[S(t)], t \geq 0\}$ 也具有齐次独立增量性。其中 $U(t) > 0$ 解释如下：在保险公司运行过程中，并不排除在某一时刻公司的总资产为负，即破产，但允许公司负债继续运行，由强大数定律易知

$$\lim_{t \to \infty} U(t) = +\infty, a.s.$$

该模型主要讨论了保险公司的最终破产概率问题

$$\Psi(u) = P(T < +\infty \mid U(0) = u),$$

其中，$T = \inf\{t, U(t) < 0\}$ 是保险公司首次资不抵债的时刻，即破产时刻（Ruin Time）。Lunderberg-Cramer 的经典破产模型的结果说明保险公司在初始资金充分大的情况下，不易破产。即 u 较大时，$U(t) > 0$。当保险公司在初始资金充分大的情况下，且保险业务是小索赔额的业务时，公司总资产不会为负。

（3）调节系数 R 存在且唯一。设矩母函数 $X_k (k \geq 1)$

$$M_X(r) = E[e^{rX}] = 1 + r\int_0^\infty e^{rx}[1 - F(x)]dx$$

存在，且方程

$$M_X(r) = 1 + \frac{c}{\lambda}r$$

具有唯一正解 R，称为调节系数。

Lunderberg-Cramer 的经典破产模型的主要结果为：若上述三个假定成立，则

① $\Psi(0) = \dfrac{1}{1 + \theta}$，即在保险公司初始资金为零的情况下，最终破产的概率是 $\dfrac{1}{1 + \theta}$。

② Lunderberg 不等式：$\Psi(u) \leq e^{-Ru}$，其中 u 是公司的启动资金，即在保险公司初始资金为 u 的情况下，公司最终破产的概率小于等于 e^{-Ru}。显然初始资金为越大，公司越不容易破产。

③ Lunderberg Cremer 近似：$\Psi(u) \sim Ce^{-Ru}$ 即随着初始资金为 u 的不断增大，公司最终破产的概率越近似于 Ce^{-Ru}。

克拉梅对概率论与数理统计的发展做出了重要的贡献，其著作《数学统计方法》（Mathematical Methods of Statistics）被公认为数理统计的经典著作，由于随着瑞典保险市场的成熟发展，保险公司对数学人才的需求不断增加，瑞典在斯德哥尔摩大学于 1926 年首次设立了"精算数学与数理统计"教授职位，而克拉梅是该职位的第一人，这是斯德哥尔摩（Stockholm）学派的起源。而随着克拉梅在 1955 年发表的《集体风险论》（Collective Risk Theory）文章的面世，风险论已成为一门严格的数学分支，该学派将概率论与数理统计的基本理论，特别是随机过程的知识应用于保险行业，得出大量有关保险金额的设定，保险险种的设置等有益结论，为保险公司开展的各项业务提供了理论参考，是精算师处理保险问题的一个有力工具。

13.2　Feller 和 Gerber 对经典破产论方法的改进

克拉梅在其著作中所涉及的方法、证明虽然从数学意义来讲是严格的，但过程比较烦琐，不利于实际应用。而费勒（W. Feller，1906—1970 年）与汉斯格伯（H. Gerber）则分别从更新理论与鞅方法的不同角度出发给出较为简洁的证明推导。这无疑是一大进步，而且他们的证明方法具有广泛的代表性。

13.2.1　费勒的更新理论

费勒在《概率论基础与应用》（An Introduction to Probability Theory and its Application）中引入了一种重要的方法。

设 Y_1，Y_2，$Y_3\cdots$是独立同分布的非负随机变量序列，Y_i 表示从第 i 个事件发生到第 $(i+1)$ 个事件发生时的时间间隔，并记 $T_k=Y_1+Y_2+\cdots Y_k$，表示到第 k 个事件发生所用的总时间，$N(t)=\sup\{k,T_k\leqslant t\}$，表示到时刻 t 为之事件发生的总个数。则称 $\{Y_k,k\geqslant 1\}$ 为一更新间隔，$\{N(t),t\geqslant 0\}$ 为一更新过程，而 $m(t)=E[N(t)]$，$t\geqslant 0$ 为更新函数。更新理论的主要结果有

结论 1　$m(t)=\sum\limits_{n=1}^{\infty}F_n(t)<\infty,t\geqslant 0$，其中 $F_n(x)=F\times F\times F\cdots\times F$ 表示某概率分布函数的 n 重卷积。

特别地，如果 $F(x)=1-e^{-\lambda x}(\lambda>0,x>0)$ 即 $\{Y_k,k\geqslant 1\}$ 更新间隔服从参数 λ 的指数分布，则 $\{N(t),t\geqslant 0\}$ 这一更新过程便是应用广泛的 Poisson 过程。

费勒的更新理论主要讨论更新方程，这是一种积分方程：

$$A(t)=a(t)+A\times F(t)=a(t)+\int_0^t A(t-x)\mathrm{d}F(x),t\geqslant 0$$

结论 2　（关键更新定理）设更新间隔 $\{Y_k,k\geqslant 1\}$，服从非格点分布，且 $E[Y_1]<\infty$，则

$$\lim_{t\to\infty}A(t)=\frac{1}{E[Y_1]}\int_0^\infty a(t)\mathrm{d}t$$

利用该定理可得出保险公司最终破产概率所满足的条件

$$\lim_{t\to\infty}e^{Rt}\psi(t)=\lim_{t\to\infty}A(t)=\frac{C_1}{\displaystyle\int_0^\infty x\mathrm{d}F(x)}=C,$$

即 $\Psi(u)\sim Ce^{-Ru}$

13.2.2　格伯尔的鞅方法

鞅（Maitingale），这个术语早在 20 世纪 30 年代首先由威利（Ville）于 1939 年引进，但其基本概念来自法国概率学家莱维。真正把鞅理论发扬光大的则是美国数学家杜布（J. L. Doob，1910—2004 年），他在 1953 年的著作《随机过程》中介绍了他对鞅理论的系统研究成果，得出任意的随机过程都具有可分修正，建立了随机函数理论的公理结构，他还引进了半鞅概念。在鞅论中有以其姓氏命名的杜布停止定理、杜布——迈耶上鞅分解定理等。鞅论使随机过程的研究进一步抽象化，不仅丰富了概率论的内容，而且为其他数学分支

如调和分析、复变函数、位势理论等提供了有力工具。

軼在金融学分析中的应用是随着哈里森（J. M. Harrison）同克里普斯（D. M. Kreps）1979 年，以及哈里森和帕里斯卡（S. R. Pliska）1981 年两篇经典论文的发表而开始。他们证明了所谓的资产定价基本定理：当而仅当金融市场上不存在"免费午餐"（Free Lunch），所有金融资产的贴现价格都是一个軼。这就使得軼成为了现代金融资产定价技术所必须的主流数学工具。

軼是满足一定条件的随机过程：

定义 1　若 $\{X(t),t\geq 0\}$ 满足条件：$E[\,|X(t)|\,]<\infty,t\geq 0$ 且
$$E[X(s)\,|\,X(r):r\leq s]=X(r),\text{a. s.}$$
则称 $\{X(t),t\geq 0\}$ 为一軼。

若随机过程为一軼，则对于 $t>0$，总有
$$E[X(t)]=E[E[X(t)\,|\,X(0)]]=E[X(0)]$$

下面介绍构造軼的一般方法：

设 $\{Y(t),t\geq 0\}$ 是零初始值，齐次独立增量的随机过程。定义新随机过程
$$X(t)=X(0)e^{Y(t)},X(0)\equiv C,t\geq 0\}$$
如果 $E[\,e^{Y(t)}\,]=1$，则 $\{X(t),t\geq 0\}$ 为一軼。

定义 2　非负随机变量 τ 为随机过程 $\{X(t),t\geq 0\}$ 的随机时间，如果对任意的 $t\geq 0$，有
$$\{\tau\leq t\}\in\sigma\{X(s):s\leq t\},$$
其中 $\sigma\{X(s):s\leq t\}$ 为由 $\{X(s):s\leq t\}$ 生成的最小 σ 代数。

定义 3　称随机时间 t 为 $\{X(t),t\geq 0\}$ 的停时（Stopping Time），若
$$P\{\tau<\infty\}=1。$$

定义 4　如果 τ 为随机过程 $\{X(t),t\geq 0\}$ 的随机时间，且对于任意固定时刻 t，称 $\tau\wedge t=\min\{\tau,t\}$ 为随机过程的有界停时。

定理（可抽样定理）若 τ 为随机过程 $\{X(t),t\geq 0\}$ 的有界停时，则
$$E[X(\tau)]=E[X(0)]。$$

軼方法通过构造满足一定条件的軼，利用随机过程中的停时、可抽样理论，平行的得到风险模型的相关结论。

13.3　Gerber 破产论的后续研究进展

格贝尔是当代破产论研究的领先学者，他将軼方法引入破产论的研究领域，并深化拓展了经典破产论的内容，其著作《风险理论导论》（An Introduction to Mathematical risk Theory）已成为这一领域的经典之作。格贝尔及其合作者在随后的时间中又在多方面对破产论的一些问题做了进一步的探索。

13.3.1　索赔过程的推广

经典破产论中的盈余过程
$$U(t)=u+ct-\sum_{k=1}^{N(t)}X_k,t\geq 0,\text{其中}\,S(t)=\sum_{k=1}^{N(t)}X_k$$
为复合 Poisson 过程，但这样的过程不足以解决所有的保险问题，Gerber 对模型中这一部分

进行了有益的推广，主要从两方面进行了推广：

（1）将复合 Poisson 过程推广为广义的复合 Poisson 过程

具体地说是将 Poisson 过程进行稀化：考虑到时刻 t，单个赔付金额大于 x 的总索赔过程，记为 $S(t,x)$，则 $S(t) = \lim_{x \to 0} S(t,x)$，此时

$$F(y,x) = \begin{cases} 0, & y \leqslant x \\ \dfrac{F(y) - F(x)}{1 - F(x)}, & y > x \end{cases}$$

为满足条件的单个赔付的概率分布函数。而 $\{N(t;x), t \geqslant 0\}$ 则变成以 $Q(x) = \lambda[1 - F(x)]$ 为参数的 Poisson 过程。这种极限过程称为广义复合 Poisson 过程。而最有价值的情况是 $Q(0) = \infty$ 当时所对应的索赔过程，达尔肯（Dufresne F）讨论了 Gamma 过程与逆高斯分布，研究了对应的破产概率。

（2）考虑添加干扰项的复合 Poisson 过程

经典模型过于理想化，在保险行业的实际业务中，存在着许多不可预料的干扰因素会影响着公司的经营。为此，Hans Gerber 将另一应用广泛的随机过程 Brownian 运动引入风险模型，用它刻画干扰因素，使模型更加符合保险实务，即

$$U(t) = u + ct - \sum_{k=1}^{N(t)} X_k + W(t), t \geqslant 0,$$

且 $\Psi(u) = \Psi_d(u) + \Psi_s(u)$，其中 $\Psi_d(u)$ 表示由于随机干扰导致的破产概率，$\Psi_s(u)$ 表示由于保险赔付而导致的破产概率。

13.3.2　经典破产论研究内容的扩展

格贝尔及其合作者在完成破产概率的研究基础上，又引入了两个具体描述保险公司破产情形的随机变量：破产赤字、破产前瞬时盈余，其定义分别如下：

$$X = U(T_1), Y = |U(T)| = -U(T)$$

通过研究这两个量的分布函数，更加具体的刻画出保险公司经营因素之间的关系。

比克曼（Beekman J A）在《两种随机过程》（《Two Stochastic Processes》）（1974 年）首次给出了一个重要公式

$$R(u) = \sum_{n=0}^{\infty} P(N = n) P\left(\sum_{k=1}^{n} L_k \leqslant u \mid N = n\right) = \sum_{n=0}^{\infty} \frac{1}{1 + \theta} \left(\frac{1}{1 + \theta}\right)^n H_n(u),$$

其中，L_k 表示保险公司的第 k 次赔付导致的公司收入的减少额度，$H_n(u)$ 为一示性函数，表示第 k 次赔付金额是否超过初始资金 u，即

$$H_n(u) = \begin{cases} 0, & u < 0 \\ 1, & u \geqslant 0 \end{cases}$$

该结论是破产论的一个重要结果，也提供了一个重要的研究思路。它为后继的研究者研究估计破产概率的下界提供了一个有效的工具。

13.4　当代破产论的其他研究方向

13.4.1　离散的经典风险模型

经典风险模型研究的时间是连续变化的，保费也是连续收取的，但在保险公司的实际运

行过程中，保费的收取却往往采取离散的方式来收取。为此，一些学者对离散的风险模型进行了研究

$$U(t) = u + n - \sum_{k=1}^{N(n)} X_k, \qquad n \geqslant 0$$

此模型对任意的初始资金投入 u 和服从任意概率分布函数的单个保险赔付险种，都可以得到刻画保险公司的概率规律的具体表达式，具有很好的实际参考指导价值。

13.4.2　多险种风险模型的讨论

由于保险公司在实务中经营的保险业务往往多于一种，且不同的险种的分布并不一样，为了描述这类实际问题，有关学者考察了具有代表性的双险种风险模型

$$U(t) = u + ct - \sum_{k=1}^{N_1(t)} X_k - \sum_{k=1}^{N_2(t)} Y_k, \qquad t \geqslant 0$$

其中，两个索赔过程为独立的，若两个索赔过程为相互依存关系，则可通过模型变换转化为独立的索赔过程。

13.4.3　重尾概率分布模型的破产研究

经典风险模型研究的是保险赔付为"小索赔"情形的破产问题，而重尾模型主要研究大索赔情况的问题，如火险、洪水险等灾难性险种，对于这类问题，必须使用新的数学工具，前面提到的更新理论、鞅理论对此类问题无能为力。

13.4.4　带利率的风险模型

经典风险模型并没有考虑到银行利率的问题，而在保险实务中，银行利息也会对保险公司的经营产生影响，对其收入、破产概率产生一定的影响。利率问题主要分为常利率、随即利率两类，如只考虑常利率问题，则可考察模型

$$U_\delta(t) = ue^{\delta t} + cS_t^\delta - \int_0^t e^{\delta(t-s)} \, dS(s), \qquad t \geqslant 0$$

其中

$$S(t) = \sum_{i=1}^{N(t)} X_i, \quad S_t^\delta = \int_0^t e^{\delta s} ds = \begin{cases} t, & \delta = 0 \\ \dfrac{e^{\delta t} - 1}{\delta}, & \delta > 0 \end{cases}$$

δ 为同期银行利率，该模型研究了考虑带息的保险公司的收益情况。

13.4.5　带分红的风险模型

随着各种投资市场的发展，具有投资收益的保险险种日益发展，保险公司的客户将缴纳的保险金作为投入公司的股金，根据公司的经营状况获得一部分保险赔付之外的收益即分红，分红问题最早由德·布鲁诺（De Finetti Bruno，1906—1985 年）于 1957 年提出，分红方式即分红策略主要有两种：

（1）常数垒策略（Barrier Strategythreshold）：即设定一个公司收入限额，一旦公司收入超过这个限额，则将超出的部分作为红利，分给保险客户。公司在收入限额这个基础上继续运营。

（2）按比例分红策略（Threshold Strategy）：设定一个公司收入限额，公司收入超过这个限额时，则将超出的部分按一定的比例作为红利，分给保险客户。公司在剩余资金的基础上

继续运营。

在此类问题的研究中，主要考虑一个修正的余额过程，即带分红的保险公司的收入模型 $\widetilde{U}(t) = U(t) - D(t)$，$t \geqslant 0$，其中 $D(t)$ 为截止到时刻的分红总额。

而对此类问题的研究，由于涉及随即微分分析的理论，难度较大，不容易得到经典破产论中那样完美的结果。

13.4.6　破产论与金融数学的交叉研究

由于从事现代破产论的研究，需要深厚的概率论基础，如随机过程，随机微分方程，点过程等学科的知识，而大多数从事金融管理人员远远达不到这种要求，因此从 1994 年开始，Gerber 和其他学者讨论未定权、永久期权的定价问题，得出一系列有价值的结果，为破产论的研究开辟了新的研究领域，这一新领域的主要特点有：

（1）风险资产模型的轨道具有跳跃性

金融数学中描述风险资产的随机过程的轨迹大都是连续的，在研究中常利用平移过程或经典破产模型中的盈余过程作为描述风险资产的随机过程的自然对数，从而其样本轨迹是带跳跃点的。此外，作为极限情形又可导出数学金融中的经典结果，如 Black-Scholes 定价公式。

（2）利用变换构造风险中性测度

数学金融中有两个资产定价的基本定理。资产定价基本定理 A：一个满足一定条件的经济模型是无套利的充要条件是存在一个与真实的概率测度等价的鞅测度（也称为风险中性测度），使得在此测度下，风险资产的折现价格过程为一个鞅过程。

如果经济模型的每一未定权益皆可以借助自融资组合来复制，则称该经济模型是完全的。

资产定价基本定理 B：假定经济模型是无套利的，则它是完全的充要条件为仅存在一个等价的鞅测度。

由此可见，在一个无套利的完全经济模型中，未定权益的定价是唯一的，它恰恰等于未定权益的折现价格对于这唯一的等价鞅测度的期望值。同时也可想到，在一个无套利的不完全的经济模型中，未定权益的定价就不是唯一的。而 Gerber 和 Shui 的贡献恰是在这一重要情形中，借助传统精算学中的 Esscher 变换的概念，建立了一种构造风险中性测度的变换法。这种构造风险中性测度的方法非常简明，而且在完全市场的情形下，这种定价方法又和已知的定价公式一致。

（3）不涉及艰深的数学理论，容易为精算界所接受

保险数学和数学金融的交叉研究已成为精算学理论研究的新热点，其研究前景被普遍看好。精算基金最近出版了专著《金融经济》（Financial Economics），希望引起精算界对金融经济的重视，以适应新世纪的挑战。

由于我国的破产论研究与教学起步较晚，与国际先进水平还有较大的差距，希望广大的学者通过共同努力，在这一领域不断取得进展，以期能占有一席之地。

思　考　题

1. 您认为破产理论发展经历了哪些阶段？每个阶段有何特点？

2. 简述鞅概念及其应用。

3. 简述莱维的数学贡献。

4. 为何我国的破产论研究与教学起步较晚?

5. 当代破产论的主要研究方向有哪些?

6. 简述克拉梅对概率论与数理统计做出的贡献。

7. 同一个班的两个学生出生日期相同的概率是多少? (若一个班级至少有 23 名同学,两个学生生日相同的概率超过 50% 。概率往往是反直觉的。)

下讲学习内容提示

主要内容:分形理论发展、有关分形理论的概念。

阅 读 材 料

1. Bilingsley, P. Probability and Measure [M], Wiley, New York(1978).

2. Edgar, G. A. and Mauldin, R. D., Multifractal decompositions of digraph recursive fractals [J], Proc. London Math. Soc. (3)65(1992),604-628.

3. Falconer K J. Fractal Geometry—Mathematical Foundations and Application [M], Wiley, New York,1990.

4. Falconer K. J. Techniques in Fractal Geometry [M], Chichester, John Wiley and Sons Ltd, 1996.

5. Gerald Edgar. Measure, Topology, and Fractal Geometry[M], Springer-Verlag,1990.

6. Mandelbrot, B. B., The Fractal Geometry of Nature [M], Rreeman, San Francisco(1982).

7. Mattila. P., Geometry of Sets and Measures in Euclidean Spaces [M], Cambridge University Press(1995).

第 14 讲　分 形 理 论

主要解决问题：

（1）分形理论的发展。

（2）分型理论的应用。

（3）主要分形理论的概念及其应用。

1967 年，美籍法裔数学家曼德勃罗（B. B. Mandelbrot，1924—）在《科学》杂志发表文章"英国的海岸线有多长？"。所提出的问题属于分形几何理论。分形几何理论萌发于 19 世纪末 20 世纪初，成为独立学科则是在 20 世纪七八十年代，其研究对象为自然界和社会活动中广为存在的复杂无序，而又具有某种规律的系统。分形理论为研究具有自相似性特性的物体和不规则现象提供了新方法，使人们对于诸如布朗（Brown）运动，湍流（Turbulence）等大自然中的诸多复杂现象有了更加深刻的认识，并在物理学、生物学、动力学、化学等学科被广泛应用，作为当前三大前沿学科之一的分形理论被誉为大自然的几何学，近年来无论是在理论上还是应用上都取得了迅猛的发展。

14.1　分形理论的产生

自然界中的许多事物具有自相似的"层次"结构。在理想情况下，具有无穷层次，适当的放大或缩小几何尺寸，整个结构并不改变。不少复杂物理现象背后就是反映这类层次结构的分形几何学。

客观事物有自己的特征长度，要用恰当尺度去测量。用尺来测量万里长城，嫌太短。用尺来测量分子长度，又太长。从而产生了特征长度。还有些事物没有特征长度，就必须同时考虑从小到大的许多的尺度（或称为标度），这就是"标度性"问题。

科赫（H. von. Koch，1870—1924 年）曾从一个正方形的"岛"出发，始终保持面积不变，把其"海岸线"变成无限曲线，其长度也不断地增加，并趋向无穷大。后可以看到，分形维数才是"科赫岛"海岸线的确定的特征量，即海岸线的分形维数均介于 1～2 之间。这些自然现象，特别是物理现象和分形有着密切的关系。如银河系中的若断若续的星体分布就是具有分形维数的吸引子。多孔介质中的流体运动和它产生的流体模型、1827 年发现的布朗运动的运动轨迹的复杂性、化学中酶的构造、生物学中细胞的生长、非线性动力学中的奇怪吸引子及工程技术中的信号处理等。

一般认为，曼德勃罗 1975 年所出版的著作《分形：形式，机遇和维数》（Fractal：Form，Chance and Dimension）的问世标志着分形几何学由此诞生。"分形（fractal）"一词，也是曼德勃罗提出来的，源于拉丁语"fractus"，含有"不规则"和"破碎"的意义。实际上，分形的思想及分形集在数学上的存在已逾百年。在 19 世纪至 20 世纪初，Cantor 三分集，Koch 曲线及魏尔斯特拉斯无处可微连续函数等这些"病态"的曲线与集合已逐步被人们所了解。许多学者开始致力于构造类似的曲线与集合并研究它们的性质。

14.2　分形的定义

分形理论的研究对象主要是复杂的不规则几何形态。它们在自然界无处不在，因而分形被人们誉为大自然的几何学。分形自创立以来，人们做了各种努力试图给分形一个确切的数学定义，但是到目前为止所出现的这些定义都很难验证是适用于一般的情形。在曼德勃罗的论述中给出分形的第一个定义：

定义 1　设集合 $E \subset R^n$，如果 E 的 Hausdorff 维数严格大于它的拓扑维数，即 $\dim_H(E) > D_T(E)$，则称集合 E 为分形集，简称为分形。

显然，$D_T(E)$ 和 $\dim_H(E)$ 都大于等于 0 而小于等于 n，前者总是一个整数，而后者可以是分数，两个维数无须相同，它们只满足苏比尔拉（Szpilrajn）不等式：

$$\dim_H(E) \geqslant D_T(E)$$

由此可知，每个具有非整数 Hausdorff 维数的集合一定是分形。然而分形的 Hausdorff 维数也可是一个整数，如布朗运动的轨迹是分形，其 Hausdorff 维数 $\dim_H(E) = 1$，而其拓扑维数 $D_T(E) = 2$。

根据定义 1 可知，只要计算出集合的 Hausdorff 维数和拓扑维数，就可判断出该集合是否为分形。然而在实际应用中，一个集合 Hausdorff 测度和 Hausdorff 维数的计算是非常复杂和困难的，这就给该定义的广泛使用带来了很大影响。

1986 年曼德勃罗又给出了自相似分形的定义：

定义 2　局部与整体以某种方式相似的集合称为分形。

该定义体现了大多数奇异集合的特征，尤其反映了自然界中广泛一类物质的基本性质：局部与局部、局部与整体在形态、功能、信息、时间与空间等方面具有统计意义上的自相似性。但是定义 2 只强调了自相似特性，具有相当的局限性，而定义 1 比定义 2 的内涵要丰富得多。

可以说如何定义分形至今尚无定论，无论应用何种方法来定义分形都会遗留掉一些分形思想的精髓。而且人们对分形定义有不同的要求，数学家要求"严密"和"公理化"，物理学家要求"简洁"，工程师们要求"简单适用"。因此如何定义分形已经成为了一个重要的科学问题。

针对以上问题，Falconer 对分形提出了新的认识，即把分形看成是某些性质的集合，而不去寻求其精确定义。他提出分形可描述如下：

定义 3　考虑 Euclid 空间中的集合 E，如果具有下述所有或大部分性质，则为分形：

（1）E 具有精细结构，即有任意小比例的不规则细节。

（2）E 的整体和局部都不能用微积分或传统的几何语言来描述。

（3）通常 E 具有某种自相似或自仿射性质，可能是近似的或是统计意义上的。

（4）一般地，E 的"分形维数"（以某种方式定义）大于其拓扑维数。

（5）在大多数情形下，E 以非常简单的方法定义，可能由迭代产生。

（6）通常 E 有"自然"的外貌。

类似地，Edgar 在 1990 年对分形给出了一个更加粗略的定义。

定义 4 分形集就是比在经典几何考虑的集合更加不规则的集合。这个集合无论被放大多少倍，越来越小的细节仍能看到。

定义 3 和定义 4 尽管不严格，但却使人们（特别是工程师们）容易去理解什么是分形。粗略地说，分形几何就是不规则形状的几何，而且这种不规则性（粗糙性）具有层次性，即在不同的层次（尺度）下均能观察到。事实上，不规则几何的抽象化经常比在经典几何中光滑曲线和光滑曲面的规整几何更能精确地拟合自然世界。正如曼德勃罗所说："云彩不是球面，山峰不是圆锥，海岸线不是圆周，闪电也不是以直线传播。"它们都可能是分形。

14.3 分形理论的发展

分形理论的发展大致可分为三个阶段。

14.3.1 创立阶段（1827—1925 年）

数学家提出了一些经典的"分形"集合及问题，并为讨论这些问题提供了一些基本的数学工具。

1827 年魏尔斯特拉斯构造的一种连续函数在任意点都是不可微的，这一结果在当时曾引起极大的轰动。虽然人们认为魏尔斯特拉斯函数是一种极为"病态"的函数，但还是从不同方面推广了上述函数，并且对这类函数的奇异性做了深入的研究。

科赫在 1904 年通过初等方法构造出如今被称为 Koch 曲线的处处不可微的连续曲线。由于曲线的构造极为简单，从而改变了人们认为连续不可微曲线的构造一定很复杂的看法，这也是第一个人为构造的具有局部与整体相似结构的曲线。

康托尔在 1883 年构造了一类不连通的紧集 Cantor 三分集。当时人们认为这类集合只是数学家构造出来的，没有研究价值，但是它却在现代非线性研究中具有重要的意义。

1890 年，皮亚诺构造出能够通过某个正方形内所有点的曲线。这种奇怪的曲线曾使数学界大吃一惊，并使人们对以往的长度与面积等概念重新进行认识。在此基础上，闵可夫斯基于 1901 年引入了 Minkowski 容度，豪斯道夫于 1919 年引入了 Hausdorff 测度和 Hausdorff 维数。这些概念实际上指出了测量一个几何对象所依赖的是测量方式和测量所采用的尺度。

14.3.2 形成阶段（1926—1975 年）

在这半个世纪里，数学家对分形集的性质做了较为深入的研究，特别是维数理论的研究已获得丰富的成果。这一阶段深化了第一阶段的思想，不仅逐渐形成理论，而且将研究范围扩大到了数学的许多分支之中。Pontryagin、Besicovich 等研究了曲线的维数，分形集的局部性质，分形集的结构及在数论，调和分析，几何测度论中的应用。其研究成果极大地丰富了分形集和理论。

勒维第一个系统地研究了自相似集，现在的研究都可追溯到他的工作。他建立了分数布朗运动的理论，成为随机分形系统研究的重要先驱之一。1968 年美国生物学家 Lindenmayer 提出了研究植物形态与生长的"L 系统"方法，后成为生成分形图形的最典型方法之一。

虽然这一阶段的研究取得了许多重要的成果，并使相关理论初见雏形，但主要局限于纯数学理论的研究，而未与其他学科发生联系。物理、天文、化学和工程等学科却产生了大量的与分形有关的问题，迫切需要用新的思想和有力的工具来处理。正是在这种形势下曼德勃罗以其独特思维，系统深入而创造性的研究了海岸线结构，具有强烈干扰的电子通信，地貌几何性质等自然界中能够的分形现象，取得了一系列令人瞩目的结果。

14.3.3　拓展阶段（1976—）

分形理论在各个领域的应用取得全面发展，并形成独立学科的阶段，由于分形几何应用面很广，它在物理的相变理论，材料的结构与控制，高分子链的聚合等领域取得了令人瞩目的成就。近年来，在维数估计与计算，分形集的生成与结构，随机分形，动力系统的吸引子理论与分形的局部结构等方面也获得了较深的研究成果。

自 20 世纪 80 年代以来，在计算机图形学和应用科学的推动下，分形基础理论及其在多种学科的应用发展迅速。由于分形几何极强的应用性，它在物理相变理论，材料的结构与控制，力学中的断裂与破坏，信息数据模式识别，自然图形的模拟等领域取得巨大的成功。在计算机图形学和应用科学的推动下，分形的基础理论也得以迅速发展，维数的估计与算法，分形集的生成与结构，分形的随机理论，动力系统的吸引子理论，分形集的局部结构等方面取得了较为深入的结果。

当前分形理论的研究主要分三种类型：① 分形的基础理论研究。如分形集维数的性质与估计，分形集的局部结构，分形集的积与交，随机分形结构等方面的研究。② 分形理论在实际应用中的研究。如在化学、物理、生物、地震等方面的应用。③ 分形图形的生成方法研究。这三类研究中，前一类的问题较少研究，出成果的速度缓慢，尤其在分形集维数、测度的估计及其本质认识，分形集结构的深入研究，分形函数的"导数"等方面进展迟缓。后两类问题的研究者较多，出成果的速度也很快，尤其是分形理论在物理学、化学、生物学等多个学科的应用取得了令人瞩目的成绩。特别是目前一些广告，艺术作品，三维动画中，分形技术得到成功的应用。

"悟以往之不谏，知来者之可追；实迷途其未远，觉今是而昨非。"陶渊明之语是对时间分形的精彩描述。目前，分形理论已经得到广泛应用，推动了许多学科的发展。但从国内外分形理论的发展来看，分形本身的理论还有许多本质的问题有待于进一步解决，作为分形理论的核心，分形数学的理论有待于进一步完善。例如，如何判断一个对象是分形，分形维数的本质是什么？分形的生成原因是什么？另外，分形与其他学科结合的过程中的一些问题如分形物理学理论，分形高分子理论等重要研究方向和课题都有待于进一步的深入。

14.4　Hausdorff 测度及其维数

Hausdorff 测度是分形几何中最基本的概念之一。Hausdorff 测度将传统几何（如 Euclid 几何、Riemann 几何）中规则几何形体的长度、面积和体积的概念，以及整数维空间中 Lebesgue 测度的概念和计算方法推广到非整数维空间中，其定义为

如果 $\{U_i\}$ 为可数（或有限）个直径不超过 δ 的集构成的覆盖 F 的集类，即 $F \subset \bigcup\limits_{i=1}^{\infty} U_i$，且对每一个 i 都有 $0 < |U_i| \leq \delta$，则称 $\{U_i\}$ 为 F 的一个 δ - 覆盖。

设 F 为 R^n 中的任何子集，s 为一非负数，对任何 $\delta > 0$，定义

$$H_\delta^s(F) = \inf\left\{\sum_{i=1}^{\infty} |U_i|^s : \{U_i\} \text{ 为 } F \text{ 的 } \delta \text{ - 覆盖}\right\} \tag{1}$$

当 δ 减小时，式（1）中能覆盖 F 的集类是减少的，从而下确界 $H_\delta^s(F)$ 随着增加，且当 $\delta \to 0$ 时趋于一个极限（可能为有限，也可能为无穷），记

$$H^s(F) = \lim_{\delta \to 0} H_\delta^s(F) \tag{2}$$

对 R^n 中的任何子集 F 这个极限都存在（极限值可以是 0 或 ∞），称 $H^s(F)$ 为 F 的 s – 维 Hausdorff 测度。

Hausdorff 测度推广了长度、面积和体积等类似概念。Falconer 证明 R^n 中任何 Lebesque 可测集的 n 维 Hausdorff 测度与 n 维 Lebesque 测度（即通常的 n 维体积）相差一个常数倍。更精确地，若 F 是 n 维 Euclid 空间中的 Borel 子集，则

$$L^n(F) = c_n H^n(F) \tag{3}$$

这里常数 $c_n = \pi^{\frac{n}{2}} / \left(2^n \Gamma\left(\frac{1}{2}n + 1 \right) \right)$，即直径为 1 的 n 维球的体积。类似地，对于 R^n 中"好的"低维子集，$H^0(F)$ 是 F 中点的个数；$H^1(F)$ 给出了光滑曲线 F 的长度；若 F 为光滑曲面，则 $H^2(F) = \dfrac{4}{\pi} \times area(F)$；而 $H^3(F) = \dfrac{6}{\pi} \times vol(F)$。

如图 14-1 所示，根据 Hausdorff 测度的定义（1）和（2）可知，对于任意给定的集合 E 和 $0 < \delta < 1, H_\delta^s(E)$ 是 s 的减函数，从而 Hausdorff 测度 $H^s(E)$ 也是 s 的减函数。进一步证明可以得到结论[8]：若 $E \subset R^n$，则存在唯一的一个实数 $s_0 \in [0, n]$，使得

$$H^s(E) = \begin{cases} \infty, & \text{当 } s < s_0 \text{ 时} \\ 0, & \text{当 } s > s_0 \text{ 时} \end{cases} \tag{4}$$

Hausdorff 维数 $\dim_H(E)$ 是使得从 ∞ "跳跃"到 0 发生的 s 的数值。由此可知，$H^s(E)$ 关于 s 的图（图 1）表明，存在 s 的一个临界点使得 $H^s(E)$ 从 ∞ "跳跃"到 0。这一临界值称为 E 的 Hausdorff 维数，记为 $\dim_H(E)$。精确地

$\dim_H(E) = \inf\{s: H^s(E) = 0\} = \sup\{s: H^s(E) = \infty\}$ (5)

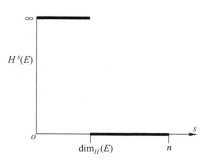

图 14-1 集 E 的 $H^s(E)$ 对 s 的图

当 $s = \dim_H(E)$ 时，即当 s 取 E 的 Hausdorff 维数时，E 的 Hausdorff 测度 $H^s(E)$ 可以为零或者无穷或者满足

$$0 < H^s(E) < \infty \tag{6}$$

满足不等式（6）的集合 E 称为 s – 集。

Hausdorff 维数具有性质：

（1）若 $E \subset R^n$ 为开集，则 $\dim_H(E) = n$。

（2）若 E 为 R^n 中的光滑（即连续可微）m 维流形（即 m 维曲面），则 $\dim_H(E) = m$。特别地，光滑曲线的维数为 1，光滑曲面的维数为 2。

（3）（单调性）若 $E \subset F$，则 $\dim_H E \le \dim_H F$。

（4）（可数稳定性）若 $E_1, E_2, \cdots$ 为一列（可数）集合列，则

$$\dim_H \bigcup_{i=1}^{\infty} E_i = \sup_{1 \le i < \infty} \{\dim_H E_i\} \tag{7}$$

（5）设 $E \subset R^n$，并且 $f: E \to R^m$ 满足 Holder 条件，即

$$|f(x) - f(y)| \le c|x - y|^\alpha \qquad (x, y \in E) \tag{8}$$

则
$$\dim_H f(E) \leqslant \frac{1}{\alpha} \dim_H E。 \tag{9}$$

（6）设 $E \subset R^n$，并且 $f: E \to R^m$ 是一个 Lipschitz 映射，则
$$\dim_H f(E) \leqslant \dim_H E。 \tag{10}$$

（7）设 $E \subset R^n$，并且 $f: E \to R^m$ 是一个双向 Lipschitz 映射，即
$$c_1 |x - y| \leqslant |f(x) - f(y)| \leqslant c_2 |x - y| \qquad (x, y \in E)$$
其中，$0 < c_1 \leqslant c_2 < \infty$，则有
$$\dim_H f(E) = \dim_H E。$$

性质（1）～性质（4）是对任何合理的维数定义所期望成立的。性质（5）～性质（7）是 Hausdorff 维数所特有的变换性质，事实上，性质（6）、性质（7）是性质（5）的推论。而且性质（7）揭示了 Hausdorff 维数的基本性质：Hausdorff 维数是双向 Lipschitz 变换下的不变量。故若两集之间存在双向 Lipschitz 映射，则在 Hausdorff 维数的意义下可认为两集为"同一"的。

Hausdorff 维数是个严格的数学概念，它在分形理论的建立和推导过程中起着十分重要的作用。然而对于具体的分形结构来说，要确定其 Hausdorff 维数却非常艰难，即使是一些经典的规则分形结构，对于其 Hausdorff 维数的计算至今人们仍然无能为力。因此，在实际应用中很少讨论其 Hausdorff 维数，而是讨论其计盒维数。

14.5　计盒维数

计盒维数（Box-counting dimension）或称盒维数（Box dimension）是应用最广泛的维数之一，其普遍应用主要是由于这种维数的计算及经验估计相对容易一些。这一维数的研究可以追溯到 20 世纪 30 年代，并且有许多其他称谓，如 Kolmogorov 熵、熵维数、容度维数、度量维数、对数维数和信息维数等。

定义 5　设 F 是 R^n 上任意非空有界子集，$N_\delta(F)$ 是直径最大为 δ，可覆盖 F 的集合的最少个数，则 F 的下、上计盒维数分别定义为
$$\underline{\dim}_B F = \varliminf_{\delta \to 0} \frac{\log N_\delta(F)}{-\log \delta}, \tag{11}$$
$$\overline{\dim}_B F = \varlimsup_{\delta \to 0} \frac{\log N_\delta(F)}{-\log \delta}。 \tag{12}$$

如果这两个值相等，则称这个公共值为 F 的计盒维数或盒维数，记为
$$\dim_B F = \lim_{\delta \to 0} \frac{\log N_\delta(F)}{-\log \delta}。 \tag{13}$$

通常所说的分形维数就是指计盒维数。从定义可知，对于一系列码尺 δ，只要确定出相应的盒子数 $N_\delta(F)$，就可以通过公式（11）～公式（13）计算出集合 F 的上、下计盒维数和计盒维数。然而如何来确定上面定义中的盒子数 $N_\delta(F)$？这仍然是一个难以解决的问题。为此给出了下面等价定义。

定义 6　R^n 上任意非空有界子集 F 的下、上计盒维数及计盒维数分别由公式（11）～公式（13）给出，其中 $N_\delta(F)$ 是下列五个数中的任意一个：

（i）覆盖 F 的直径为 δ 的集合的最少个数；

（ii）覆盖 F 的半径为 δ 的闭球的最少个数；

（iii）覆盖 F 的边长为 δ 立方体的最少个数；

（iv）中心在 F 上半径为 δ 的不交球的最多个数；

（v）与 F 相交的 δ-网立方体个数。（δ-网立方体是形如 $[m_1\delta,(m_1+1)\delta)\times[m_2\delta,(m_2+1)\delta)\times\cdots\times[m_n\delta,(m_n+1)\delta)$ 的立方体，这里 m_1，m_2，$\cdots$，m_n 是整数。）

14.6　填充维数及其测度

除 Hausdorff 维数与盒维数外，集合的 Packing 维数也常常用到。令

$$P_\delta^s(E)=\sup\Big\{\sum_{i=1}^\infty\mid B_i\mid^s\Big\} \tag{14}$$

这里 $\{B_i\}_{i=1}^\infty$ 是中心在 E 上，半径最大为 δ 的互不相交的球族，由于 $P_\delta^s(E)$ 随 δ 减少而递减，极限

$$P_0^s(E)=\lim_{\delta\to0}P_\delta^s(E) \tag{15}$$

存在。s-维 Packing 测度定义为

$$P^s(E)=\inf\Big\{\sum_{i=1}^\infty P_0^s(E_i):E\subset\bigcup_{i=1}^\infty E_i\Big\} \tag{16}$$

通过 Packing 测度，类似于 Hausdorff 维数的定义，E 的 Packing 维数定义为

$$\dim_P E=\sup\{s:P^s(E)=\infty\}=\inf\{s:P^s(E)=0\} \tag{17}$$

上述三种维数分别从不同方面刻画了分形集的复杂程度。盒维数可认为是一个集合能被相同形状的小集合覆盖的效率。Hausdorff 维数则涉及的可能是相当不同形状的小集合的覆盖。而 Packing 维数表示的是用半径不同的互不相交的小球尽可能稠密的填充的程度。其中 Hausdorff 维数和 Packing 维数是建立在严格的测度论基础上的，因而特别引起数学理论工作者的关注，但盒维数的直观和易于计算则更受到物理与工程方面的青睐，这使得盒维数成为应用最广泛的维数之一。三种维数间的关系为

$$\dim_H E\leqslant\dim_P E\leqslant\overline{\dim}_B E。 \tag{18}$$

14.7　常见分形集合

最后，举一些常见分形集合的例子：Cantor 三分集，Koch 曲线，Sierpinski 垫片，Weierstrass 函数，这些例子充分体现了分形的生成和特征。

例 1　Cantor 三分集，如图 14-2 所示。

第0段 $[0,1]$

第1段 $[0,1/3][2/3,1]$

第2段 $[0,1/9]\cup[2/9,3/9]\cup[6/9,7/9]\cup[8/9,1]$

图 14-2　Cantor 三分集

例 2 Koch 曲线，如图 14-3 所示。

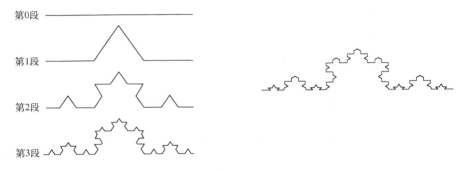

图 14-3   Koch 曲线

例 3 Sierpinski 垫片，如图 14-4 所示。

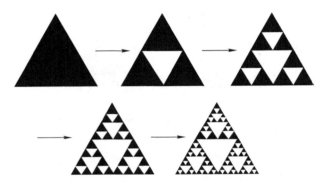

图 14-4   Sierpinski 垫片

例 4 Weierstrass 函数的图像如图 14-5 所示，令

$$f(t) = \sum_{k=1}^{\infty} \lambda^{(2-s)k} \sin(\lambda^k t), x \in R, \text{其中} \lambda > 1, 1 < s < 2 \text{。}$$

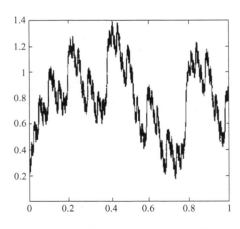

图 14-5   Weierstrass 函数的图像

思 考 题

1. 分形理论发展经历了哪些阶段?
2. 分形理论是如何产生的?
3. 举例说明一些常见的分形集合。
4. 如何理解计盒维数?
5. 如何理解 Hausdorff 测度及其维数?
6. 简述我国对分形理论做出的贡献。

下讲学习内容提示

主要内容：庞加莱猜想的产生、有关中外数学家对庞加莱猜想的贡献。

阅 读 材 料

1. G. E. Brown. 数学在 21 世纪面临的挑战[J]. 数学译林, 1998(2):120-124.

2. S. Smale. 下个世纪的数学问题[J]. 数学译林, 1998(3):177-191.

3. A. Jackson. 设立百万美元数学大奖发布会[J]. 数学译林, 2001(1):55-58.

4. V. Tikhomirov. 20 世纪前半叶的数学[J]. 数学译林, 2001(4):292-302.

5. V. Tikhomirov. 20 世纪后半叶的数学[J]. 数学译林, 2002(2):145-157.

6. Morris Kline, Mathematics in Western Culture[M]. Penguin Books, 1989.

7. Lars Garding. Encounter with Mathematics[M]. Springer-Verlag, 1997.

8. Thomas S. Kuhn, The Structure of Scientific Revolutions[J]. The University of Chicago Press, 1996.

第 15 讲　庞加莱猜想

主要解决问题：

    （1）庞加莱猜想产生的数学文化背景。

    （2）庞加莱猜想的意义。

    （3）佩雷尔曼所做的贡献。

    （4）中国数学家对庞加莱猜想的贡献。

2006 年 12 月 22 日，美国《科学》杂志评出年度十大数学进展，"庞加莱猜想（Poincaré Conjecture）"名列首位。该杂志称，科学家们在 2006 年完成了"数学史上的一个重要章节"，这个关于三维空间抽象形状的问题终被解决。

庞加莱猜想属于代数拓扑学，自 1904 年庞加莱提出后，一个多世纪以来，无数杰出数学家为其毕生求证，顽强地攀登这座科学险峰。因此每隔几年就会有人声称已得证，可不久就会发现错误或漏洞。《纽约时报》文章称，数学家们为求证庞加莱猜想已等了一百多年，但他们承认也许还要等上一百年，才能完全明白此问题对数学、物理学的全部意义。如今，它还只是像艺术品或引人入胜的歌剧一样美丽。

庞加莱猜想是推动 21 世纪数学迈上新台阶的最重要的数学猜想之一；同时也是几何领域的主流之一，其证明将会对数学界关于流形性质的认识，甚至用数学语言描述宇宙空间产生影响。

15.1　庞加莱猜想的诠释

丘成桐（1949—）说过："庞加莱猜想看似简单，实则深奥难懂，真正能够理解、评定证明过程的国际顶尖数学家不超过 10 位"。因此，为理解庞加莱猜想，先看看日常生活中的曲面，拓扑学家认为，足球、苹果和鸡蛋在下述意义下并没有什么不同，在三维空间中建立直角坐标系，到原点距离为 1 的点的集合记做 S^2，称为二维球面，那么足球、苹果和鸡蛋同胚于球面 S^2；与球面不同的另一曲面是轮胎、游泳圈和面包圈，记做 T^2，称为环面。由环面可构造出其他曲面：取两个环面，在上面挖洞，把两个洞的边缘黏在一起就得到新的曲面，记做 $2T^2$，称为双环面，此过程称为两个环面的连通和。类似的，还可做双环面与环面的连通和，得到的曲面记做 $3T^2$。……（如图 15-1 所示）

19 世纪，麦比乌斯（August F Möbius，1790—1868 年）和若尔当（Camille Jordan，1838—1922 年）给出了闭曲面的拓扑分类：每个闭的定向曲面恰好是曲面 S^2，T^2，$2T^2$，$3T^2$，…中的某一个。（其原话表述为：P_0 是球面，P_n 是带了 n 个环柄的球面，每个闭的定向曲面恰好同胚于曲面 P_0、P_1、P_2、…、P_n、…中的某一个）。

在这些曲面中，球面 S^2 具有一个特殊性质：想象弹性充分好的橡皮筋绕在上面，它可以连续收缩到一点，用严格的数学语言表述即球面中任何一条闭合曲线都能连续收缩到一点，或称球面是单连通的。但如果橡皮筋绕环面 T^2 的空洞一圈，是不可能连续收缩到一点，其他曲面 $2T^2$，$3T^2$ 等也不能。用拓扑学语言表述，即球面是单连通的，其他曲面则不是。将球面、环面等曲面推广至高维得到的几何对象称为流形。庞加莱在 1904 年提出猜想："单连通的三维闭流形同胚于三维球面"。

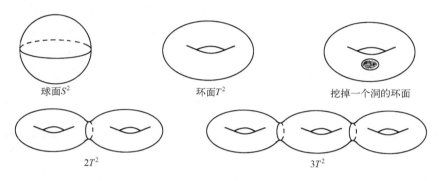

球面S^2　　　　　　环面T^2　　　　　挖掉一个洞的环面

$2T^2$　　　　　　　　　　$3T^2$

图 15-1　球面和环面

丘成桐曾用直观的比喻来解释庞加莱猜想，用一个人侧脸上鼻子完全和脸庞收缩为一条线后，五官完全分布在一个球面上来理解。演示屏上先出现一张人的面孔，面孔处于三维空间中，其侧脸不断收缩，直到鼻子与脸庞连成一条线后屏幕上便出现了圆满的球面。

如果这种说法还有点抽象，请想象这样一个房子或一只巨大的气球，里面充满空气。假设房子墙壁是钢制的，没有窗户和门很结实，现将一个气球带入其中。这个气球并不瘪且已吹成某一形状，什么形状均可（对形状也有要求），但气球可继续吹大，假设气球的皮无限薄但不会被吹破。庞加莱猜想通俗的说是，吹到最后，一定是气球表面和整个球形房子的墙壁紧紧贴住，中间没有缝隙。

在 n 维欧式空间中，到原点距离为 1 的点的集合记做 S^{n-1}，称为 $n-1$ 维球面，如何形象的理解三维球面 $S^3:x^2+y^2+z^2+\omega^2=1$，这是个难以理解的问题（如图 15-2 所示）。

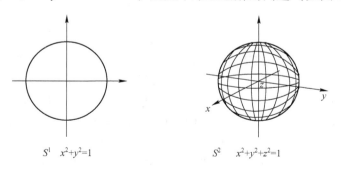

S^1　　$x^2+y^2=1$　　　　　　　　S^2　　$x^2+y^2+z^2=1$

图 15-2　一维球面和二维球面

15.2　数学文化背景

庞加莱是法国伟大的数学家，其父莱昂是生理学家兼医生，叔父安托万曾任国家道路桥梁部检查官。堂弟雷蒙（Raymond，Poincaré）曾于 1911 年、1922 年、1928 年几度组阁出任总理兼外交部长，1913 年 1 月至 1920 年年初，担任法兰西第三共和国第九届总统。

庞加莱是 19 世纪末 20 世纪初数学界的领袖人物，是继高斯之后对数学及其应用具有全面了解、能够雄观全局的最后一位大师。他的研究和贡献涉及数学的各个分支，如函数论、代数拓扑学、阿贝尔函数、代数几何学、数论、代数学、微分方程、数学基础、非欧几何、渐近级数、概率论等，当代数学不少研究课题都溯源于他的工作。对三体问题的研究使庞加莱成为第一个发现混沌确定系统的人并为现代混沌理论打下基础。庞加莱比爱因斯坦更早一步，起草了一个狭义相对论的简略版。庞加莱 33 岁（1906 年）成为法国科学院院士，35 岁（1908 年）成为法兰西学院院士，他在法国和国外获得无数荣誉和奖励。1912 年 7 月 17 日，庞加莱因病卒于巴黎。十大卷全集中收集了他近 500 篇论文，其中还不包括他大量的讲课、讲义及著名的数学哲学著作《科学与假设》、《科学的价值》、《科学与方法》、《最后的沉思》等。

庞加莱于 1901 年提出：考虑的每个问题都把我引导到位置分析（Analysis Situs）。"位置分析"即后来的拓扑学。随后发表了重要论文《位置分析》（Analysissitus）和补充论文。庞加莱猜想就是他 1904 年在第五篇补充论文里提出的，其原话表述是："……事实上，我造出一个流形的例子，其所有贝蒂数及挠系数均等于 1。但它不是单连通的……于是就留下了一个问题有待解决：是否可能存在流形 V，其基本群可约化为恒等代换，但 V 不是单连通"。最后一句话就是"庞加莱猜想"（如图 15-3 所示）：单连通的三维闭流形同胚于三维球面。而广义庞加莱猜想：任何一个 $n-1$ 连通的 n 维闭流形，一定同胚于 n 维球面。

图 15-3　庞加莱猜想

庞加莱猜想源于拓扑学的发展，二维闭曲面分类的完成。拓扑学研究几何图形的连续性质，即在连续变形下保持不变的性质（允许拉伸、扭曲，但不能割断和黏合）。可分为组合拓扑学、点集拓扑学、代数拓扑学。其中庞加莱是代数拓扑学的创立者。

拓扑学由于克莱因（Christian Felix Klein，1849—1925 年）的工作更使研究图形的连续变换性质成为必要，19 世纪 50 年代，他就强调研究函数时位置分析的重要性，引进黎曼面的连通性概念并第一次给出了环面的例子。黎曼进而按曲面的连通性进行分类，并且认识到连通性是一个拓扑性质。一个世纪前，庞加莱已经知道二维球面本质上可以由连通性来刻画，因此提出了三维球面（四维空间中与原点有单位距离的点的全体）的对应问题，这个问题立即变得无比困难，吸引着世界无数数学家竞相钻研。

庞加莱猜想被列为七大数学世纪难题之一。2000 年 5 月 24 日，美国克莱数学研究所筛选出七大数学世纪难题，也就是所谓的"千禧年数学问题"，作为对 100 年前希尔伯特 23 个数学问题的响应，并为每道题悬赏 100 万美元求解。其中，黎曼假设：很多人攻关，但没看到希望；霍奇猜想：进展不大；杨 - 米尔斯理论：太难，几乎没人做；P 与 NP 问题：没

有进展；贝赫和斯维讷通 – 戴尔猜想：有希望破解；纳维叶 – 斯托克斯方程：离解决相差
甚远。

15.3　庞加莱猜想的证明

庞加莱猜想看似简单，但却是拓扑学中最困难的问题之一，对此证明的每步前进都曾引
起拓扑学的一次跃进。

15.3.1　望而却步

20 世纪 30 年代以前，庞加莱猜想的研究几乎没有成果。英国数学家怀特黑德（White-
head Alfred North，1861—1947 年）曾一度对此产生浓厚兴趣，虽然最终撤回论文，但塞翁
失马焉知非福，在求证过程中他发现了所谓的怀特黑德流形。

20 世纪 30 年代到 60 年代间，又有些数学家宣称自己证明了庞加莱猜想，主要的有：
宾（R. Bing）、哈肯（W. Haken）、莫伊泽（E. Moise）和帕帕奇拉克普罗斯（Papakyriako-
polos）。帕帕奇拉克普罗斯因证明"迪恩引理"（Dehns Lemma）而闻名于世，喜好舞文弄
墨的约翰·米尔诺（John Milnor）曾为此写下一段打油诗：

无情无义的迪恩引理，

每个拓扑学家的天敌，

直到帕帕奇拉克普罗，

居然证明得毫不费力。

然而这位聪明的希腊拓扑学家，却折在了庞加莱猜想上。

一次次的失败，使得庞加莱猜想成了数学家们望尘莫及的难题。但由于这一时期拓扑学
家的研究，发展出低维拓扑学这门学科。

15.3.2　柳暗花明

1961 年，约翰·米尔诺对庞加莱猜想的主猜想举出反例。他证明了对于低于三维的有
限单纯复行和不高于三维的流形，主猜想成立；但对于不低于五维的流形，主猜想不成立；
对于不低于四维的流形，主猜想仍是一个尚未解决的问题。因此他获得了 1962 年的菲尔
兹奖。

随后，斯梅尔（Steven Smale，1930—）开始着手解决高维庞加莱猜想。1961 年夏，在
基辅的非线性振动会议上，斯梅尔公布了庞加莱猜想五维和五维以上的证明，立即引起轰
动。因此他获得了 1966 年的菲尔兹奖。

1983 年，福里德曼（Freedman）又向前推进一步，在唐纳森（S. K. Donaldson，
1957—）工作的基础上，他证出了庞加莱猜想的四维情形，因此获得了 1986 年的菲尔兹奖。

20 世纪 90 年代，法国高等科学院的彼恩纳鲁（V. Poenaru）用拓扑学方法发表了研究
纲领，三步只剩最后一步没有解决。此时，用拓扑学方法研究三维庞加莱猜想已举步维艰，
数学家们开始找寻其他突破口。山边英彦（H. Yamabe）和安德森（M. T. Anderson）将其转
化为群论问题试图通过分析的方法去解决。丘成桐和美国哥伦比亚大学的约翰·摩根在对庞
加莱猜想研究后，也认为其证明需要拓扑学以外的工具。1970 年，丘成桐创立了几何分析方
法，用微分方程来考虑猜想。

15.3.3　僵局打破

1977 年，瑟斯顿（William Thurston，1946—）提出了"几何化猜想"（一个有关三维空间几何更强大、更普遍的猜想，认为任何空间可还原成少数几个基本图形）。数学家们都知道，自 19 世纪德国数学家黎曼的时代起，二维空间只有 3 种可能形状：像纸一样的平面、像球一样的封闭体和像马鞍或喇叭一样的反向均衡的曲面。而瑟斯顿猜测，8 种不同形状就可构成任何的三维空间。几何化猜想相当有用，轻而易举地将庞加莱猜想化为他的一个特例。瑟斯顿也因此获得了 1983 年的菲尔兹奖。

然而，庞加莱猜想依然没有得证。"就像费马大定理，当谷山志村猜想被证明后，尽管人们还看不到具体的前景，但所有的人心中都有数了。因为，一个可以解决问题的工具出现了。"清华大学数学系主任文志英说。

1982 年，哥伦比亚大学的理查德·汉密尔顿（Richard Hamilton，1943—）发表文章，提出用微分方程的方法来构造几何结构。汉密尔顿是美国数学家，比丘成桐大 6 岁。虽然在开玩笑时，丘成桐会戏谑地称这位有 30 多年交情、喜欢冲浪、旅游和交女朋友的老友"Playboy"，但提到他的数学成就，却只有称赞和惺惺相惜。丘成桐曾这样评价道"Hamilton 是整个庞加莱猜想证明过程中的主帅、领导人，他是一个伟大的数学家，是我所能看到的少数具有原创性的数学家之一"。在丘成桐的建议下，汉密尔顿开始用微分方程分解流形的方法来做庞加莱猜想和三维空间几何化问题。随后汉密尔顿创建了"Ricci 流"理论，（Ricci 流：一族黎曼度量 $g_{ij}(t)$ 满足这个方程 $dg_{ij}(t)/dt = -R_{ij}(t)$ 有助于解决几何化猜想），并提出用其作为破解庞加莱猜想的解析方法。"Ricci 流"这一思想来源于爱因斯坦的广义相对论和弦理论，是一组非线性抛物型偏微分方程组，其效果像热方程，可将黎曼度量的曲率在流形上均匀展开，以最终造出一个常曲率度量。在这一想法逐渐被国际数学界认同时，但汉密尔顿却遇到了难题：困难 1，控制奇点；困难 2，排除奇点（雪茄）的出现。而此时发现并控制即将到来的奇点；选择适当时刻进行预防性手术成为整个研究的关键。给定一个三维流形，按照汉密尔顿的 Ricci 流弯曲它，使之变为常曲率。一个凹凸不平的球面，便变换为光滑的球面，其麻烦是：流形可能被拉伸并形成奇异的形状。

15.3.4　最后决战

就在庞加莱猜想的研究陷入停滞时，远在俄罗斯的佩雷尔曼另辟蹊径，找到了解决办法。他是圣彼得堡斯捷克洛夫数学研究所的研究员，过去十几年一直致力于微分几何和代数拓扑的研究。在求证过程中，他给"Ricci 流"方程增添了新的一项，尽管这样并未消除奇点带来的麻烦，但却使佩雷尔曼把分析向前推进了一大步。对使用"Ricci 流"可能出现的"哑铃奇点"，他证明可以动"手术"，即把刚出现的收缩点每一侧的细管剪断，然后用球形帽把细管开口封住。这样，"Ricci 流"在手术改造后的流形上可以继续进行下去，当下一个收缩点出现时，又可如法炮制对它进行同样的"手术"（如图 15-4 所示）。

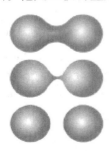

图 15-4　佩雷尔曼
的解决方案

用他的"手术"改造"Ricci 流"，图 15-4 中是一种演示：为了达到流形表面的常数曲率，像哑铃形状的泡分裂为两个球形。

此外，针对汉密尔顿的"Ricci 流"可能会产生"雪茄奇点"的问题，佩雷尔曼证明了"雪茄奇点"不可能出现。且任何三维流形都可简化成由若干部分组成的集合，每部分都具有均匀的几何形状。按照佩雷尔曼 的观点，把"Ricci 流"和手术运用于所有三维流形时，任何同三维球面同胚的流形最终必然变成与三维球面一样均匀的几何形状。这一结果意味着从拓扑角度看，该流形就是三维球面。而佩雷尔曼的结论到了这里，庞加莱猜想其实已经得证。就这样，2002 年 11 月至 2003 年 7 月间，佩雷尔曼将研究了 8 年的古老数学难题的 3 份关键论文发表在网站上，并电邮通知几位数学家声称证明了几何化猜想。

2005 年 8 月 15 日，《纽约时报》发表题为《捉摸不透的证明捉摸不透的证明人》的长篇论述文章，以佩雷尔曼为主线回顾了庞加莱猜想的证明过程；2005 年 9 月，《美国数学会会志》发表题为《不再猜想？正在形成之中的庞加莱猜想和几何化猜想的共识》的长篇文章，讲述了庞加莱猜想和几何化猜想的证明过程。在 2006 年数学家大会的首场报告中，汉密尔顿认为庞加莱猜想已被真正解决，随后摩根以"关于庞加莱猜想的报告"为题进行了专门演讲，因此佩雷尔曼获得了 2006 年的菲尔兹奖。

15.3.5　成功封顶

虽然佩雷尔曼勾勒出了庞加莱猜想的证明要领，但其整个论证过程尚存漏洞。2006 年 6 月 3 日，朱熹平和曹怀东的一篇长达 300 多页的论文以专刊形式刊载在美国《亚洲数学期刊》，补全了佩雷尔曼证明中的漏洞，给出了庞加莱猜想的完全证明，破解了国际数学界关注百余年的重大难题——庞加莱猜想。运用哈密尔顿、佩雷尔曼等的理论基础，朱熹平和曹怀东第一次成功处理了猜想中"奇异点"的难题，使庞加莱猜想的证明成功封顶。

15.4　中国数学家的努力

在庞加莱猜想求证的百年艰辛中，美国数学家汉密尔顿和俄罗斯数学家佩雷尔曼做出了杰出贡献，但中国数学家的努力和功绩不容忽视，并最终为庞加莱猜想成功"封顶"。

1966 年，美国数学家斯梅尔解决广义庞加莱猜想时用到了我国数学家吴文俊关于示嵌类的成果。1986 年英国数学家唐纳森证明四维流形存在怪异结构时用到了杨振宁－米尔斯的规范场理论，由此拉近了拓扑学和数学物理的联系，深刻影响了两者的发展。

20 世纪 80 年代，华裔数学家丘成桐在整个庞加莱猜想的证明过程中起到了不可替代的作用。首先，他认识到解决庞加莱猜想的几种不同方法，刚开始是拓扑学方法，即所谓的切割方法，但此法到 20 世纪 70 年代就很难再有新的进展。1972 年，丘成桐发展出用非线性微分方程来研究几何结构，并证明了卡拉比猜想和复几何上的庞加莱猜想。由此，他看到几何分析方法解决庞加莱猜想的潜力。1982 年，汉密尔顿发表文章提出不同于瑟斯顿的几何结构方法的微分方程构造几何结构。此时，丘成桐看出了其重要性，建议汉密尔顿用新方程分解流形的方法来做庞加莱猜想和三维空间几何化问题，同时，让自己的中国博士生曹怀东、施皖雄等也专攻于这个问题。

在庞加莱猜想证明中最重要的是如何处理奇异点，这是个几何分析的问题。在丘成桐的建议下，汉密尔顿将丘成桐和李伟光发现的一种处理微分方程的方法应用到研究中，最终得到重要结果。1995 年，丘成桐邀请汉密尔顿到中国讲学，并向我国数学界发出口号，朱熹平积极响应"全国向汉密尔顿学习，一定会有成就"的号召集中精力研究庞加莱猜想。之后，丘成桐每年都邀请朱熹平到香港中文大学工作、讨论和研究，在佩雷尔曼公布其研究成果时，朱熹平也有了部分结果。2003 年夏，丘成桐让朱熹平和曹怀东两人合作直到 2005 年最终证明了猜想。

2005 年夏，丘成桐邀请朱熹平到哈佛大学访问，其主要任务是向专家讲解证明论文。从此时起到 2006 年 3 月，朱熹平向丘成桐、哈佛大学数学系主任在内的五六位教授（其中有三位是美国科学院院士）每周讲解两次，历时 20 多个星期，累积 70 多个小时。随后，美国《亚洲数学期刊》六月号以专刊形式刊登了朱熹平和曹怀东长约 300 页的论文《庞加莱猜想及几何化猜想的完全证明：汉密尔顿－佩雷尔曼理论的应用》。

一百多年前，当庞加莱提出"庞加莱猜想"时，他肯定想不到这一"猜想"竟使全世界数学家困扰了一百多年；他更猜想不到，这颗闪耀在数学星空上最璀璨的寒星，竟被"骑自行车上月球"的中国青年数学家摘到了。

15.5　庞加莱猜想的现实意义

如果把庞加莱猜想比做长江、黄河，那么哥德巴赫猜想只能算是一条比较小但却很美丽的河。

庞加莱猜想对人类生存的重要性可以这样理解。三维空间是人类生存于其中、最重要也是最难以研究的空间，任何事情都发生在三维空间的背景下（暂且抛开弦论专家关于在可见三维空间之外还存在若干微小维度的猜想），自伽利略、开普勒时代以来，物理学最大的成就就是通过诸如流形之类的各种数学工具描述现实世界。地球、宇宙都是三维空间，因此对三维空间的拓扑和几何结构的了解是门伟大的科学。庞加莱猜想恰巧就是这门科学中的一个重要问题。

哥德巴赫猜想为什么会比庞加莱猜想更为重要？到目前为止，哥德巴赫猜想仍是一个比较孤立的问题，而庞加莱猜想则是影响人类对空间、几何学了解的大问题。因为，数学主要研究三个方面：一是数字的研究，如 1、2、3、4、5 等；二是拓扑学和几何学，如我们学的平面几何、立体几何，或数学家们研究的更为高深的几何；三是函数，即方程的变化。庞加莱猜想是第二领域里最重要的问题，解决时用到了函数和方程，也就是用第三领域的方法去解决第二领域的问题。所以，猜想的证明对于几何和函数的发展有深远影响。

《纽约时报》文章中摩根说，激动人心的并不是问题的最终证明，因为每个人都感觉它是正确的，激动人心的是证明所用的方法"发明了数学中两个不相关领域之间深刻的联系"。

此外，庞加莱猜想还将对物理学和工程学产生深远影响。比如，物理学研究液体，工程上研究深海工程，都会遇到三维空间的控制问题。普遍认为这一方法对物理学和工程学都是一个重要贡献。

15.6　庞加莱猜想的学术影响

15.6.1　中国人为此而骄傲

Ricci 流理论之父、被丘成桐誉为"庞加莱猜想证明过程主帅"的汉密尔顿教授发表评说"中国数学家爆破庞加莱猜想，中国人为此而骄傲"。他指出，中国数学家在庞加莱猜想的整个证明过程中做出了非常重要的贡献。陈省身、丘成桐建立了了不起的微分几何中国学派。20 世纪 90 年代后，丘成桐培养了出色的学生。朱熹平和曹怀东在佩雷尔曼与前人工作的基础上，漂亮的临门一脚成功封顶"庞加莱猜想"。他很高兴这两位 Ricci 流领域里的杰出学者引进了自己的新思想，使得证明更易理解，包括完备流形上解的唯一性，这是基于朱熹平和陈兵龙关于孤立子扩张的工作。汉密尔顿表示，所有中国人都应该为中国数学家在微分几何领域取得的成就和对庞加莱猜想的证明感到骄傲。

15.6.2　中国人可以在数学研究上做得相当好

杨乐评价道："如果按百分比划分，那美国数学家汉密尔顿的贡献在 50% 以上，提出解决要领的俄罗斯数学家佩雷尔曼的贡献在 25% 左右。中国科学家的贡献，包括丘成桐、朱熹平、曹怀东等，在 30% 左右。在这样一个世纪性、世界性的重大难题中，中国人能发挥三成的作用，绝非易事，是很大的贡献。"

同时，他还指出："搞基础研究，一定要耐得住寂寞，绝不能急于求成，争名夺利；搞重大基础研究，需要放眼长远，同时要持之以恒。华罗庚先生说过中国人可以在数学研究上做得相当好，希望先生的这句话在不远的将来变成美好的现实。"

15.6.3　只要肯花时间搞研究，一定能做出成绩

自陈景润论证出哥德巴赫猜想（1 + 2）后，中国数学界就再没有什么重大成果，但庞加莱猜想的最终成功封顶无疑是具有划时代意义的。丘成桐指出："40 年来，中国数学家不走新的路不学新方法，跟华罗庚先生当年的风气相差甚远。改革开放以后，中国数学界不能自力更生，完全走的是功利路线。研究数学需要的是大脑，而不是无关紧要的硬件；要耐得住寂寞，而不能太重视金钱、地位、荣誉等虚的东西。中国年轻的数学家很有前途，只要肯花时间搞研究，而不去追逐名利就一定能做出成绩。"

他建议，对于年轻有为的科学家，各级政府不要给他们太多的行政工作，重视他们的最好办法就是为他们排除各种干扰，尽可能提供好的条件，让他们安下心来搞研究。

庞加莱猜想的完全证明，对物理界和数学界有很大影响，在三维空间问题，以致今后迈入的宇宙四维空间、其他空间科学像黑洞等都有指导性意义。他跨越拓扑学、几何学和微分方程等数学领域的三个学科，重要性和难度是相当高的；他的证明凝结了中国五六个科学家的贡献，是人类在三维空间研究角度解决的第一个难题，也是属于代数拓扑学中带有基本意义的命题，将有助于人类更好地研究三维空间，其带来的结果将会加深人们对流形性质的认识，对物理学和工程学都将产生深远的影响，甚至会对人们用数学语言描述宇宙空间产生影响。

思　考　题

1. 庞加莱猜想的攻克经历了哪些阶段？
2. 佩雷尔曼解决庞加莱猜想的主要思路是什么？
3. 试说明庞加莱猜想的意义。
4. 简述瑟斯顿的"几何化猜想"？

5. 如何理解 Hausdorff 测度及其维数?

6. 从庞加莱猜想中受到哪些启示。

下讲学习内容提示

主要内容：半群代数理论发展、有关半群理论的概念。

阅 读 材 料

1. Ress, D. On semi-group. Proceeding of the Cambridge of Philosophical Society 37: 434-435.

2. Clifford, A. H. Semigroups admitting relative inverses. Annals of Mathematics 42 (2): 1037-1049.

3. Dubreil, P. Contribution à la théorie des demi-groupes. Mémoire de l' Acadeémie des Sciences de l' Institut de France, 63(2):52.

4. Preston, G. B. Personal reminiscences of the early history of semigroups. In Monash Conference on Semigroup Theory, Melbourne, 1990, 16-30, River Edge, NJ: World Science.

5. Howie, J.. M. Semigroups, past, present and future. In: Proceedings of the International Conference on algebra and its Applications, pp. 6-20.

6. Howie, J.. M. Semigroups, past, present and future. In: Proceedings of the International Conference on algebra and its Applications, pp. 6-20.

第 16 讲　半群代数理论

主要解决问题：

  （1）半群代数理论的发展。
  （2）半群理论的意义。
  （3）半群中的格林关系。
  （4）中国数学家对半群代数理论的贡献。

  半群（Semigroup）是具有一种二元运算且此运算满足结合律的代数结构。幺半群是具有单位元的半群。如自然数集 N 分别对其加法和乘法运算做成半群，又如非空集合到自身的所有映射对于映射的合成做成一个半群，称为变换半群。用代数的方法研究半群而形成的理论体系，称为半群代数理论。

  半群代数理论从它的基本对象、核心概念、主要课题的提出到它的行之有效的方法的建立，都是在数学内部（如它的算子理论、拓扑学，概率论等学科结合相互渗透）和外部（特别是计算机科学）的强烈推动下进行的，至今已展开系统研究近 60 年，特别是近几十年新兴学科如形式语言与自动机理论、码论等交叉发展的需要，使得半群理论的发展非常迅速。它与"群论"的关系类似于"环论"与"域论"的关系（在 Mathematical Reviews 的 Subject Classification 里，"半群（20M10）"归于"群论（20）"是历史的惯性所致），是一个有着宽广的理论背景和美好的应用前景的基础学科，其研究在国际上方兴未艾。

16.1　半群的早期发展简史

  半群代数理论的研究始于 1904 年，把从 1904 年到今天的半群代数理论的历史清楚地呈现给大家是件困难的事情。为此对半群的早期发展历史仅考察到 1941 年，这是基于以下事实：

  20 世纪 40 年代早期，出现了三篇（里斯（Rees）1940 年，克利福德（Clifford）1941 年，迪布雷伊（Dubreil）1941 年）对半群代数理论的发展非常有影响的论文。

  1904 年半群概念产生以后，有四种不同的半群定义，从 1940 年始半群的定义才固定下来沿用今天用的定义形式（主要受里斯和克利福德的影响）。

  直到 1941 年，大部分半群代数理论的结果是群或环论结果的类比，然而，克利福德给出了第一个独立的半群代数理论定理。

  半群的早期发展历史考察到 20 世纪 40 年代早期，有一个实际的原因是 20 世纪 40 年代发表的半群代数论文呈爆炸式的增长，开启了半群代数理论研究的新时代。因此半群的早期发展历史盘点到 40 年代早期是比较合适的。

  半群概念是于 1904 年推广有限群到无限情形的结果时为不是群的某系命名而产生的，

早期的半群概念与今天用的半群概念是有差异的。第一个"真正"半群理论出现于 20 世纪 20 年代俄罗斯数学家萨斯奇科维特斯奇（Suschkewitsch）的有关研究工作中。他证明了大量的今天认为是想当然的半群理论中的结果，如他（1926 年）证明了每个半群都可嵌入一个完全变换幺半群中去——类似于群中的凯莱定理，1937 年出版了广义群理论的书。尽管如此，受当时条件的限制，其成果不被西方的学者所知晓，不少结果又被西方学者重复研究。

20 世纪 30 年代，半群代数理论的研究开始起飞，尽管一些研究结果还未摆脱群论和环论的影响，但当时的研究正向去掉公理的群和从环中去掉加法运算方向发展。经过近十年的发展，半群理论的发展达到了一个高峰，以三篇非常有影响的论文：里斯（1940 年）、克里福德（1941 年）、迪布雷伊（1941 年）为标志。其中里斯的论文给出了一个重要的结构定理，即所谓的 Rees 定理，此结果是环中韦德本 – 阿廷定理的类比，推广了萨斯奇科维特斯奇 1928 年的结果。克里福德在 1941 年发表的论文给出的结果不再有群或环中的结果的影子，因此被作为半群代数理论独立发展的一个标志。

20 世纪 40 年代，半群代数理论得到了长足的发展，大量的半群代数理论论文涌现。当然半群代数理论还未完全形成，代数专家雅各布森（1951 年）在其编著的《抽象代数讲义》中的前言曾写道：

"尽管半群概念在许多方面是有用的，但半群理论相对来说是新的，肯定地不能认为其达到了成熟的阶段。"

至 20 世纪 50 年代，三个重要概念：格林关系、正则半群、逆半群被引入，至今还是半群学者所关注和感兴趣的课题。50 年代的半群代数理论开始腾飞，被作为半群代数理论形成独立的学科分支的一个标志。由于受当时通信条件的限制，许多结果在东西方被重复研究。最典型的例子就是逆半群，其由前苏联的瓦格纳（1952 年，1953 年）、英国的普雷斯顿（1954 年）分别引入研究。但由于记号和术语的不统一，使得新成果的应用和传播带来诸多不便。犹如普雷斯顿对 50 年代半群代数理论的评论：

"实际上没有两个作者使用的定义和术语是一致的，虽然两篇论文是不同的，但区分两篇论文的结果细微的差别是非常困难的。你要引用一定理虽然两篇论文陈述的结果是一致的，但需要重新学习，由于定义的差异使得相关定理的应用不可能"。

至 20 世纪 60 年代，出版了大量半群理论的著作。自从萨斯奇科维特斯奇广义群理论的书籍出版以来，第一本半群理论书是前苏联作者利亚平（Lyapin）1960 年编著的《半群》，其英文版本于 1963 年出版发行。1961 年，克利福德和普雷斯顿编著的《半群代数理论》（第一卷本）出版发行，1967 年，此书的第二卷本出版。由克利福德和普雷斯顿编写的《半群代数理论》二卷本是影响深远的一本书，其重要的一点是书中统一了半群的有关记号和术语。

上述半群理论著作的出版，为后来半群理论的发展打下了坚实的基础，此后，半群代数理论进入了繁荣时期。1970 年，半群论坛（Semigroup Forum）杂志诞生，这对半群理论的发展起到了一个极大地推动作用。

16.2　半群中的格林关系

格林关系是 1951 年由格林引入的，格林关系在正则半群的研究中起到了重要的作用。

　　格林关系的定义是借助于给定的半群的主理想引入的，半群 S 的子半群 I 称为 S 的左理想，如果对任意 $i \in I, s \in S$，有 $si \in I$。类似地，可定义 S 的右理想。如果 I 既是左理想又是右理想，则称 I 是双边理想，简称理想。给定 $a \in S$，$S^1 a = \{sa, s \in S^1\}$，称为由 a 生成的主左理想，类似地，$aS^1 = \{as, s \in S^1\}$ 称为由 a 生成的主右理想，$S^1 a S^1 = \{sat, s, t \in S^1\}$ 称为由 a 生成的理想，其中 $S^1 = S$，若 S 是幺半群，否则 $S^1 = S \cup \{1\}$。

　　对任意 $a, b \in S$，格林 R－关系定义如下：$aRb \Leftrightarrow aS^1 = bS^1$，即由 a、b 分别生成的主右理想是相等的。类似地，可以通过主左理想和主理想分别定义 L 和 J－关系。格林 H－关系被定义为 $L \cap R$，而格林 D－关系被定义为 $L \vee R$，即包含 L 和 R 的最小等价关系。

　　格林关系引入对半群结构的研究，特别是在正则半群的研究中起到了重要的作用。半群专家豪伊（Howie）2002 年在他的一篇论文中曾写道：

　　"……半群，人们几乎要问的首要的问题是：其上的格林关系是什么？"

　　1951 年，格林在引入格林关系的同一篇论文中引入了正则半群的概念：半群 S 称为是正则的，如果对每一个 $a \in S$，都存在 $x \in S$ 使得 $axa = a$。

　　对各类正则半群的研究已取得了丰硕的成果，其中首要的是 1941 年克里福德提出的完全正则半群，有关完全正则半群的成果主要集中佩特里奇（Petrich）和雷利（Relly）于 1999 年合著的《完全正则半群》的一书中；在另一重要的正则半群类是逆半群，其由瓦格纳于 1952 年和普雷斯顿于 1954 年分别提出的。瓦格纳称这类半群为广义群，普雷斯顿称为逆半群。事实上，逆半群是幂等元可交换的正则半群。对逆半群的研究形成了现代半群理论研究的主要方向，有关逆半群的主要成果主要集中在佩特里奇（Petrich，1984 年）写的《逆半群》一书中。目前，完全正则半群和逆半群是研究的较为透彻的两类正则半群。

　　随着半群理论的发展，数学家开始把正则半群的研究向各个方向进行推广，其中之一就是通过对格林关系的各种推广而进行的。1979 年，方丹（Fountain）提出了一类特殊的富足半群－适当半群，它是逆半群在富足半群类中的推广。因为在推广的过程中，保留了幂等元的可交换性，减弱了正则性条件，引进了格林 $*$－关系，提出了 rpp 半群，富足半群，超富足半群等各类广义正则半群的概念，使正则半群的研究推广到了更广泛的领域。从此，引发了人们对富足半群的研究。

　　令 S 为一半群，$aL^*b, a, b \in S$，当且仅当关于任意 $x, y \in S^1, ax = ay \Leftrightarrow bx = by$。对偶地，可定义 R^*－关系。L^*、R^*－关系都是等价关系。半群 S 为富足的，是指 S 的每一个 L^*－类和每一个 R^*－类均含有幂等元。特别地，如果 S 的幂等元集形成一个半格，那么称 S 为适当半群。在适当半群中，每一个 L^*－类和每一个 R^*－类中含有唯一的幂等元。显然，正则半群为富足半群；逆半群为适当半群。

　　目前，富足半群及其子类半群的研究，吸引了国内外众多学者的极大关注。方丹，劳森（Lawson），郭聿琦，岑嘉评，任学明，郭小江等国内外许多学者纷纷对富足半群的子类进行了进一步的研究，取得了诸多的研究成果。

　　1997 年，唐向东在他的一篇论文中引入了 L^{**}－关系，给出了 wrpp 半群的定义，它是以 rpp 半群为真子类的广义正则半群，从而推广了富足半群。并在这篇论文中研究了 C-wrpp 半群的结构。所谓 C-wrpp 半群是指半群的每一个 L^{**}－类中均含有幂等元，且幂等元在中心。由于 L^{**}－格林关系的定义比 $*$－格林关系的定义在可操作性和可计算性上难度和复杂性增加，使富足半群中的许多性质不能平移到 wrpp 半群上。2003 年杜兰研究了左 C-wrpp 半群，给出了左 C-wrpp 半群的 curler 结构。从此，对各种 wrpp 半群的结构的研究引起了半群学者的兴趣。目前对这类半群的研究才刚刚起步，还有进一步研究的空间。

除所述两种典型的格林关系的推广外，还有其他形式的推广，这里不再赘述。

16.3 半群的同余

半群的同余方法是研究半群的最有效方法之一，是研究半群的主要手段和工具，在半群代数理论中占有非常重要的地位。半群专家豪伊曾指出："一类半群的结构刻画是否令人满意的标准是看该结构能否给出这类半群上的同余的一个简明刻画。"另外，半群的代数结构的确定，某种程度上又依赖于同余的刻画。因而，关于半群同余的研究一直是半群代数理论研究中最重要，最活跃的课题之一。

半群代数理论研究中的同余方法平行于环论研究中的理想方法，就一类半群的结构理论的建立而言，弄清这类半群上的同余已经成为弄清这类半群的代数结构的一个重要标志。对同余的有效处理为研究正则半群的结构提供了一个很重要的途径。对正则半群上的同余的研究的一个有效的方法是核迹方法。这种方法把对正则半群 S 上的同余 ρ 的研究分为核和迹两部分。设 S 是正则半群，我们记 S 的幂等元集为 $E(S)$。对 S 上的任一同余 ρ

$$Ker\rho = \{a \in S | \exists e \in E(S), e\rho a\}, tr\rho = \rho|_{E(S)}$$

分别是 ρ 的核和迹。这种方法之所以有效，一是因为 ρ 由它的核和迹唯一确定，二是由于对核和迹的研究比对 ρ 的直接研究相对简单。

瓦格纳（1952 年）研究了逆半群上的同余主要由它的幂等元等价类唯一确定，普雷斯顿于 1954 年给出了核正规系的概念，并利用核正规系刻画了逆半群上的同余，这些结果对于研究半群上的同余起到了重要的作用。

斯奇布利奇（Scheiblich，1984 年）在核正规系方法的基础上，提出了逆半群上同余的核与迹的概念，并用同余的核与迹刻画了同余。佩特里奇在发展了 1984 年斯奇布利奇的方法，抽象的建立了逆半群上同余的同余对概念，证明了逆半群上的每一个同余都由它的同余对唯一确定，并给出了逆半群上同余对的一种刻画。

费根鲍姆（Feigenbaum）于 1979 年得到了正则半群上的每一个同余都由它的核与迹所唯一确定，并且给出了它们的确定关系的准确描述。对于正则半群上的同余，1982 年，拉托雷（Latorre）抽象地刻画了 trp，并且描述了所有与 trp 匹配的核。1986 年，帕斯廷（Pastijn）与佩特里奇研究了正则半群的核与迹，主要建立了正则半群的同余对的概念，并利用同余对的方法得到了同余的抽象描述。由于一般正则半群的复杂性，利用同余对方法研究其同余的表示，与逆半群相比，要复杂的多。为了得到准确有效的表示，对于建立在特殊结构基础上的不同类型的完全正则半群，采用了不同的研究法。

佩特里奇 1987 年利用同余组的方法，给出了具有强半格的正则单半群上的同余表示。后来，戈梅斯（Gomes，1988 年）发展了核 - 迹方法，提出了核 - 超迹方法，并刻画了正则半群上的逆半群同余，1987 年，米尔斯（Mills）刻画了纯正半群上的矩阵的同余。对非正则半群的同余，特别是富足半群，由于在富足半群上的同余未必保持格林 ∗ - 关系，这样给此类半群上的同余研究带来很大的困难，目前对非正则半群的同余研究远非正则半群的同余研究成熟和丰富。

总体上，目前研究半群代数理论的方法或是从半群的内部构件如理想、同余及特殊元素等出发研究半群的结构与特征，或是从半群的外部环境如同余格、子半群、格、等出发研究半群的内部特征来研究半群。

16.4　半群代数理论名家

由于半群代数理论史的研究文献很少及相关半群代数理论学者的资料难以得到，受其限制，这里仅介绍几位以飨读者。

16.4.1　克利福德

克利福德 1908 年 7 月出生于美国密苏里·圣路易斯，然而他是在加利福尼亚长大的。1929 年于克利福德耶鲁大学毕业，同年，进入加利福尼亚技术研究所师从 E. T. Bell 和 Morgan Ward 学习。1932 年在 Bell 的指导下写了第一篇论文 "*A system arising from a weakened set of group postulates*"。并于次年在《数学年报》（*Annals of Mathematics*）发表。1933 年，克利福德完成博士论文《*Arithmetic of Ova*》，并获得博士学位。在他的博士论文中，研究了抽象乘法的运算与理想理论。后来，他把博士论文的结果进行了推广，于 1934 年和 1938 年发表了两篇论文。克利福德博士毕业后到了普林斯顿高等研究所工作，在哪儿工作了五年，1936—1938 年期间担任韦尔（著名群论专家）的助教。当时韦尔正在写一本书《典型群》，克利福德做了不少工作，韦尔在这本书的前言曾写道：

"如果说至少避免了最严重的表达的错误，那么这一成就的取得应归功于我的助手克利福德，甚至比这更有价值的是他在数学方面的修正。"

韦尔对克利福德的影响可以从克利福德 1937 年发表的 "*Representations induced in an invariant subgroup*" 论文中容易看出。1938 年，克利福德成为麻省理工学院的一名教师，1941 年晋升为助理教授。罗德（Rhodes，1996 年）曾写道：

"到麻省理工任助理教授不久，克里福德写了一篇在半群界同行称为第一篇独立的半群理论的论文——容许相对逆半群 – 群并半群。这是一篇影响深远的论文，其证明了 S 是群并半群当且仅当是完全单半群的半格。"

1942 年，第二次世界大战爆发，克里福德应征入伍，服了四年的兵役后，他到了约翰霍普金斯大学聘为副教授，然而好景不长，1950 年朝鲜战争爆发，克里福德又被要求服兵役两年，1952 年他又回到了到了约翰霍普金斯大学，也就在那时，他读了格林引入格林关系的论文，这篇论文对克里福德产生了巨大而又深远的影响，1953 年，发表了对格林论文深入思考的论文——一类 D – 单半群。1955 年离开约翰霍普金斯大学到了新奥尔良杜兰大学索菲纽科姆学院，任数学系主任。1956—1958 年克里福德与普雷斯顿合作完成了半群代数理论两卷本的草稿，1961 年第一卷本出版，1967 年第二卷本出版。半群代数理论两卷本的出版对半群代数理论的发展产生了巨大的影响，米勒曾评价：

"在涉及的领域，其表达是清楚的、涉及的知识是广泛而又深刻的，此书已经必将继续对半群理论的发展产生深远的影响"。

1974 年，在庆祝克利福德 65 岁生日时，普雷斯顿总结其贡献时这样写道：

"他在群理论和半群理论方面发表了一些重要的成果，这些成果中的许多结果，特别对半群理论而言，是基本的、重要的，他创造了好多对半群理论发展非常有用的技巧和方法"。

退休后，克利福德离开了新奥尔良，回到了加利福尼亚，1992 年 12 月患中风病，不久就去世了。

16.4.2　岑嘉评

岑嘉评是中国香港有名的数学家，曾任香港中文大学数学系行政主任、香港数学会会长，并多次出任东南亚数学会会长。此外，他还曾出任国际数学联盟国际数学奥林匹克执委，1994 年参与组织在中国香港举办的第 35 届国际数学奥林匹克竞赛。自 1986 年起，又出任中国香港高等院校教职员会联会主席，在中国香港学界颇有威信。

岑嘉评祖籍在广东省顺德县，童年在广州度过，1950 年开始在澳门念高小及初中，1955 年随父母迁居中国香港。1962 年，他取得香港浸会学院（现香港浸会大学）数理文凭及工专（现香港理工大学）电机工程高级文凭。之后，他又进入罗富国教育学院读特别一年制，取得教育文凭。1963—1965 年期间，他又取得香港工专的冷凝学文凭、工作研究文凭及英国城市工联会的直流电动机及交流电动机文凭。其后，他在筲箕湾工业中学任数学教员。在中学任教两年多后，岑嘉评赴英国里兹大学攻读并获得硕士学位，后在加拿大亚尔伯特大学跟随胡章成教授学习代数拓扑，1971 年取得了拓扑半群方面的博士学位，当年被聘请到香港中文大学崇基学院担任讲师。在香港中文大学，岑嘉评教授历任崇基学院数学系主任、数学系系务会主席，后来又获选为香港数学会多届会长、东南亚数学会会长及出任中文大学教师协会会长。

在数学研究方面，岑嘉评主要的研究方向是半群理论、群论、环论及泛代数。近年来，他在模糊代数方面也有研究。岑嘉评与国际上不少有名的数学家合作，先后发表文章 200 余篇。除了与郭聿琦教授等合作，在半群的代数结构上发表了一系列重要的文章外，他还与许永华教授合作，在环论方面发表了许多精彩的文章。在环论上，有 XST 环，就是以许永华、岑嘉评（Shum）及 Turner-Smith 三人的姓氏命名的。

除了发表研究论文外，岑教授还编辑会议论文集，编写数学教科书，参与组织多个有影响力的大型国际会议，如亚洲数学家大会、国家代数与组合数学家大会、2002 年国家数学家会议的代数卫星会议等，还访问了全球各地的数学会并发表演讲。值得一提的是，1994 年，岑嘉评教授在中国香港组织了第 35 届国际数学奥林匹克竞赛，之后，在他的大力推动下，亚洲许多国家和地区也纷纷参加国际数学奥林匹克竞赛。不少人都说，岑教授不但是中国香港的数学大使，也是中国数学家的大使，促进了中国数学界与国际数学界的学术交流与合作。

为推动亚洲地区的数学研究，岑嘉评教授参加了不少国际期刊的编辑工作，出任《东南亚数学学报》的主编、《代数集刊》的副主编，最近又创办了《欧亚数学期刊》，并任主编。他也是匈牙利、美国、意大利、印度、伊朗、日本、泰国、越南、韩国、中国台湾等国家和地区多本数学学报的编委，为推动亚洲及国际数学研究工作的发展做出了贡献。

2003 年，他荣获香港特区政府颁发的嘉许奖状，以表彰他对中国香港高等教育界的服务。面对这些成就和荣誉，岑嘉评很谦虚，他说我不是一位出色的数学家，不过既然选择了数学为职业，只能敬业乐业，努力工作，把工作做好。

目前，岑嘉评是中文大学理学院研究讲座教授，仍孜孜不倦，每天工作至深夜，继续写研究论文及编写学报。岑嘉评以教书育人为人生之乐，曾赋诗一首：

高山植树渐成荫，劲木舟成逐上游。

他日扬帆济沧海，顶风踏浪立中流。

希望其学生做人处事可以"顶风踏浪立中流"，为社会为国家做出自己的贡献。他也深信，21 世纪的中国必将成为数学大国和科研强国。

16.4.3　郭聿琦

郭聿琦，1940 年 4 月出生于青岛。现为西南大学数学研究所所长，西南大学数学与统计学院教授，中山大学兼职教授（1988 年起），美国"Math. Revs."评论员（1988 年起），国际数学刊物 SEABM 的编委（1995 年起）。

郭聿琦 1964 年 7 月毕业于复旦大学数学系，曾先后在兰州大学数学系、云南大学数学系、西南师大数学系任教。曾任兰大数学系系主任，甘肃省数学会理事长，云大数学系系主任，云南大学理学院院长，全国数学会理事。自 1978 年（1986 年）起培养硕士生（博士生），至今已培养出硕士 27 名（博士 22 名），其中宋光天、李方和刘仲奎已分别成为中国科技大学，浙江大学和北京师范大学的博士生导师。1991 年享受国务院特殊津贴，同年被国家人事部和国家教委授予"有突出贡献的回国留学人员"。1984 年以来，先后多次赴加拿大、日本、俄罗斯、英国、澳大利亚，出任客座教授或进行学术访问，1987 年以来每年赴香港中文大学学术访问 1～2 个月，1995 年以来接受美国，印度和中国台湾地区访问学者 20 人。

郭聿琦主要从事"半群代数理论"和"符号动力学（组合半群）"的研究。主持过国家自然科学基金项目 6 项。在《中国科学》、《科学通报》、《数学学报》、《半群论坛》、《代数和计算国际杂志》、《代数通讯》、《泛代数》等国内外重要学术刊物上共发表论文 60 余篇，被 SCI 检索 30 余篇，被海外二半群专著引用 9 篇。

16.5　国内从事半群代数理论研究的学者

兰州大学：罗彦峰；

华南师范大学：李勇华、汪立民；

江南大学：孔祥智；

江西师范大学：郭小江；

曲阜师范大学：郑恒武；

山东师范大学：许新斋、李刚；

西安建筑科技大学：任学明；

西北大学：赵宪忠（博士生导师）；

西北师范大学：刘仲奎（兼北京师范大学博士生导师）；

西南大学：郭聿琦（博士生导师）、刘国新、王正攀；

云南大学：张荣华，等。

其中兰州大学，华南师范大学，西北大学具有博士点。

思　考　题

1. 何谓半群？研究半群有何意义？

2. 群和半群有何联系？

3. 半群代数理论独立发展的标志是什么？

4. 如何理解半群中的格林关系？

5. 为什么说半群的同余方法是研究半群的最有效方法之一？

6. 简述正则半群的主要研究方向。

7. 简述中国数学家对半群理论的研究。

8. 举例说明一些半群的应用。

9. 通过一学期的学习，你对数学史课程有何新的认识。

10. 您对数学史课程的教学有何建议。

11. 浅析数学史和数学文化的关系。

12. 数学史课程与素质教育的关系如何？

附录 1 数学史小论文参考题目

1. 十进制计数和非十进制计数比较。
2. 数的概念的发展与人类认识能力提高的关系。
3. 比较四大文明古国解方程的方法，探讨其对数学发展的启迪作用。
4. 二进制计数的产生及其应用。
5. 欧几里得《几何原本》对数学发展的意义。
6. 欧几里得《几何原本》的公理化思想与希尔伯特公理化思想的比较。
7. 丢番图的《算术》和费马大定理。
8. 斐波那契数列和黄金分割。
9. 如何看待卡尔达诺的数学贡献。
10. 伽罗瓦的群论思想。
11. 从赵爽到祖氏父子时期中国数学理论发展的原因。
12. 《孙子算经》中的主要数学成就。
13. 试论隋唐时期数学的特点。
14. 中国数学早期传入日本、朝鲜的经过。
15. 《数书九章》的数学成就。
16. 中国古代数论问题不涉及素数概念，你对此有何看法？
17. 朱世杰的四元术及其影响。
18. 《数理精蕴》中的贡献。
19. 明安图的割圆连比例法。
20. 《四库全书》编纂成功对古代数学的发展有哪些积极意义？
21. 李善兰在中国近代数学史上的地位。
22. 中国近代数学落后于西方的主要原因是什么？
23. 从数学发展看中西数学的主要差别。
24. 古希腊数学对现代数学的深刻影响。
25. 第一次危机的实质和意义。
26. 阿基米德的方法与现代的微积分有什么异同点？
27. 印度数学发展的特点及其对世界数学的影响。
28. 比较印度数学同中国传统数学的相似处、平行处。
29. 阿拉伯数学的主要成就及其在数学发展史上的地位。
30. 中世纪欧洲的学术发展为什么有一个长久的黑暗期？
31. 解析几何产生的原因。解析几何的核心思想是什么？为什么说单有坐标的概念及代数用于几何的实践并不能产生解析几何？
32. 费马积分法与现代定积分概念的异同点。
33. 怎样理解恩格斯说的"微积分是由牛顿、莱布尼茨大体完成的，而不是由他们发明的"这句话？

34. 牛顿和莱布尼茨在创立微积分的主要功绩是什么？弱点是什么？

35. 试从惠更斯关于期望的定义导出古典概型的概率定义？

36. 伯努利大数定理及其他极限定理在概率论中的地位和作用。

37. 从费马到欧拉、拉格朗日，在数论研究精神上所经历的变化和发展。

38. 傅里叶级数的重要意义。

39. 复变函数基本理论的建立。

40. 勒贝格积分的意义。

附录 2　数学史课程试题

《数学史》试题（A）

一、填空题（每空 1 分，共 30 分）

1. _____的广泛使用是古代埃及数学的一个重要特色；_____纸草书中给出了平截头方锥的体积公式_____。

2. 意大利人_____是最早试图采用几何方法进行绘画的艺术家；阿尔伯蒂的_____是早期透视学的代表作；射影几何的先驱则推_____和_____。

3. 牛顿最成熟的微积分著述是_____，其中提出了所谓_____法，是现代_____方法的先导。

4. 1714 年 R. 柯茨得到关系式_____，这一公式后又被欧拉写进_____一书中。欧拉在该书中将函数做了明确的定义，并区分了_____函数和_____函数、_____函数和_____函数等。

5. 四元数是历史上第一次构造的_____数系；独立于四元数的三维向量分析是由数学物理学家_____和_____创立的；高斯的_____研究为独立的矩阵理论提供了重要刺激。

6. 布尔巴基学派将_____结构和_____结构与_____结构合称为"母结构"。

7. 1834 年英国工程师拉塞尔发现_____现象，1895 年数学家柯特维格与法国数学家_____给出了描述这一现象的非线性数学模型。

8. 费马大定理为_____，1994 年英国数学家_____给出其圆满证明。

9. 1986 年 G. 法尔廷斯因证明_____获得菲尔兹奖。

10. 第一位获得博士学位的中国数学家是_____；我国自己培养的第一位数学研究生是_____。

二、名词解释（每题 3 分，共 15 分）

1. 代数基本定理；
2. 变分法；
3. 兰伯特四边形；
4. 群；
5. 哥尼斯堡七桥问题。

三、简答题（每题 10 分，共 40 分）

1. 自 17 世纪起，"函数"概念经历了怎样的变革？
2. 数学家们对于哪些微积分问题的讨论导致了 19 世纪后半叶的"分析算术化运动"？
3. 伽罗瓦解决高于四次的代数方程根式可解性问题的主要思路是什么？
4. 什么是罗素悖论？它在现代数学史上有何意义和影响？

四、论述题（15 分）

举出 4 项你认为最重要的 20 世纪数学成果，说明选择它们的理由。

《数学史》试题（B）

一、填空题（每空 1 分，共 30 分）

1. 古希腊毕达哥拉斯学派的基本信条是_____；芝诺是_____学派的代表人物；穷竭法的始祖是_____，而成熟的穷竭法则主要归功于_____；梅内劳斯的_____是球面三角的开山之作。

2. 18 世纪微积分严格化的尝试中，最重要的有_____的极限途径、欧拉的_____及拉格朗日的_____；19 世纪分析严格化的先声来自捷克学者_____；而分析达到今天具有的严密形式则本质上归功于_____的贡献。

3. 偏微分方程发端于达朗贝尔的_____研究；1787 年拉普拉斯首先给出了位势方程的直角坐标形式_____。

4. 1882 年德国人_____证明了 π 的超越性，从而确立了_____的不可能性。

5. 地图四色定理最先由英国青年大学生_____提出，1976 年被两位美国数学家哈肯和_____解决，他们采用了德国数学家_____的算法。

6. 1933 年柯尔莫洛夫的经典著作_____确立了概率论的公理化；1986 年 G. 法尔廷斯因证明_____获得菲尔兹奖；1985 年德国数学家 G. 弗雷建立了_____猜想与_____之间的深刻联系。

7. 布尔巴基学派将_____结构和_____结构与_____结构合称为"母结构"。

8. _____观点和_____方法在 20 世纪逐渐成为数学抽象的范式，它们相互结合，将数学的发展引向了高度抽象的道路。这方面的发展，导致了 20 世纪上半叶_____、_____、_____和_____具有标志性的四大抽象分支的崛起。

二、名词解释（每题 3 分，共 15 分）

1. 测地线问题；
2. 形式主义学派；
3. 代数结构；
4. 高斯；
5. 兰伯特四边形。

三、简答题（每题 10 分，共 40 分）

1. 希尔伯特的公理化方法与欧几里得的公理化体系有何不同？
2. 四元数的发现对现代数学的发展有什么重要意义？
3. 19 世纪复变函数理论建立和发展的过程中，有哪些主要的途径？
4. 康托尔在数学上的重大贡献是什么？对 20 世纪数学的发展有何影响？

四、论述题（15 分）

请阐述 20 世纪数学应用的重大事例（不少于 4 项），并据以分析现代应用数学发展的主要特点及趋势。

《数学史》试题（C）

一、填空题（每空 1 分，共 30 分）

1. 古希腊数学家毕达哥拉斯生于_____岛，其学派的基本信条是_____；芝诺是_____学派的代表人物；究竭法的始祖是_____，而究竭法的成熟主要归功于_____。

2. 在现存的中国古代算经中，_____是最早的一部，其中以文字形式记述了_____；_____是中国古典数学最重要的著作。

3. 古代印度数学的发展可划分为三个时期，即_____时期、_____时期和_____时期；对第五公设问题进行研究的阿拉伯学者主要有_____和_____。

4. 意大利人_____是第一个认真研究透视法并在绘画艺术中运用几何方法的艺术家，阿尔贝蒂的_____则是早期数学透视法的代表作。从数学上解答透视法产生的问题而成为射影几何先驱的是_____。

5. 18 世纪微积分严格化的尝试中，最重要的有_____的极限途径；欧拉的_____及拉格朗日的_____。

6. 1844 年法国数学家刘维尔证明了形如_____的数都是超越数；1873 年_____证明了 e 的超越性，1882 年德国人林德曼证明了_____的超越性，从而确立了_____问题的尺规作图的不可能性。

7. 地图四色定理最先由_____提出，1976 年，由美国数学家_____和阿佩尔解决，他们采用了_____方法。

8. _____和_____是泛函分析的两个重要来源。

9. 现代公理化方法的奠基人是_____，他在 1899 年发表的_____中提出了第一个完备的公理系统。

二、简答题（每题 10 分，共 60 分）

1. 举出 3 本你认为重要的数学著作，简要说明你的选择理由。

2. 古希腊数学家丢番图有何重要贡献？

3. 中国古代的数学家是如何解决球的体积计算问题的？

4. 什么是"罗素悖论"？它在现代数学史上有何意义和影响？

5. 康托尔在数学上的重大贡献是什么？对 20 世纪数学的发展有何影响？

6. 19 世纪复变函数理论建立和发展的过程中，有哪些主要的途径？

三、论述题（10 分）

结合本课程的学习，谈谈学习数学史的意义，并举例说明在教学中的应用。

《数学史》试题（A）答案

一、填空题

1. 单位分数　莫斯科　$v = \dfrac{h}{3}(a^2 + ab + b^2)$

2. 布努雷契　《论绘画》　德沙格　帕斯卡

3. 《曲线求积术》　首末比　极限

4. $i\varphi = \log_e(\cos\varphi + i\sin\varphi)$　《无穷小分析引论》　显　隐　单值　多值

5. 不满足乘法交换律　亥维赛　吉布斯　二次型

6. 代数　拓扑　序

7. 孤立波　弗里斯

8. $x^n + y^n = z^n, n > 2$ 时无整数解　维尔斯

9. 莫代尔猜想

10. 胡明复　陈省身

二、名词解释

1. 代数基本定理

1659 年，荷兰数学家吉拉德在《代数新发现》中给出代数基本定理：对于 n 次多项式方程，如把不可能的（复数）根考虑在内，并包括重根，则应有 n 个根。

2. 变分法

变分法的主要研究内容是：求变量

$$J(y) = \int_{x_1}^{x_2} f(y, y', x)\,\mathrm{d}x$$

的极大或极小值，这个变量（积分）与通常函数有本质区别，即它的值依赖于未知函数而不是未知实数。即如把 $J(y)$ 看做"函数"，则可说它是"函数的函数"。

3. 兰伯特四边形

兰伯特四边形是三直角四边形，在 1766 年《平行线理论》中，兰伯特假设第四个角是直角、钝角和锐角。由于钝角假设导致矛盾，他很快就放弃了，但他并不认为锐角假设导出的结论是矛盾的，且认识到一组假设如不引起矛盾，就提供了一种可能的几何。

4. 群

到 19 世纪 80 年代，关于各种不同类型的群的研究形成了抽象群的概念。所谓群满足性质：

（1）封闭性　集合中任意两个元素的乘积仍属于该集合；（2）结合性　对于集合中任意三元素满足结合律；（3）存在单位元 I，使对该集合中任意元素 a，有 $I \cdot a = a \cdot I = a$；（4）对该集合中任意元素 a，存在唯一的逆元素 a^{-1}，使得 $a \cdot a^{-1} = a^{-1} \cdot a = I$。

5. 哥尼斯堡七桥问题

拓扑学思想的萌芽可追溯到欧拉的哥尼斯堡七桥问题。在 18 世纪，哥尼斯堡有一条河叫勒格尔河，河有两条支流，将整个城市分割成四块，为了交通方便建了七座桥作连接。有人提出问题：能否一次走遍所有的七座桥，而每座桥只通过一次。欧拉用一笔画方法解决了这个问题。

三、简答题

1. 自 17 世纪起，"函数"概念经历了怎样的变革？

要点：（1）牛顿和莱布尼茨给出函数雏形；（2）约翰、欧拉给出函数概念；（3）超越函数的引入；（4）集合观点下的函数。

2. 数学家们对于哪些微积分问题的讨论导致了 19 世纪后半叶的"分析算术化运动"？

要点：（1）魏尔斯特拉斯的"分析严格化"；（2）实数理论的研究；（3）集合论的诞生。

3. 伽罗瓦解决高于四次的代数方程根式可解性问题的主要思路是什么？

要点：（1）方程的所有根作为一个整体考察，并研究其排列或"置换"；（2）在置换群中考虑"方程的群"；（3）"方程的群"满足一定条件则方程有根式解。

4. 什么是罗素悖论？它在现代数学史上有何意义和影响？

某理发师广告词为："本人的理发技艺十分高超，誉满全城。我将为本城所有不给自己刮脸的人刮脸，我也只给这些人刮脸。"这位理发师能否给他自己刮脸呢？如果他不给自己刮脸，他就属于"不给自己刮脸的人"，他就要给自己刮脸，而如果他给自己刮脸呢？他又属于"给自己刮脸的人"，他就不该给自己刮脸。如果把每个人看成一个集合，这个集合的元素被定义成这个人刮脸的对象。那么，理发师宣称，他的元素，都是村里不属于自身的那些集合，并且村里所有不属于自身的集合都属于他。那么他是否属于他自己？

罗素悖论提出后，数学家纷纷提出自己的解决方案，希望能够通过对康托尔的集合论进行改造，通过对集合定义加以限制来排除悖论，这就需要建立新的原则。"这些原则必须足够狭窄，以保证排除一切矛盾；另外，又必须充分广阔，使康托尔集合论中一切有价值的内容得以保存下来。"1908 年，策梅罗在自己这一原则基础上提出第一个公理化集合论体系，后来这一公理化集合系统很大程度上弥补了康托尔朴素集合论的缺陷。除 ZF 系统外，集合论的公理系统还有多种，如冯·诺伊曼等人提出的 NBG 系统等。公理化集合系统的建立，成功排除了集合论中出现的悖论，从而比较圆满地解决了第三次数学危机。但在另一方面，罗素悖论对数学而言有着更为深刻的影响。它使得数学基础问题第一次以最迫切的需要的姿态摆到数学家面前，导致了数学家对数学基础的研究。而这方面的进一步发展又极其深刻地影响了整个数学。如围绕着数学基础之争，形成了现代数学史上著名的三大数学流派，而各派的工作又都促进了数学的大发展等。

四、论述题

举出 4 项你认为最重要的 20 世纪数学成果，说明选择它们的理由。

要点：（1）概率论的公理化；（2）歌德尔不完全定理；（3）高斯－博内公式的推广；（4）米诺尔怪球；（5）四色问题；（6）分形与混沌；（7）有限单群分类；（8）费马大定理的证明；（9）庞加莱猜想的证明；（10）歌德巴赫猜想的证明。

《数学史》试题（B）答案

一、填空题

1. 万物皆数　伊利亚　安提丰　阿基米德　《球面学》

2. 达朗贝尔　无穷小理论　用泰勒级数定义导数　波尔察诺　魏尔斯特拉斯

3. 《张紧的弦振动时形成的曲线研究》　　$\dfrac{\partial^2 v}{\partial x^2}+\dfrac{\partial^2 v}{\partial y^2}+\dfrac{\partial^2 v}{\partial z^2}=0$

4. 林德曼　尺规化圆为方

5. 古德里　阿佩尔　希斯

6. 《概率论基础》　莫代尔猜想　谷山－志村　费马大定理

7. 代数　拓扑　序

8. 集合论　公理化　实变函数　泛函分析　拓扑学　抽象代数

二、名词解释

1. 测地线问题

测地线是指求曲面上两点间的最短距离。该问题和最速降线问题、等周问题的解决标志着变分法的诞生。

2. 形式主义学派

其代表人物是希尔伯特，该学派纲领的要旨是：将数学彻底形式化为一个系统。在这个系统中，人们必须通过逻辑的方法来进行数学语句的公式表述，并用形式的程序表示推理：确定一个公式——确定这公式蕴涵着另一个公式——在确定第二个公式，以此类推，数学证明便由这样一条公式链构成。

3. 代数结构

代数结构是由集合及集合元素之间的一个或几个二元合成运算组成。其关键是：（1）集合的元素是抽象的，不事先赋予具体含义；（2）运算是通过公理化来规定。

4. 高斯

数学王子高斯对数学做出了卓越的贡献：证明了代数基本定理，发展了数论理论，发明了内蕴几何理论，发现了正态曲线，推广了微分方程理论等。

5. 兰伯特四边形

兰伯特四边形是三直角四边形，在 1766 年《平行线理论》中，兰伯特假设第四个角是直角、钝角和锐角。由于钝角假设导致矛盾，他很快就放弃了，但他并不认为锐角假设导出的结论是矛盾的，且认识到一组假设如不引起矛盾，就提供了一种可能的几何。

三、简答题

1. 希尔伯特的公理化方法与欧几里得的公理化体系有何不同？

要点：（1）欧几里得几何对所讨论的几何对象都给以描述性定义，而希尔伯特发现点、线、面的具体定义本身在数学上并不重要，因此希尔伯特的公理化体系虽也是从"点、线、面"这些术语开始，但它们都是纯粹抽象的对象，没有特定的具体内容；（2）希尔伯特考察了各公理间的相互关系，明确提出了公理系统的基本逻辑要求，即相容性、独立性和完备性；（3）欧几里得公理系统是不完备的，有些定理不独立；（4）希尔伯特的公理化方法不仅使几何学具备了严密的逻辑基础，而且逐步渗透到数学的其他领域，成为组织、综合数学知识并推动具体数学研究的有力工具。

2. 四元数的发现对现代数学的发展有什么重要意义？

四元数由爱尔兰数学家哈密顿于 1843 年 10 月 16 日发现，这是历史上第一次构造的不满足乘法交换律的数系。虽四元数本身无广泛的应用，但它对于代数学的发展来说是革命性，从此数学家们可以更加自由地构造新的数系，通过减弱、放弃或替换普通代数中的不同定律和公理，为众多代数系的研究开辟了道路。

3. 19 世纪复变函数理论建立和发展的过程中，有哪些主要的途径？

要点：（1）柯西的《关于积分限为虚数的定积分的报告》，建立了柯西积分定理；（2）黎曼的《单复变函数一般理论基础》以导数的存在性作为复变函数概念的基础，该文不仅包含了现代复变函数论主要部分的萌芽，而且开启了拓扑学的系统研究，革新了代数几何，并为黎曼的微分几何研究铺平了道路；（3）魏尔斯特拉斯用幂级数定义函数在一点领域内的解析性，并演绎出整个解析函数论。

4. 康托尔在数学上的重大贡献是什么？对 20 世纪数学的发展有何影响？

康托尔在数学上的重大贡献就是发展了一般点集理论，形成了集合论理论。康托尔关于实数不可数的发现，为建立超穷集合论迈出真正有意义的一步，所建立的超穷基数和超穷叙数理论，展现了无穷也具有无穷多的"层次"，并不存在最大的无穷。康托尔的有关理论发展成为著名的连续统假设和广义连续统假设，对分析的严格化起到了很大的推动作用。

四、论述题

请阐述 20 世纪数学应用的重大事例（不少于 4 项），并据以分析现代应用数学发展的主要特点及趋势。

要点：（1）应用：相对论，量子力学，超弦理论，CT 扫描仪，经济均衡价格，（2）特点和趋势：数学的应用突破了传统的范围而向人类几乎所有的知识领域渗透；纯粹数学几乎所有的分支都获得了应用，其中最抽象的一些分支也参与了渗透；现代数学对生产技术的应用变得越来越直接；现代数学在向外渗透的过程中，产生了一些相对独立的应用学科。

《数学史》试题（C）答案

一、填空题

1. 萨摩斯　万物皆数　伊利亚　安提丰　阿基米德
2. 《周髀算经》　勾股定理　《九章算术》
3. 达罗毗荼人　吠陀　悉檀多　奥马·海亚姆　纳西尔·丁
4. 布努雷契　《论绘画》　德沙格
5. 达朗贝尔　无穷小理论　用泰勒级数定义导数
6. $\dfrac{a_1}{10} + \dfrac{a_2}{10^{2!}} + \dfrac{a_3}{10^{3!}} + \cdots, (a_1, a_2, a_3, \cdots$ 为从 $0 \sim 9$ 的任意整数)　埃尔米特　π　画圆为方
7. 古德里　哈肯　希斯
8. 变分法　积分方程理论
9. 希尔伯特　《几何基础》

二、问答题

1. 举出 3 本你认为重要的数学著作，简要说明你的选择理由。

欧几里得的《原本》　《九章算术》　花拉子米的《代数学》　韦达的《分析引论》笛卡儿的《方法论》

2. 古希腊数学家丢番图有何重要贡献？

（1）第一个对不定方程做广泛、深入的研究；（2）创用了一套缩写符号。

3. 中国古代的数学家是如何解决球的体积计算问题的？

（1）出入相补原理；（2）祖氏原理：幂势既同，则积不容异。

4. 第一次数学危机是如何产生的？如何得以解决？并由此阐述数学危机对数学发展的推动力。

答案要点：

（1）毕达哥拉斯学派的基本信条是"万物皆数"，但这里的"数"指的是有理数。

（2）无理数的发现，引起了第一次数学危机。

（3）欧多克斯通过给出比例即两个比相等的定义从而巧妙地解决了毕达哥拉斯体系的问题。

（4）第一次数学危机推动了数学及其相关学科的发展。

（5）魏尔斯特拉斯、戴德金和康托尔的实数理论圆满解决了第一次数学危机。

5. 康托尔在数学上的重大贡献是什么？对 20 世纪数学的发展有何影响？

康托尔在数学上的重大贡献就是发展了一般点集理论，形成了集合论理论。康托尔关于实数不可数的发现，为建立超穷集合论迈出真正有意义的一步，所建立的超穷基数和超穷叙数理论，展现了无穷也具有无穷多的"层次"，并不存在最大的无穷。康托尔的有关理论发展成为著名的连续统假设和广义连续统假设，对分析的严格化起到了很大的推动作用。

6. 19 世纪复变函数理论建立和发展的过程中，有哪些主要的途径？

要点：（1）柯西的《关于积分限为虚数的定积分的报告》，建立了柯西积分定理；（2）黎曼的《单复变函数一般理论基础》以导数的存在性作为复变函数概念的基础，该文不仅包含了现代复变函数论主要部分的萌芽，而且开启了拓扑学的系统研究，革新了代数几何，并为黎曼的微分几何研究铺平了道路；（3）魏尔斯特拉斯用幂级数定义函数在一点领域内的解析性，并演绎出整个解析函数论。

三、论述题

结合本课程的学习，谈谈学习数学史的意义，并举例说明在教学中的应用。

（1）学习数学史的意义：数学是积累性很强的学科；数学分支越来越多；了解数学创造的真正过程；不了解数学史就不可能全面了解数学科学。

（2）在教学中的应用。

附录3 数学科学发展大事记

公元前 3000 年前，埃及使用象形数字。

公元前 2500 年前，中国已有"圆、方、平、直"等形的概念。

公元前 2100 年左右，美索不达米亚人已有了乘法表，其中使用六十进位制。

公元前 2000 年左右，古埃及已有基于十进制的计数法、将乘法简化为加法的算术、分数计算法。并已有三角形及圆的面积、正方角锥体、锥台体积的度量法等。

中国殷代甲骨文卜辞记录已有十进制计数，最大数字是三万。

公元前约 1950 年，巴比伦人能解二个变数的一次和二次方程，已知"勾股定理"。

公元前六世纪，发展了初等几何学（古希腊　泰勒斯）。

古希腊毕达哥拉斯学派认为数是万物的本原，宇宙的组织是数及其关系的和谐体系。证明了勾股定理，发现了无理数，引起了所谓第一次数学危机。

印度人求出 $\sqrt{2} = 1.414\,215\,6$。

公元前 462 年左右，意大利的埃利亚学派指出了在运动和变化中的各种矛盾，提出了飞矢不动等有关时间、空间和数的芝诺悖理（古希腊　巴门尼德、芝诺等）。

公元前五世纪，研究了以直线及圆弧形所围成的平面图形的面积，指出相似弓形的面积与其弦的平方成正比（古希腊丘斯的希波克拉底）。

公元前四世纪，把比例论推广到不可通约量上，发现了"穷竭法"（古希腊　欧多克斯）；古希腊德谟克利特学派用"原子法"计算面积和体积，一个线段、一个面积或一个体积被设想为由很多不可分的"原子"所组成。

建立了亚里士多德学派，对数学、动物学等进行了综合的研究（古希腊　亚里士多德等）。

公元前四世纪末，提出圆锥曲线，得到了三次方程式的最古老的解法（古希腊　密内凯莫）。

公元前三世纪，《几何学原本》十三卷发表，成为古希腊数学的代表作（古希腊　欧几里得）；研究了曲线图和曲面体所围成的面积、体积。

研究了抛物面、双曲面、椭圆面；讨论了圆柱、圆锥半球之关系；研究了螺线（古希腊　阿基米德）；筹算是当时中国的主要计算方法。

公元前三至前二世纪，发表了八本《圆锥曲线学》，是一部最早的关于椭圆、抛物线和双曲线的论著（古希腊　阿波罗尼）。

约公元前一世纪，中国的《周髀算经》发表。其中阐述了"盖天说"和四分历法，使用分数算法和开方法等。

发现中国古代有象征吉祥的河图洛书纵横图，即为"九宫算"这被认为是现代组合数学最古老的发现。

50～100 年继西汉张苍、耿寿昌删补校订之后，东汉时纂编成《九章算术》，是中国古老的数学专著。

一世纪左右，发表《球学》，其中包括球的几何学，并附有球面三角形的讨论（古希腊 梅内劳）。

写出关于几何学、计算的和力学科目的百科全书。其中的《度量论》以几何形式推算出三角形面积的"希隆公式"（古希腊　希隆）。

100 年左右，古希腊的尼寇马克写了《算术引论》一书，此后算术开始成为独立学科。

150 年左右，求出 $\pi = 3.141\,66$，提出透视投影法与球面上经纬度的讨论，这是古代坐标的示例（古希腊　托勒密）。

三世纪，写成代数著作《算术》共十三卷，其中六卷保留至今，解出了许多定和不定方程式（古希腊　丢番都）。

三世纪至四世纪魏晋时期，《勾股圆方图注》中列出关于直角三角形三边之间关系的命题共 21 条（中国　赵爽）。

发明"割圆术"，得 $\pi = 3.1416$（中国 刘徽）。三世纪至四世纪魏晋时期，《海岛算经》中论述了有关测量和计算海岛的距离、高度的方法（中国　刘徽）。

四世纪，几何学著作《数学集成》问世，是研究古希腊数学的手册（古希腊 帕普斯）。

五世纪，算出了 π 的近似值到七位小数，比西方早一千多年（中国　祖冲之）。

著书研究数学和天文学，其中讨论了一次不定方程式的解法、度量术和三角学等（印度 阿耶波多）。

六世纪中国六朝时，提出祖氏定律：若二立体等高处的截面积相等，则二者体积相等。西方直到十七世纪才发现同一定律，称为卡瓦列利原理（中国　祖暅）。

隋代《皇极历法》内，已用"内插法"来计算日、月的正确位置（中国　刘焯）。

七世纪，研究了定方程和不定方程、四边形、圆周率、梯形和序列。给出了 $ax + by = c$（a，b，c，是整数）的第一个一般解（印度 婆罗摩笈多）；唐代的《缉古算经》中，解决了大规模土方工程中提出的三次方程求正根的问题（中国　王孝通）。

唐代有《"十部算经"注释》。

727 年，唐开元年间的《大衍历》中，建立了不等距的内插公式（中国　僧一行）。

九世纪，发表《印度计数算法》，使西欧熟悉了十进位制（阿拉伯　阿尔·花剌子模）。

1086—1093 年，宋朝的《梦溪笔谈》中提出"隙积术"和"会圆术"，开始高阶等差级数的研究（中国　沈括）。

十一世纪，第一次解出 $x^{2n} + ax^n = b$ 型方程的根（阿拉伯阿尔·卡尔希）；完成了一部系统研究三次方程的书《代数学》（阿拉伯　卡牙姆）。

解决了"海赛姆"问题，即要在圆的平面上两点作两条线相交于圆周上一点，并与在该点的法线成等角（埃及　阿尔·海赛姆）。

十一世纪中叶，宋朝的《黄帝九章算术细草》中，创造了开任意高次幂的"增乘开方法"，列出二项式定理系数表，这是现代"组合数学"的早期发现。

十二世纪，《立剌瓦提》一书是东方算术和计算方面的重要著作（印度　拜斯迦罗）。

1202 年，发表《计算之书》，把印度－阿拉伯计数法介绍到西方（意大利　费婆拿契）。

1220 年，发表《几何学实习》一书，介绍了许多阿拉伯资料中没有的示例（意大利 费婆拿契）。

1247 年，宋朝的《数书九章》共十八卷，推广了"增乘开方法"。书中提出的联立一次同余式的解法，比西方早五百七十余年（中国　秦九韶）。

1248 年，宋朝的《测圆海镜》十二卷，是第一部系统论述"天元术"的著作（中国　李治）。

1261 年，宋朝发表《详解九章算法》，用"垛积术"求出几类高阶等差级数之和（中国　杨辉）。

1274 年，宋朝发表《乘除通变本末》，叙述"九归"捷法，介绍了筹算乘除的各种运算法（中国　杨辉）。

1280 年，元朝《授时历》用招差法编制日月的方位表（中国　王恂、郭守敬等）。

十四世纪中叶前，中国开始应用珠算盘。

1303 年，元朝发表《四元玉鉴》三卷，把"天元术"推广为"四元术"（中国　朱世杰）。

1464 年，在《论各种三角形》（1533 年出版）中，系统地总结了三角学（德国　约·米勒）。

1494 年，发表《算术集成》，反映了当时所知道的关于算术、代数和三角学的知识（意大利　帕奇欧里）。

1545 年，卡尔达诺在《大法》中发表了非尔洛求三次方程的一般代数解的公式（意大利　卡尔达诺、菲尔洛）。

1550—1572 年，出版《代数学》，其中引入了虚数，完全解决了三次方程的代数解问题（意大利　邦别利）。

1591 年左右，在《美妙的代数》中出现了用字母表示数字系数的一般符号，推进了代数问题的一般讨论（德国　韦达）。

1596—1613 年，完成了六个三角函数的间隔 10 秒的十五位小数表（德国　奥脱、皮提斯库斯）。

1614 年，制定了对数（英国　耐普尔）。

1615 年，发表《酒桶的立体几何学》，研究了圆锥曲线旋转体的体积（德国　刻卜勒）。

1635 年，发表《不可分连续量的几何学》，书中避免无穷小量，用不可分量制定了一种简单形式的微积分（意大利　卡瓦列利）。

1637 年，法国笛卡儿出版《几何学》，制定了解析几何，把变量引进数学，成为"数学中的转折点"。

1638 年，费马开始用微分法求极大、极小问题。

1638 年，伽利略发表《关于两种新科学的数学证明的论说》，研究距离、速度和加速度之间的关系，提出无穷集合概念。

1639 年，德沙格发行《企图研究圆锥和平面的相交所发生的事的草案》，是近世射影几何学的早期工作。

1641 年，发现关于圆锥内接六边形的"帕斯卡定理"。1649 年，制成帕斯卡计算器，它是近代计算机的先驱。

1654 年，概率论诞生。

1655 年，沃利斯出版《无穷算术》一书，第一次把代数学扩展到分析学。

1657 年，惠更斯发表关于概率论的早期论文《论机会游戏的演算》。

1658 年，帕斯卡出版《摆线通论》，对"摆线"进行了充分的研究。

1669 年，发明解非线性方程的牛顿－雷夫逊方法（英国 牛顿、雷夫逊）。

1670 年，提出"费马大定理"。

1673 年，惠更斯发表《摆动的时钟》，其中研究了平面曲线的渐屈线和渐伸线。

1684 年，莱布尼茨发表关于微分法的著作《关于极大极小以及切线的新方法》。

1686 年，莱布尼茨发表了关于积分法的著作。

1691 年，约翰·伯努利出版《微分学初步》，促进了微积分在物理学和力学上的应用及研究。

1696 年，发明求不定式极限的"洛比达法则"（法国 洛比达）。

1697 年，解决了一些变分问题，发现最速下降线和测地线（瑞士 约翰·伯努利）。

1704 年，牛顿发表《三次曲线枚举》、《利用无穷级数求曲线的面积和长度》、《流数法》。

1711 年，牛顿发表《使用级数、流数等等的分析》。

1713 年，出版概率论的第一本著作《猜度术》（瑞士 雅各布·伯努利）。

1715 年，发表《增量方法及其他》（英国 泰勒）。

1731 年，出版《关于双重曲率的曲线的研究》是研究空间解析几何和微分几何的最初尝试（法国 克莱洛）。

1733 年，发现正态概率曲线（英国 棣莫弗）。

1734 年，伯克莱发表《分析学者》，副标题是《致不信神的数学家》，攻击牛顿的《流数法》，引起所谓第二次数学危机。

1736 年，牛顿发表《流数法和无穷级数》。

欧拉出版《力学、或解析地叙述运动的理论》，是用分析方法发展牛顿的质点动力学的第一本著作。

1742 年，引进了函数的幂级数展开法（英国 麦克劳林）。

1744 年，欧拉导出了变分法的欧勒方程，发现某些极小曲面。

1747 年，达朗贝尔由弦振动的研究而开创偏微分方程论。

1748 年，欧拉出版了系统研究分析数学的《无穷分析概要》。

1755—1774 年，欧拉出版《微分学》和《积分学》三卷。

1760—1761 年，拉格朗日系统地研究了变分法及其在力学上的应用。

1767 年，拉格朗日发现分离代数方程实根的方法和求其近似值的方法。

1770—1771 年，拉格朗日把置换群用于代数方程式求解，这是群论的开始。

1772 年，拉格朗日给出三体问题最初的特解。

1788 年，拉格朗日出版《解析力学》，把新发展的解析法应用于质点、刚体力学。

1794 年，流传很广的初等几何学课本《几何学概要》（法国 勒让德尔）。

1794 年，从测量误差，提出最小二乘法，于 1809 年发表（德国 高斯）。

1797 年，拉格朗日发表《解析函数论》不用极限的概念而用代数方法建立微分学。

1799 年，蒙日创立画法几何学，在工程技术中应用颇多（法国）。

高斯证明了代数学基本定理：实系数代数方程必有根。

1801 年，高斯出版《算术研究》，开创近代数论。

1809 年，蒙日出版微分几何学的第一本书《分析在几何学上的应用》。

1812 年，拉普拉斯出版《分析概率论》。

1816 年，高斯发现非欧几何，但未发表。

1821 年，柯西《分析教程》出版，用极限严格地定义了函数的连续、导数和积分，研究了无穷级数的收敛性等。

1822 年，系统研究几何图形在投影变换下的不变性质，建立了射影几何学（法国　庞色列）。

傅里叶研究热传导问题，发明用傅里叶级数求解偏微分方程的边值问题，在理论和应用上都有重大影响。

1824 年，证明用根式求解五次方程的不可能性（挪威　阿贝尔）。

1825 年，柯西发明关于复变函数的柯西积分定理，并用来求物理数学上常用的一些定积分值。

1826 年，发现连续函数级数之和并非连续函数（挪威阿贝尔）。

改变欧几里得几何学中的平行公理，提出非欧几何学的理论（俄国　罗巴切夫斯基，匈牙利　波约）。

1827—1829 年，确立了椭圆积分与椭圆函数的理论，在物理、力学中都有应用（德国雅可比，挪威　阿贝尔，法国　勒让德）。

1827 年，高斯建立微分几何中关于曲面的系统理论。

出版《重心演算》，第一次引进齐次坐标（德国　梅比武斯）。

1830 年，给出一个连续而没有导数的所谓"病态"函数的例子（捷克　波尔查诺）。

在代数方程可否用根式求解的研究中建立群论（法国　伽罗瓦）。

1831 年，发现解析函数的幂级数收敛定理（法国　柯西）。

高斯建立了复数的代数学，用平面上的点来表示复数，破除了复数的神秘性。

1835 年，提出确定代数方程式实根位置的方法（法国　斯特姆）。

1836 年，柯西证明解析系数微分方程式解的存在性。

证明具有已知周长的一切封闭曲线中包围最大面积的图形必定是圆（瑞士　施坦纳）。

1837 年，第一次给出了三角级数的一个收敛性定理（德国　狄利克莱）。

1840 年，把解析函数用于数论，并且引入了"狄利克雷"级数（德国　狄利克雷）。

1841 年，建立了行列式的系统理论（德国　雅可比）。

1844 年，研究多个变元的代数系，首次提出多维空间的概念（德国　格拉斯曼）。

1846 年，提出求实对称矩阵特征值问题的雅可比方法（德国　雅可比）。

1847 年，创立了布尔代数，对后来的电子计算机设计有重要应用（英国　布尔）。

1848 年，研究各种数域中的因子分解问题，引进了理想数（德国　库莫尔）。

发现函数极限的一个重要概念——一致收敛，但未能严格表述（英国　斯托克斯）。

1850 年，黎曼给出了"黎曼积分"的定义，提出函数可积的概念。

1851 年，黎曼提出共形映照的原理，在力学、工程技术中应用颇多，但未给出证明。

1854 年，黎曼建立更广泛的一类非欧几何学——黎曼几何学，并提出多维拓扑流形的概念。

切比雪夫开始建立函数逼近论，利用初等函数来逼近复杂的函数。

1856 年，魏尔斯特拉斯建立极限理论中的 $\varepsilon-\delta$ 方法，确立了一致收敛性的概念。

1857 年，黎曼详细地讨论了黎曼面，把多值函数看成黎曼面上的单值函数。

1868 年，在解析几何中引进一些新的概念，提出可以用直线、平面等作为基本的空间元素（德国　普吕克）。

1870 年，发现李群，并用以讨论微分方程的求积问题（挪威　李）。

给出了群论的公理结构，是后来研究抽象群的出发点（德国　克朗尼格）。

1872 年，数学分析的"算术化"，即以有理数的集合来定义实数（德国　戴特金、康托尔、魏尔斯特拉斯）。

发表了"爱尔朗根计划"，把每一种几何学都看成是一种特殊变换群的不变量论（德国　克莱茵）。

1873 年，证明了 π 是超越数（法国　埃尔米特）。

1876 年，《解析函数论》发行，把复变函数论建立在幂级数的基础上（德国　魏尔斯特拉斯）。

1881—1884 年，制定了向量分析（美国　吉布斯）。

1881—1886 年，庞加莱连续发表《微分方程所确定的积分曲线》的论文，开创微分方程定性理论。

1882 年，证明了 e 是超越数（德国　林德曼）。

制定运算微积，是求解某些微分方程的一种简便方法，工程上常有应用（英国　亥维赛）。

1883 年，康托尔建立集合论，发展了超穷基数的理论。

1884 年，《数论的基础》出版，是数理逻辑中量词理论的发端（德国　弗莱格）。

1887—1896 年，达布出版四卷《曲面的一般理论的讲义》，总结了一个世纪来关于曲线和曲面的微分几何学的成就。

1892 年，李雅普诺夫建立运动稳定性理论，是微分方程定性理论的重要方面。

1892—1899 年，庞加莱创立自守函数论。

1895 年，庞加莱提出同调的概念，开创代数拓扑学。

1899 年，希尔伯特《几何学基础》出版，提出欧几里得几何学的严格的公理系统，对数学的公理化思潮有很大影响。

1900 年，德国数学家希尔伯特，提出数学尚未解决的 23 个问题，引起了 20 世纪许多数学家的关注。

1901 年，希尔伯特严格证明了狄利克雷原理，开创了变分学的直接方法，在工程技术的级拴问题中有很多应用。

德国数学家舒尔、弗洛伯纽斯，首先提出群的表示理论。此后，各种群的表示理论得到大量研究。

意大利数学家里齐、齐维塔，基本上完成张量分析，又名绝对微分学。确立了研究黎曼几何和相对论的分析工具。

法国数学家勒贝格，提出勒贝格测度和勒贝格积分，推广了长度、面积积分的概念。

1903 年，罗素发现集合悖论，引发第三次数学危机。

瑞典数学家弗列特荷姆，建立线性积分方程的基本理论，是解决数学、物理问题的数学工具，并为建立泛函分析做出了准备。

1906 年，意大利数学家赛维里，总结了古典代数几何学的研究。

法国数学家弗勒锡、匈牙利数学家里斯，把由函数组成的无限集合作为研究对象，引入函数空间的概念，并开始形成希尔伯特空间。这是泛函分析的发源。

德国数学家哈尔托格斯，开始系统研究多个自变量的复变函数理论。

俄国数学家马尔可夫，首次提出"马尔可夫链"的数学模型。

1907 年，德国数学家寇贝，证明复变函数论的一个基本原理——黎曼共形映照定理。

美籍荷兰数学家布劳威尔，反对在数学中使用排中律，提出直观主义数学。

1908 年，德国数学家金弗里斯，建立点集拓扑学。

德国数学家策梅罗，提出集合论的公理化系统。

1909 年，德国数学家希尔伯特，解决了数论中著名的华林问题。

1910 年，德国数学家施坦尼茨，总结了 19 世纪末 20 世纪初的各种代数系统，如群、代数、域等的研究，开创了现代抽象代数。

美籍荷兰数学家路·布劳威尔，发现不动点原理，后来又发现了维数定理、单纯形逼近法、使代数拓扑成为系统理论。

英国数学家背·罗素、卡·施瓦兹西德，出版《数学原理》三卷，企图把数学归纳到形式逻辑中去，是现代逻辑主义的代表著作。

1913 年，法国的亨·嘉当和德国的韦耳完成了半单纯李代数有限维表示理论，奠定了李群表示理论的基础。这在量子力学和基本粒子理论中有重要应用。

德国的韦耳研究黎曼面，初步产生了复流形的概念。

1914 年，德国的豪斯道夫提出拓扑空间的公理系统，为一般拓扑学建立了基础。

1915 年，瑞士美籍德国人爱因斯坦和德国的卡·施瓦茨西德把黎曼几何用于广义相对论，解出球对称的场方程，从而可以计算水星近日点的移动等问题。

1918 年，英国的哈台、立笃武特应用复变函数论方法来研究数论，建立解析数论。

丹麦的爱尔兰为改进自动电话交换台的设计，提出排队论的数学理论。

希尔伯特空间理论的形成（匈牙利　里斯）。

1919 年，德国的亨赛尔建立 P-adic 数论，这在代数数论和代数几何中有重要作用。

1922 年，希尔伯特提出数学要彻底形式化的主张，创立数学基础中的形式主义体系和证明论。

1923 年，法国的亨·嘉当提出一般联络的微分几何学，将克莱因和黎曼的几何学观点统一起来，是纤维丛概念的发端。

法国的阿达玛提出偏微分方程适定性，解决二阶双曲型方程的柯西问题。

波兰的巴拿哈提出更广泛的一类函数空间——巴拿哈空间的理论。

美国的诺·维纳提出无限维空间的一种测度——维纳测度，这对概率论和泛函分析有一定作用。

1925 年，丹麦的哈·波尔创立概周期函数。

英国的费希尔以生物、医学试验为背景，开创了"试验设计"（数理统计的一个分支），也确立了统计推断的基本方法。

1926 年，德国的纳脱大体上完成对近世代数有重大影响的理想理论。

1927 年，美国的毕尔霍夫建立动力系统的系统理论，这是微分方程定性理论的一个重要方面。

1928 年，美籍德国人理·柯朗提出解偏微分方程的差分方法。

美国的哈特莱首次提出通信中的信息量概念。

德国的格罗许、芬兰的阿尔福斯、前苏联的拉甫连捷夫提出拟似共形映照理论，这在工程技术上有一定应用。

1930年，美国的毕尔霍夫建立格论，这是代数学的重要分支，对射影几何、点集论及泛函分析都有应用。

美籍匈牙利人冯·诺伊曼提出自伴算子谱分析理论并应用于量子力学。

1931年，瑞士的德拉姆发现多维流形上的微分形和流形的上同调性质的关系，给拓扑学以分析工具。

奥地利的哥德尔证明了公理化数学体系的不完备性。

苏联的柯尔莫哥洛夫和美国的费勒发展了马尔可夫过程理论。

1932年，法国的亨·嘉当解决多元复变函数论的一些基本问题。

美国的毕尔霍夫、美籍匈牙利人冯·诺伊曼建立各态历经的数学理论。

法国的赫尔勃兰特、奥地利的哥德尔、美国的克林建立递归函数理论，这是数理逻辑的一个分支，在自动机和算法语言中有重要应用。

1933年，匈牙利的奥·哈尔提出拓扑群的不变测度概念。

苏联的柯尔莫哥洛夫提出概率论的公理化体系。

美国的诺·维纳、丕莱制定复平面上的傅里叶变式理论。

1934年，美国的莫尔斯创建大范围变分学的理论，为微分几何和微分拓扑提供了有效工具。

美国的道格拉斯等解决极小曲面的基本问题——普拉多问题，即求通过给定边界而面积为最小的曲面。

前苏联的辛钦提出平稳过程理论。

1935年，波兰的霍勒维奇等在拓扑学中引入同伦群，成为代数拓扑和微分拓扑的重要工具。

法国的龚贝尔开始研究产品使用寿命和可靠性的数学理论。

1936年，德国寇尼克系统地提出与研究图的理论，美国的贝尔治等对图的理论有很大的发展。20世纪50年代以后，由于在博弈论、规划论、信息论等方面的发展，而得到广泛应用。

现代的代数几何学开始形成。（荷兰　范德凡尔登，法国　外耳，美国　查里斯基，意大利　培·塞格勒等）

英国的图灵、美国的邱吉、克林等提出理想的通用计算机概念，同时建立了算法理论。

美籍匈牙利人冯·诺伊曼建立算子环论，可以表达量子场论数学理论中的一些概念。

前苏联的索波列夫提出偏微分方程中的泛函分析方法。

1937年，美国的怀特尼证明微分流形的嵌入定理，这是微分拓扑学的创始。

前苏联的彼得洛夫斯基提出偏微分方程组的分类法，得出某些基本性质。

瑞士的克拉默开始系统研究随机过程的统计理论。

1938年，布尔巴基丛书《数学原本》开始出版，企图从数学公理结构出发，以非常抽象的方式叙述全部现代数学（法国　布尔巴基学派）。

1940年，美国的哥德尔证明连续统假说在集合论公理系中的无矛盾性。

英国的绍司威尔提出求数值解的松弛方法。

前苏联的盖尔方特提出交换群调和分析的理论。

1941 年，美国的霍奇定义了流形上的调和积分，并用于代数流形，成为研究流形同调性质的分析工具。

前苏联的谢·伯恩斯坦、日本的伊藤清开始建立马尔可夫过程与随机微分方程的联系。

前苏联的盖尔芳特创立赋范环理论，主要用于群上调和分析和算子环论。

1942 年，美国的诺·维纳、前苏联的柯尔莫哥洛夫开始研究随机过程的预测，滤过理论及其在火炮自动控制上的应用，由此产生了"统计动力学"。

1943 年，中国的林士谔提出求代数方程数字解的林士谔方法。

1944 年，美籍匈牙利人冯·诺伊曼等建立了对策论，即博弈论。

1945 年，法国的许瓦茨推广了古典函数概念，创立广义函数论，对微分方程理论和泛函分析有重要作用。

美籍华人陈省身建立代数拓扑和微分几何的联系，推进了整体几何学的发展。

1946 年，美国莫尔电子工程学校和宾夕法尼亚大学试制成功第一台电子计算机 ENIAC。（设计者为埃克特、莫希莱等）。

法国的外耳建立现代代数几何学基础。

中国的华罗庚发展了三角和法研究解析数论。

前苏联的盖尔芳特、诺依玛克建立罗伦兹群的表示理论。

1947 年，美国的埃·瓦尔特创立统计的序贯分析法。

1948 年，英国的阿希贝造出稳态机，能在各种变化的外界条件下自行组织，以达到稳定状态。鼓吹这是人造大脑的最初雏型、机器能超过人等观点。

美国的诺·维纳出版《控制论》，首次使用控制论一词。

美国的申农提出通信的数学理论。

美籍德国人弗里得里希斯、理·柯朗总结了非线性微分方程在流体力学方面的应用，推进了这方面的研究。

波兰的爱伦伯克、美国的桑·麦克伦提出范畴论，这是代数中一种抽象的理论，企图将数学统一于某些原理。

前苏联的康脱洛维奇将泛函分析用于计算数学。

1949 年，开始确立电子管计算机体系，通称第一代计算机。英国剑桥大学制成第一台通用电子管计算机 EDSAC。

1950 年，英国的图灵发表《计算机和智力》一文，提出机器能思维的观点。

美国的埃·瓦尔特提出统计决策函数的理论。

英国的大·杨提出解椭圆形方程的超松弛方法，这是目前电子计算机上常用的方法。

美国的斯丁路特、美籍华人陈省身、法国的艾勒斯曼共同提出纤维丛的理论。

1951 年，组合数学获得迅速发展，并应用于试验设计、规划理论、网络理论、信息编码等。（美国　霍夫曼，马·霍尔等）

1952 年，美国的蒙哥马利等证明连续群的解析性定理（即希尔伯特第五问题）。

1953 年，美国的基费等提出优选法，并先后发展了多种求函数极值的方法。

1955 年，制定同调代数理论（法国　亨·嘉当、格洛辛狄克，波兰　爱伦伯克）。

美国的隆姆贝格提出求数值积分的隆姆贝方法，这是目前电子计算机上常用的一种方法。

瑞典的荷尔蒙特等制定线性偏微分算子的一般理论。

美国的拉斯福特等提出解椭圆形或双线形偏微分方程的交替方向法。

英国的罗思解决了代数数的有理迫近问题。

1956 年，提出统筹方法（又名计划评审法），是一种安排计划和组织生产的数学方法。美国杜邦公司首先采用。

英国的邓济希等提出线性规划的单纯形方法。

前苏联的道洛尼钦提出解双曲形和混合形方程的积分关系法。

1957 年，发现最优控制的变分原理（前苏联　庞特里雅金）。

美国的贝尔曼创立动态规划理论，它是使整个生产过程达到预期最佳目的的一种数学方法。

美国的罗森伯拉特等以美国康纳尔实验室的"感知器"的研究为代表，开始迅速发展图像识别理论。

1958 年，创立算法语言 ALGOL（58），后经改进又提出 ALGOL（60），ALGOL（68）等算法语言，用于电子计算机程序自动化。（欧洲 GAMM 小组，美国 ACM 小组）

中国科学院计算技术研究所试制成功中国第一台通用电子计算机。

1959 年，美国国际商业机器公司制成第一台晶体管计算机"IBM 7090"，第二代计算机——半导体晶体管计算机开始迅速发展。

1959—1960 年，伽罗瓦域论在编码问题上的应用，发明 BCH 码。（法国　霍昆亥姆，美国　儿·玻色，印度　雷·可都利）

1960 年，美国的卡尔门提出数字滤波理论，进一步发展了随机过程在制导系统中的应用。

前苏联的克莱因、美国的顿弗特建立非自共轭算子的系统理论。

1965 年，柯尔莫格洛夫建立了一个数学分支——现称为柯尔莫格洛夫复杂性。

1972 年，法国数学家、哲学家雷内·托姆建立突变理论。

1973 年，贝尔实验室开发的计算机语言——C 语言，基本完成。

1985 年，世界著名数学家，中国解析数论、矩阵几何学、典型群、自安函数论等多方面研究的创始人和开拓者华罗庚于 6 月 12 日在日本逝世，享年 75 岁。

1989 年，比利时数学家英格里德·道贝希发展了当今小波理论研究的数学基础。

1995 年，英国数学家安德鲁·怀尔斯证明了费马大定理。

1996 年，中国著名数学家陈景润于 3 月 19 日逝世，享年 63 岁。他于 1966 年发表《表达偶数为一个素数及一个不超过两个素数的乘积之和》（简称"1＋2"），成为哥德巴赫猜想研究上的里程碑。

1997 年，雷内·托姆宣告数学领域——突变理论已经"死亡"。

2002 年，马宁德拉·阿格拉瓦尔、纳拉吉·卡雅尔和尼丁·萨克辛娜创造一个简单而漂亮的算法来检验一个整数是否是素数，从而解决了一个重要的千古难题。

2003 年，俄罗斯数学家佩雷尔曼证明了庞加莱猜想。

2004 年，国际数学大师、著名教育家、中国科学院外籍院士陈省身于 12 月 3 日逝世，享年 93 岁。他在整体微分几何上的卓越贡献，影响了整个数学的发展，被誉为继欧几里得、高斯、黎曼、嘉当后里程碑式的人物。曾先后主持、创办了三大数学研究所，造就了一批世界知名的数学家。

2006 年，随机分析创立者伊藤清被授予第一个高斯奖。

2008 年，日本数学家伊藤清 11 月 10 日逝世，享年 93 岁。

2009 年，世界知名概率学家、华裔数学家、斯坦福大学数学系前系主任钟开莱于 6 月 2 日在菲律宾逝世，享年 92 岁。

2010 年，美籍华人数学家丘成桐获沃尔夫数学奖。他还于 1983 年获菲尔兹奖。1994 年获瑞典皇家科学院克雷福特数学奖。三奖并获者，至今只有数学家德利涅和丘成桐两人。

法国软件工程师法布里斯 – 贝拉德计算到圆周率的小数点后 27 000 亿位，从而成功打破了由日本科学家 2009 年利用超级计算机算出来的小数点后 25 779 亿位的吉尼斯世界纪录。

挪威科学与文学院将 2010 年度阿贝尔奖授予美国数学家泰特。

20 世纪最伟大的数学家之一、俄罗斯数学家阿诺德（Vladimir Igorevich Arnold）于 6 月 3 日在法国因病逝世。阿诺德主要研究常微分方程与动力系统，1982 年获首届 Crafoord 奖，2001 年获 Wolf 奖。

主要参考文献

1. Sir Thomas L. Heath, *A Manual of Greek Mathematics*, Dover, 1963, p1: "In the case of mathematics, it is the Greek contribution which it is most essential to know, for it was the Greeks who first made mathematics a science."

2. Henahan, Sean (2002). "Art Prehistory". *Science Updates*. The National Health Museum. http: //www. accessexcellence. org/WN/SU/caveart. html. Retrieved on 2006-05-06.

3. An old mathematical object.

4. Mathematics in (central) Africa before colonization.

5. Kellermeier, John (2003). "How Menstruation Created Mathematics". *Ethnomathematics*. Tacoma Community College. http: //www. tacomacc. edu/home/jkellerm/Papers/Menses/Menses. htm. Retrieved on 2006-05-06.

6. Williams, Scott W. (2005). "The Oledet Mathematical Object is in Swaziland". MATHEMATICIANS OF THE AFRICAN DIASPORA. SUNY Buffalo mathematics department. http: // www. math. buffalo. edu/mad/Ancient-Africa/lebombo. html. Retrieved on 2006-05-06.

7. Williams, Scott W. (2005). "An Old Mathematical Object". MATHEMATICIANS OF THE AFRICAN DIASPORA. SUNY Buffalo mathematics department. http: //www. math. buffalo. edu /mad/Ancient-Africa/ishango. html. Retrieved on 2006-05-06.

8. Thom, Alexander, and Archie Thom, 1988, "The metrology and geometry of Megalithic Man", pp. 132-151 in C. L. N. Ruggles, ed. , *Records in Stone: Papers in memory of Alexander Thom*. Cambridge Univ. Press. ISBN 0-521-33381-4.

9. Pearce, Ian G. (2002). "Early Indian culture-Indus civilisation". *Indian Mathematics: Redressing the balance*. School of Mathematical and Computational Sciences University of St Andrews. http: //www-groups. dcs. st-and. ac. uk/~history/Miscellaneous/Pearce/Lectures/ Ch3. html. Retrieved on 2006-05-06.

10. Duncan J. Melville (2003). *Third Millennium Chronology*, *Third Millennium Mathematics*. St. Lawrence University.

11. Aaboe, Asger (1998). Episodes from the Early History of Mathematics. New York: Random House. pp. 30-31.

12. Egyptian Unit Fractions at MathPages.

13. Howard Eves, *An Introduction to the History of Mathematics*, *Saunders*, 1990, ISBN 0030295580.

14. Martin Bernal, "Animadversions on the Origins of Western Science", pp. 72-83 in Michael H. Shank, ed. , *The Scientific Enterprise in Antiquity and the Middle Ages*, (Chicago: University of Chicago Press) 2000, p75.

15. Eves, Howard, An Introduction to the History of Mathematics, Saunders, 1990, ISBN 0-03-

029558-0.

16. Howard Eves, *An Introduction to the History of Mathematics*, Saunders, 1990, ISBN 0030295580 p141: "No work, except The Bible, has been more widely used. . . . "

17. O'Connor, J. J. and Robertson, E. F. (February 1996). "A history of calculus". University of St Andrews. http://www-groups. dcs. st-and. ac. uk/ ~ history/HistTopics/The_rise_of_calculus. html. Retrieved on 2007-08-07.

18. The History of Algebra. Louisiana State University.

19. (Boyer 1991, "The Arabic Hegemony" p230) "The six cases of equations given above exhaust all possibilities for linear and quadratic equations having positive root. So systematic and exhaustive was al-Khwarizmi's exposition that his readers must have had little difficulty in mastering the solutions. "

20. Gandz and Saloman (1936), *The sources of al-Khwarizmi's algebra*, Osiris i, pp. 263-77: "In a sense, Khwarizmi is more entitled to be called " the father of algebra " than Diophantus because Khwarizmi is the first to teach algebra in an elementary form and for its own sake, Diophantus is primarily concerned with the theory of numbers" .

21. (Boyer 1991, "The Arabic Hegemony" p229) "It is not certain just what the terms *al-jabr* and *muqabalah* mean, but the usual interpretation is similar to that implied in the translation above. The word *al-jabr* presumably meant something like 'restoration' or 'completion' and seems to refer to the transposition of subtracted terms to the other side of an equation; the word muqabalah is said to refer to 'reduction' or 'balancing' - that is, the cancellation of like terms on opposite sides of the equation. "

22. Rashed, R. ; Armstrong, Angela (1994), *The Development of Arabic Mathematics*, Springer, p11-12, ISBN 0792325656, OCLC 29181926.

23. Victor J. Katz (1998). *History of Mathematics: An Introduction*, pp. 255-59. Addison-Wesley. ISBN 0321016181.

24. F. Woepcke (1853). *Extrait du Fakhri, traité d'Algèbre par Abou Bekr Mohammed Ben Alhacan Alkarkhi*. Paris.

25. Victor J. Katz (1995). "Ideas of Calculus in Islam and India", *Mathematics Magazine* 68 (3): 163-74.

26. Victor J. Katz, Bill Barton (October 2007), "Stages in the History of Algebra with Implications for Teaching", *Educational Studies in Mathematics* (Springer Netherlands) 66 (2): 185-201 [192], doi: 10. 1007/s10649-006-9023-7.

27. J. L. Berggren (1990). "Innovation and Tradition in Sharaf al-Din al-Tusi's Muadalat", *Journal of the American Oriental Society* 110 (2), pp. 304-09.

28. O'Connor, John J. ; Robertson, Edmund F. , "Sharaf al-Din al-Muzaffar al-Tusi", *MacTutor History of Mathematics archive*.

29. Syed, M. H. (2005). *Islam and Science*. Anmol Publications PVT. LTD. . p71. ISBN 8-1261-1345-6.

30. O'Connor, John J. ; Robertson, Edmund F. , "Abu'l Hasan ibn Ali al Qalasadi", *MacTutor History of Mathematics archive*.

31. Caldwell, John (1981) "*The De Institutione Arithmetica and the De Institutione Musica*", p135-54 in Margaret Gibson, ed., *Boethius: His Life, Thought, and Influence*, (Oxford: Basil Blackwell).

32. Folkerts, Menso, "*Boethius*" *Geometrie II*, (Wiesbaden: Franz Steiner Verlag, 1970).

33. Marie-Thérèse d'Alverny, "Translations and Translators", p421-62 in Robert L. Benson and Giles Constable, *Renaissance and Renewal in the Twelfth Century*, (Cambridge: Harvard University Press, 1982).

34. ^ Guy Beaujouan, "The Transformation of the Quadrivium", p463-87 in Robert L. Benson and Giles Constable, *Renaissance and Renewal in the Twelfth Century*, (Cambridge: Harvard University Press, 1982).

35. Grant, Edward and John E. Murdoch (1987), eds., *Mathematics and Its Applications to Science and Natural Philosophy in the Middle Ages*, (Cambridge: Cambridge University Press) ISBN 0-521-32260-X.

36. Clagett, Marshall (1961) *The Science of Mechanics in the Middle Ages*, (Madison: University of Wisconsin Press), pp. 421-40.

37. Murdoch, John E. (1969) "*Mathesis in Philosophiam Scholasticam Introducta*: The Rise and Development of the Application of Mathematics in Fourteenth Century Philosophy and Theology", in *Arts libéraux et philosophie au Moyen Âge* (Montréal: Institut d'études Médiévales), at pp. 224-27.

38. Clagett, Marshall (1961) *The Science of Mechanics in the Middle Ages*, (Madison: University of Wisconsin Press), pp. 210, 214-15, 236.

39. Clagett, Marshall (1961) *The Science of Mechanics in the Middle Ages*, (Madison: University of Wisconsin Press), p284.

40. Clagett, Marshall (1961) *The Science of Mechanics in the Middle Ages*, (Madison: University of Wisconsin Press), pp. 332-45, 382-91.

41. Nicole Oresme, "Questions on the *Geometry* of Euclid" Q. 14, pp. 560-65, in Marshall Clagett, ed., *Nicole Oresme and the Medieval Geometry of Qualities and Motions*, (Madison: University of Wisconsin Press, 1968).

42. Grattan-Guinness, Ivor (1997). *The Rainbow of Mathematics: A History of the Mathematical Sciences*. W. W. Norton. ISBN 0-393-32030-8.

43 Eves, Howard, An Introduction to the History of Mathematics, Saunders, 1990, ISBN 0-03-029558-0, p379, "... the concepts of calculus... (are) so far reaching and have exercised such an impact on the modern world that it is perhaps correct to say that without some knowledge of them a person today can scarcely claim to be well educated."

44. Maurice Mashaal, 2006. *Bourbaki: A Secret Society of Mathematicians*. American Mathematical Society. ISBN 0821839675, ISBN13 978-0821839676.

45. N. Bourbaki. Elements of the History of Mathematics: English Version. Spiringer-Verlag, 1994.

46. C. Boyer. A History of Mathematics. John Wiley & Sons, Inc. 1968.

47. R. Carlinger (ed). Classics 0f Mathematics. Moore publishing Company Inc. 1982.

48. R. Cooke. The History of Mathematics-Abrief Course. John Wiley & Sons, Inc. 1997.

49. H. Eves. Great Moments in Mathematics. The Mathematical Association of America, 1983.

50. J. -P. Pier (ed). Development of Mathematics1900-1950. Birkhauser, 1994.

51. D. Struik. A Concise History of Mathematics 4th Revised Edition. Dover Publications, Inc. 1987.

52. Bernstein S N. On Chebyshev's Works On The Theory Of Probability [M]. In Author's Collected Works, Moscow: Moskovskogo Universiteta, Reprinted 1964, 4: 409-433.

53. Bernstein S N. Chebyshev And His Influence On The Development Of Mathematics [J]. Uchenye Zapiski Moskovskogo Universiteta, 1920, 91: 35-45.

54. Butzer Paul L. P. L. Chebyshev (1821-1894) And His Contacts With Western European Scientists [J]. Historia Mathematica, 1989, 16: 46-68.

55. CramèR H. Half A Century With Probability Thery: Some Personal Recollections [J]. The Annals Of Probability, 1976, 4 (4): 509-546.

56. Dale A I. A History Of Probability From Bernoulli To Korl Pearson 2nded [M]. New York: Spring-Verlag, 1999.

57. Gillispie Ch C. Dictionary Of Scientific Biography [M]. New York: Charles Scribner's Sons, 1971.

58. Gnedenko B V. On The Work Of M. V. Ostrogradsky In The Theory Of Probability [J]. IMI, 1951, 4: 99-123.

59. Gnedenko B. V. Limit Theorems For Sums Of Independent Random Variables [J]. Uspehi Mat. Nauk, 1944, 10: 115-165.

60. Hald A. A History Of Probability And Statistics And Their Applications Before 1750 [M]. New York: Wiley, 1990.

61. Hald A. A History Of Mathematical Statistics From 1750 To 1930 [M]. New York: Wiley, 1998.

62. Hacking I. The Emergence Of Probability [M]. Cambridge: Cambridge University Press, 1975.

63. Hacking I. Jacques Bernoulli's Art Of Conjecturing [J]. British Journal For The History Of Science 1971, 22: 209-229.

64. Kolmogorov A N. & Yushkevich A P. Mathematics Of The 19th Century [M]. Basel; Boston; Berlin: Birkhauser, 1992.

65. Stigler S M. The History Of Statistics: The Measurment Of Uncertainty Before 1900 [M]. Cambridge: Cambridge University, 1986.

66. Todhunter I. A History Of The Mathematical Of Theory Of Probability From The Times Of Pascal To That Of Laplace [M]. Cambridge And Londun: Macmillan, 1865. Reprinted New York: Chelsea, 1993.

67. Zdravkovska, S & Duren, P. Golden Years of Moscow Mathematics [J]. History of Mathematics, 1993, 6: 1-33.

68. 李文林. 数学珍宝, 北京: 科学出版社, 1998.

69. 李文林. 数学史教程, 北京: 高等教育出版社, 2000.

70. 梁宗巨, 王青建, 孙宏安. 世界数学通史, 沈阳: 辽宁教育出版社, 2001.

71. M. Atiyah. 20 世纪的数学 [J]. 数学译林, 2002 (1): 1-14.

72. M. Atiyah. 数学: 前沿与前瞻 [J]. 数学译林, 2000 (3): 209-211.

73. P. A. Griffiths. 千年之交话数学［J］. 数学译林，2000（3）：177-189.

74. I. G. . Guinness . 也谈 Hilbert 的 23 个问题［J］. 数学译林，2000（4）：332-338.

75. J. Ewing. 数学：一百年前，一百年后［J］. 数学译林，1998（1）：68-79.

76. G. E. Brown. 数学在 21 世纪面临的挑战［J］. 数学译林，1998（2）：120-124.

77. S. Smale. 22 世纪的数学问题［J］. 数学译林，1998（3）：177-191.

78. A. Jackson. 设立百万美元数学大奖发布会［J］. 数学译林，2001（1）：55-58.

79. V. Tikhomirov. 20 世纪前半叶的数学［J］. 数学译林，2001（4）：292-302.

80. V. Tikhomirov. 20 世纪后半叶的数学［J］. 数学译林，2002（2）：145-157.

81. 徐传胜，潘丽云. 惠更斯的 14 个概率命题研究. 西北大学学报（自然科学版），2007，37（1）：165-170.

82. 徐传胜，张梅东. 正态分布两发现过程的数学文化比较. 纯粹数学与应用数学，2007，23（1）：138-144.

83. 任瑞芳，徐传胜. 李锐调日法思想探究. 西安电子科技大学学报（社会哲学版），2007，17（1）：146-149.

84. 徐传胜，郭政. 数理统计学的发展历程. 高等数学研究，2007，10（1）：121-125.

85. 任瑞芳，徐传胜. 许宝禄——中国概率论与数理统计的先驱. 科学出版社，2007，59（5）：53-56.

86. 徐传胜，P. L. Chebyshev 的概率新思想溯源. 数学研究与评论，2007，27（4）：975-981.

87. 徐传胜，曲安京. 惠更斯的 5 个概率问题. 数学研究与评论，2007，27（4）：987-992.

88. 徐传胜，曲安京，李洪伟. 从投掷问题到概率论的创立. 纯粹数学与应用数学，2007，27（4）：987-992.

89. 杨静，徐传胜，王朝旺. 试析巴夏里埃的《投机理论》对数学的影响. 自然科学史研究，2008，27（1）：94-104.

90. 杨静，徐传胜. 概率论与数学技术的关系. 太原理工大学学报（社会科学版），2008，26（1）：49-54.

91. 徐传胜，杨军. 概率哲学思想的几次进化. 自然辩证法研究，2008，24（5）：78-82.

92. 徐传胜，袁敏. 彰显人类文明的亮丽篇章. 中国科技史杂志，2008，29（2）：200-205.

93. 徐传胜，冯晓华，刘建宇. 圣彼得堡概率论学派的中心极限定理思想研究. 科学技术与辩证法，2008，25（5）：84-89.

后 记

"大学之道，在明明德，在新民，在止于至善"。创新课程建设是我校向高质量品牌大学推进内涵建设的系统工程，"186"项目是创新课程建设工程的示范项目。《数学史》课程是我校精品课程、"186"创新课程。

2003年秋，西北大学博士生导师曲安京教授莅临我校（曲教授曾在2002年国际数学家会议作45分钟的邀请报告），为2000级数学与应用数学专业的学生开设了《数学史》课程。聆听大师的精彩报告，感受智者的智慧争锋，不仅是数学素养的历炼，也是从思想到心灵的升华。曲教授的报告不仅给学生以耳目一新的感觉，更激发了笔者对数学史的研究兴趣，并由此开始讲授《数学史》课程。

在20余年的教学生涯中，笔者深深体会到：数学教育应是一种人的理性思维品格和思辨能力的培育，是聪明智慧的启迪，是潜在能动性与创造力的开发。如何引导学生认识数学、走进数学、欣赏数学和应用数学一直是笔者苦苦思考的问题和努力实践的方向。我们所开设的《数学史》课程宗旨是在文化的浸润和滋养中提升学生的数学素养，使学生能够感受数学美、发现数学美和享受学习数学的快乐，把学生的个性作为一种创新资源来开发，尽力挖掘每个学生的创造潜能。我们极力鼓励学生开设现代数学讲座，其中第15讲的主讲人就是2007级数学与应用数学专业的李彬同学。

我们在多年修改的课程讲义基础上形成了本书。在编写过程中，力图总揽各方面的翔实资料，整合提升相关理论，注重个人研究成果和最新研究动态的融入，努力做到线索清晰，文字优美，让读者感受到充满阳光的数学，并与之共同进入诗画般的境界。尽管我们力求完美，但其中定有不足之处，恳请方家不吝指正。

本书是课程组群策群力、集思广益的共同成果。由徐传胜、周厚春任主编，刁科凤、张晓敏、刘伟、刘德华等参加了此书的编写及相关工作。同时本书在编写过程中得到了中国科学院数学与系统科学研究院李文林研究员、西北大学数学系主任曲安京教授、临沂师范学院理学院院长金银来教授和电子工业出版社何况编辑的指导与帮助，在此表示真诚感谢。

徐传胜

2010年8月